工程软件数控加工自动编程.

Mastercam 2022 数控铣削加工
自动编程经典实例

周　敏　洪展钦　范德鹏　编著

机械工业出版社

本书主要讲解 Mastercam 2022 的数控铣削加工功能，内容以近几年来从中级工到高级技师的数控铣考证题为主，包括简单的二维轮廓类零件、典型三维曲面零件、复杂双面零件、精度配合要求零件、典型零件四轴及五轴加工，同时详细介绍了 SINUMERIK 802D 数控铣床、FANUC 0i-MC 加工中心及 SINUMERIK 840D 五轴加工中心的操作。本书可让读者快速了解并掌握数控铣削编程的工艺特点和加工操作技能，从而领悟到编程工艺的精髓。为便于读者更好地学习，赠送书中所有实例的模型文件和操作视频（读者通过手机扫描相应二维码下载或观看）。

本书既可以作为大中专学生学习数控编程和加工的参考教材，也可以作为企业从事数控编程和加工人员的参考资料。

图书在版编目（CIP）数据

Mastercam 2022数控铣削加工自动编程经典实例/周敏，洪展钦，范德鹏编著．—北京：机械工业出版社，2024.1
（工程软件数控加工自动编程经典实例）
ISBN 978-7-111-74385-9

Ⅰ．①M… Ⅱ．①周… ②洪… ③范… Ⅲ．①数控机床-加工-计算机辅助设计-应用软件 Ⅳ．①TG659.022

中国国家版本馆CIP数据核字（2023）第233190号

机械工业出版社（北京市百万庄大街22号　邮政编码100037）
策划编辑：周国萍　　　　　　　责任编辑：周国萍　刘本明
责任校对：李可意　梁　静　　　封面设计：马精明
责任印制：张　博
北京联兴盛业印刷股份有限公司印刷
2024 年 1 月第 1 版第 1 次印刷
184mm×260mm・23.5印张・569千字
标准书号：ISBN 978-7-111-74385-9
定价：79.00元

电话服务　　　　　　　　　　网络服务
客服电话：010-88361066　　　机　工　官　网：www.cmpbook.com
　　　　　010-88379833　　　机　工　官　博：weibo.com/cmp1952
　　　　　010-68326294　　　金　书　网：www.golden-book.com
封底无防伪标均为盗版　　　机工教育服务网：www.cmpedu.com

前　言

　　Mastercam 是美国 CNC 公司推出的集设计、制造、数控机床自动编程功能于一体的 CAD/CAM 软件，是目前在我国应用最广泛、最具代表性的 CAD/CAM 软件之一。

　　CAD/CAM 是一门实践性很强的技术。本书是作者在长期的 Mastercam 理论教学基础上，结合丰富的机床操作实践经验编写而成，主要讲解 Mastercam 2022 的数控铣削加工功能。书中详细分析了近几年来从中级工到高级技师的数控铣考证题，内容涉及简单的二维轮廓类零件、典型三维曲面零件、复杂双面零件、精度配合要求零件、典型零件四轴及五轴加工，同时详细介绍了 SINUMERIK 802D 数控铣床、FANUC 0i-MC 加工中心及 SINUMERIK 840D 五轴加工中心的操作。

　　本书在编写过程中，突出了以下特点：

　　1）由浅入深。本书首先从最简单的加工编程开始讲解，再逐步过渡到复杂的零件加工方法。

　　2）实用性。本书所介绍的每一个实例均来自教学和生产实际，能让读者在最短的时间内掌握操作技巧，其最终目的是让初学者能够在实际工作中解决问题。

　　3）讲解详尽。本书对每个实例都进行了详细的讲解，并配以图片、参数设置，使读者逐步加深对加工编程的理解。

　　4）配套资源丰富。为便于读者更好地学习和反复练习，赠送书中所有实例的模型文件，Mastercam 2022 命令说明、常用快捷键及加工工艺程序单，以及操作演示视频（读者可通过手机扫描相应二维码下载或观看）。

　　5）突出实践环节。本书还讲解了用数控机床加工的全过程、操作技巧和常见故障的处理等。

　　本书可让读者快速了解并掌握数控铣削编程的工艺特点和加工操作技能，从而领悟到编程工艺的精髓，掌握具体机床的操作要领。

　　本书由周敏、洪展钦、范德鹏编著。由于作者水平有限，书中难免有错误和不妥之处，恳请广大读者提出宝贵意见。

作　者

文件资源

Mastercam 2022
命令说明、常用
快捷键及加工工
艺程序单

目　录

第1章

Mastercam 2022 概论

    Mastercam 是美国 CNC 公司开发的基于 PC 平台的 CAD/CAM 软件。它集二维绘图、三维实体造型、曲面设计、体素拼合、数控编程、刀具路径模拟及真实感模拟等多种功能于一身。Mastercam 提供了设计零件外形所需的理想环境，可以方便直观地进行几何造型。其强大稳定的造型功能可设计出复杂的曲线、曲面零件，是工业界及学校广泛采用的 CAD/CAM 系统。

    Mastercam 2022 中文版软件给用户带来极大的方便，能够协助使用者处理各种 CAD 中出现的问题，无论是更改还是模拟，它都能非常迅速地完成，而且功能非常全面，是专为设计师们打造的 CAD/CAM 设计工具，适合在机械、航空、船舶、军工等行业中使用。

    与之前的版本相比，Mastercam 2022 有许多新的改进，如采用了新的刀路倒角钻，通过使用带刀尖角度的刀具，倒角钻刀具路径根据所需的倒角宽度计算出正确的深度后，对孔进行倒角加工。另外，在 2D 动态铣削、面铣削或动态铣削刀具路径选择图形时，增加了新的自动区域，可根据所选的图形自动创建"加工""空切"或"避让"区域，为选择图形节省大量的时间。新版本通过更快、更简单的编程方式，提高了加工生产率，降低了生产成本。

1.1 Mastercam 2022 简介

1.1.1 Mastercam 2022 中文版的安装

1. 系统配置

系统配置见表 1-1。

表 1-1 系统配置

计算机软硬件	最 低 配 置
操作系统	Windows 10（64 位）专业版
处理器	支持 64 位的 Intel 或 AMD 处理器，2.4GHz 或更高
内存	8GB
显卡	支持 OpenGL 3.2 和 OpenCL 1.2，1GB GPU；不支持集成显卡
显示器	1920×1080 分辨率
硬盘	至少 20GB

1）操作系统：建议使用 Windows 10（64 位）专业版或更高版本。虽然 Mastercam 可以在其他 Windows 版本（例如家庭版）或虚拟环境（例如 Parallels for Mac）上运行，但尚未在这些配置上进行测试。

Mastercam 2021 是最后一个正式支持 Windows 7 的版本。因微软于 2020 年 1 月结束了对该操作系统的扩展支持，所以 Mastercam 2022 无法安装在 Windows 7 系统上。Mastercam 的未来版本也将不能安装在 Windows 7 上。

2）处理器：处理器速度将影响软件计算和完成任务的速度。随着每次新版本的发布，Mastercam 中越来越多的功能会用到多核处理器。

使用多核处理器可明显提升刀路计算和模拟仿真速度。经测试，使用最新的 Intel i7 或 Xeon® 处理器，最多可将刀路计算时间减少 50%。

3）内存：当 Mastercam 使用所有可用的 RAM 时，它会切换到使用存储在硬盘驱动器上的虚拟内存空间，会明显降低系统速度，建议内存至少为 8GB。对于大型零件刀路的计算和模拟，建议使用 32GB 的内存。

4）显卡：对于 CAM 软件来说，最重要的组件之一是显卡。建议使用具有 4GB 或更大内存的 NVIDIA Quadro® 或 AMD FirePro™/Radeon Pro 显卡，也可以使用其他显卡，但它们必须提供完整的 OpenGL 3.2 和 OpenCL 1.2 支持。Mastercam 需要 OpenCL 才能将某些计算任务交给显卡以提高系统性能。不推荐使用某些 PC 配置中的集成显卡。集成显卡通常不具备驱动图形密集型应用程序（如 Mastercam）的能力。

5）显示器：显示器的最低推荐分辨率是 1920×1080。Mastercam 可在较低分辨率的屏幕上运行，但会导致有些对话框和功能面板可能显示不完全。使用双显示器可以提升生产力，例如可使 Mastercam 显示在主显示器上，而 Mastercam 仿真模拟器、代码专家或刀具管理器等应用程序显示在辅助显示器上。

6）硬盘：建议使用容量较小的固态硬盘（SSD）安装操作系统和应用程序，使用传统大容量驱动器存储数据。

2. 安装

1）双击 Mastercam 2022 安装目录下的 launcher 文件，弹出【选择安装语言】对话框，选择【中文（简体，中国）】，如图 1-1 所示。

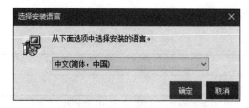

图 1-1 【选择安装语言】对话框

2）单击【确定】按钮，启动安装选项界面，如图 1-2 所示。

3）单击【安装 Mastercam®】，弹出安装工具对话框，如图 1-3 所示。直接按照默认设置，单击【下一步】按钮。

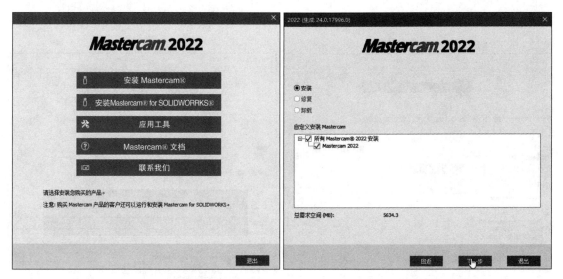

图 1-2 Mastercam 2022 安装选项界面   图 1-3 安装工具对话框

4）软件弹出检测计算机达到软件要求配置信息（注意：操作系统版本低于 Windows 10（64 位）以及集成显卡必定会导致软件无法安装或安装后无法使用，显卡、内存和显示器分辨率达不到要求不会影响安装），单击【下一步】按钮，如图 1-4 所示。

图 1-4 软件检测系统满足最低要求结果

5）确认安装信息，如图 1-5a 所示。单击【配置】按钮可以对单位、安装目录等进行设置。用户可以根据需要对用户名、单位名称、安装目录（默认安装在 C 盘）等进行修改，如图 1-5b 所示，配置完成后单击"完成"按钮关闭配置对话框。继续单击"下一步"按钮。

6）弹出用户许可协议，选择【是，我接受许可协议中的条款】，如图 1-6 所示，单击【下一步】按钮。

a）安装信息 b）自定义设置

图 1-5　软件安装自定义设置

图 1-6　勾选用户协议界面

7）弹出安装进度条，如图 1-7a 所示。安装完成后，显示如图 1-7b 所示界面，单击【退出】按钮，至此完成软件的安装。

a）安装进度条

b）完成安装

图 1-7　安装过程及完成安装界面

1.1.2　Mastercam 2022 中文版的启动

双击桌面上的 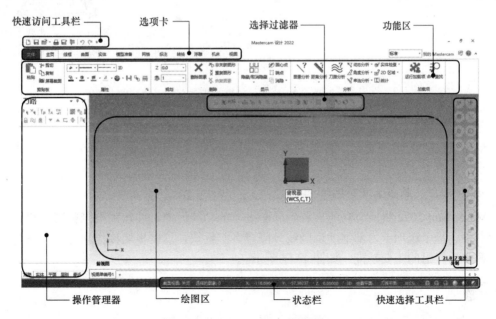 图标，启动 Mastercam 2022 软件。进入软件后，整个软件界面分成 8 个区域。软件上方依次为快速访问工具栏、选项卡、功能区；左侧为操作管理器界面；中间灰白色渐变区域为绘图区，占据了屏幕的大部分区域；绘图区中上方为选择过滤器，右侧为快速选择工具栏；界面下方为状态栏，如图 1-8 所示。

图 1-8　Mastercam 2022 主界面

1. 快速访问工具栏

在快速访问工具栏中，可以直接对文档进行保存、打开、打印、撤销等功能的操作。其中"自定义"可以加入 Mastercam 2022 中的任何功能快速访问按钮；也可以将最常使用的文档锁定在"最近的文档"列表顶部，方便快速找到；还可以在功能区中任何按钮上单击鼠标右键将其加入快速访问工具栏中，如图 1-9 所示。

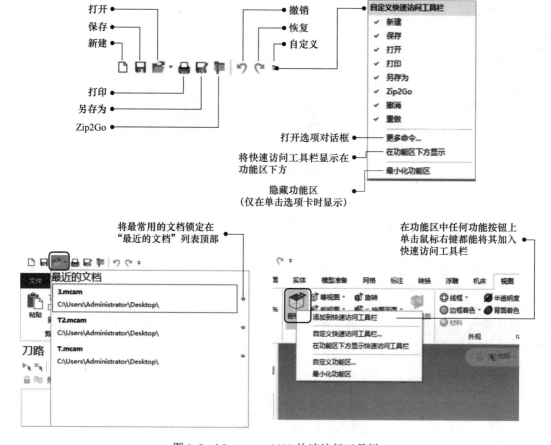

图 1-9　Mastercam 2022 快速访问工具栏

2. 文件选项

单击【文件】选项进入文件选项界面，可以进行文件的新建、打开、保存及系统设置等操作，如图 1-10 所示。

3. 功能区、选项卡及功能组

Mastercam 2022 将所有功能放置到界面上方的功能区中，并按照不同类别放置到不同的选项卡中。每个选项卡内部继续以竖线分隔成多个板块，这些板块称作功能组。每个板块中容纳各个功能组的主要功能，如图 1-11 所示。

> **注意：**
>
> 选中一个选项卡，滚动鼠标的中间滚轮，即可在不同选项卡之间快速切换。

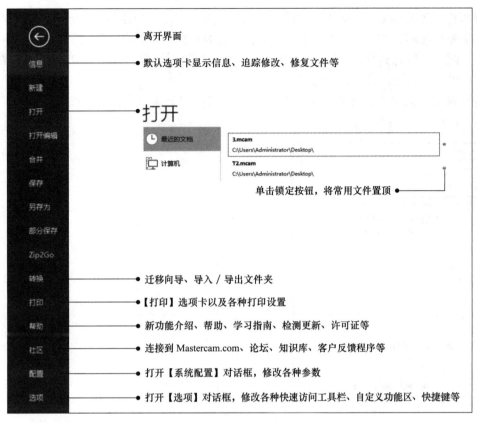

图 1-10　文件选项界面

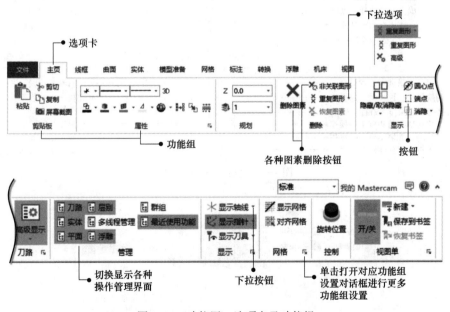

图 1-11　功能区、选项卡及功能组

4．操作管理器

操作管理器是 Mastercam 中非常重要和常用的控制工具，如图 1-12 所示。操作管理器可以固定停驻在屏幕左边，也可以灵活地放置在屏幕中的各个位置，把同一任务的各项操作集中在一起，可以对其操作过程的步骤进行修改、编辑等操作。例如：在刀路管理器界面中可以进行编辑、修改、校验刀具路径等操作。

各个操作界面可以在【视图】选项卡中打开或关闭刀路、实体、平面、层别等各种管理器面板，如图 1-13 所示。

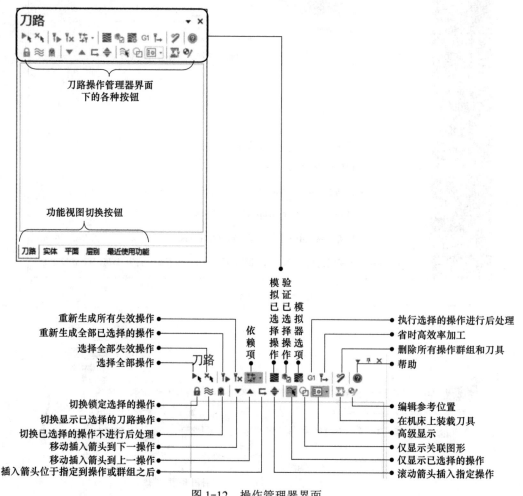

图 1-12　操作管理器界面

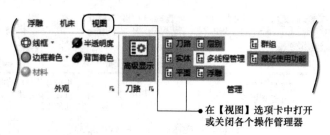

图 1-13　打开或关闭管理器

5. 选择过滤器

选择过滤器中的许多实用工具可以帮助用户快速选择图形界面中的各种图素，如图 1-14 所示。

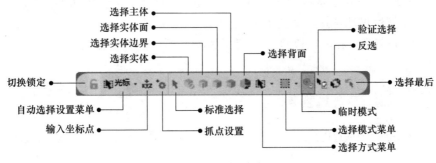

图 1-14　选择过滤器

6. 快速选择工具栏

如果需在图形界面中对某类图素进行快速选择，可以使用位于界面右边的快速选择工具栏，如图 1-15 所示。

操作时只需单击即可对某个图素进行快速选择。每个快速选择按钮都有两个功能，具体取决于单击按钮的左半部分还是右半部分（将鼠标悬停在每个按钮的相应区域可以查看其功能）。

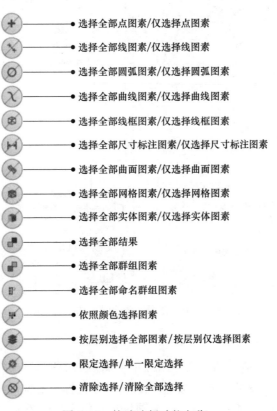

图 1-15　快速选择功能名称

例如：

1）点快速选择按钮。单击按钮左半部分（见图 1-16a），可以直接全选绘图区中所有的点；单击按钮右半部分（见图 1-16b），可以点选或框选绘图区中某个区域内的点。

2）限定选择／单一限定选择按钮（见图 1-17a）。打开限定选择对话框或单一限定选择对话框以按图素属性过滤选择，如图 1-18 所示。

3）清除选择按钮（见图 1-17b）。快速清除对话框中所有选择条件。

a)　　　　b)

图 1-16　点快速选择按钮

a)　　　　b)

图 1-17　限定选择及清除选择按钮

图 1-18　限定选择／单一限定选择对话框

7. 状态栏

状态栏在绘图窗口的最下端。它显示以下信息：截面视图状态，也可以对其进行打开或关闭操作；当前屏幕上选定图素的数量；X、Y、Z 光标当前位置；当前的 WCS 和绘图平面等信息，并可通过图标切换显示状态。各项信息具体含义如图 1-19 所示。

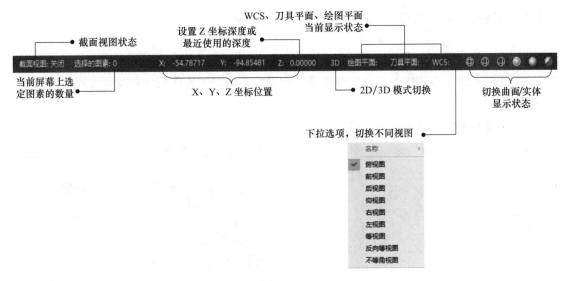

图 1-19　状态栏功能

8. 绘图区

绘图区是用户绘图时最常用也是最大的区域。利用该区域可以方便地观察、创建和修改几何图形，或进行拉拔几何体和定义刀具路径等操作。

在绘图区的左下角是屏幕坐标系，右下角是分析测量单位（英寸或毫米）及数值显示，中间显示的是世界坐标系和各个方向的轴线（软件默认关闭，用户需要时可以通过【视图】选项卡下的显示功能区打开，如图 1-20 所示）。绘图区内也有它自己的下拉快捷菜单，通过右键单击绘图区中的任意位置来打开使用，右键快捷菜单中许多功能也可以在【主页】或【视图】选项卡中找到，如图 1-21 所示。

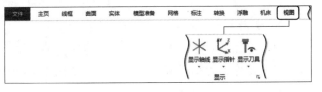

图 1-20　关闭、打开世界坐标系和轴线显示

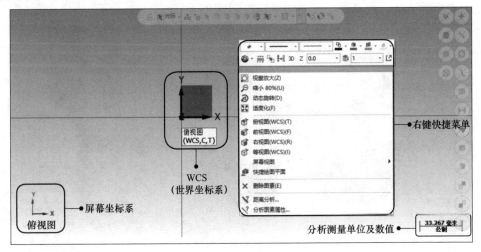

图 1-21　绘图区

1.1.3 Mastercam 2022 中文版新增功能精选

1. 直接编辑线框图素

双击线、圆弧、点和样条曲线就可以通过自动弹出的编辑控件直接对图素进行编辑修改，如图 1-22 所示。

2. 支持创建和深度编辑网格图形

Mastercam 2022 支持快速创建网格图形，对导入的网格模型进行修补与优化，如图 1-23 所示。

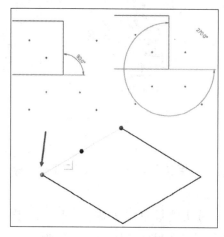

图 1-22　直接编辑线框图素

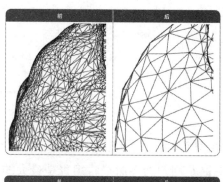

图 1-23　支持创建和深度编辑网格图形

3. 全新的串连方式

Mastercam 2022 可智能识别选取图形的加工范围、避让范围以及空切区域，大大简化了串连图形操作，提高了编程加工效率，如图 1-24 所示。

4. 孔加工刀路自动连接和碰撞检查

Mastercam 2022 可快速检查刀柄干涉，优化刀具夹持长度，自动根据选定的避让图形创建刀路间安全的连接，规避潜在的碰撞风险，如图 1-25 所示。

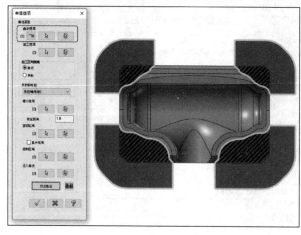

图 1-24　全新的串连方式

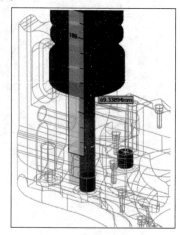

图 1-25　孔加工刀路自动连接和碰撞检查

5．曲面加工减少提刀，避免接刀痕

曲面等高精加工支持新的螺旋模式及新的环切模式，有助于避免由于步进移动而在零件上产生接刀痕，如图 1-26 所示。

6．优化 3D 刀路间的连接和过渡方式

可以将垂直或水平圆弧进刀/退刀运用到刀路中，让刀路连接平滑光顺，如图 1-27 所示。

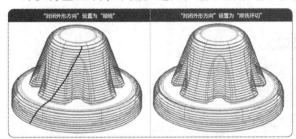
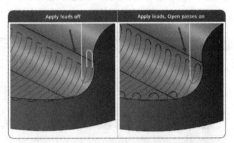
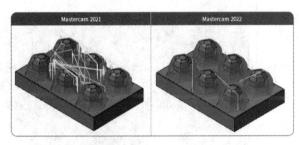
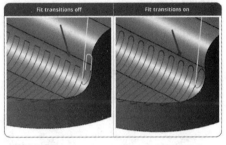

图 1-26　曲面加工减少提刀，避免接刀痕　　　　图 1-27　优化 3D 刀路间的连接和过渡方式

7．在同一个策略中进行五轴编程

Mastercam 2022 可在一个策略中实现不同刀路样式的切换，提高五轴编程刀路调整及优化的效率，降低五轴编程的学习难度，如图 1-28 所示。

8．直接调整刀轴控制线

Mastercam 2022 使用新的"修改向量"功能，可以轻松编辑刀轴控制线，简化调整刀轴控制线操作次数，提高多轴刀路的优化效率，如图 1-29 所示。

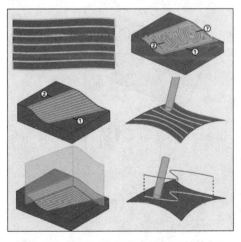
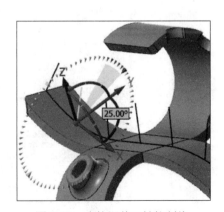

图 1-28　在同一个策略中进行五轴编程　　　　图 1-29　直接调整刀轴控制线

9. 进一步提升去除毛刺能力

Mastercam 2022 新增"沿边切削数"选项，可以设置"去除毛刺"刀路的切削方式，使零件边缘更光顺，如图 1-30 所示。

10. 车铣复合中心架编程

Mastercam 2022 可快速创建不同类型的中心架，并应用于细长轴零件加工，利用它可增强夹持刚性，保证切削稳定，避免因振刀而无法正常切削，如图 1-31 所示。

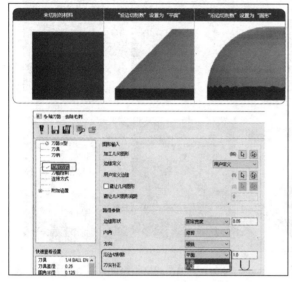

图 1-30　进一步提升去除毛刺能力　　　　图 1-31　车铣复合中心架编程

11. 完成刀路设置直接得到刀路

Mastercam 2022 新增"生成刀路"选项，结束当前刀路设置后软件会自动计算并生成刀路，减少单击次数，提高编程加工效率，如图 1-32 所示。

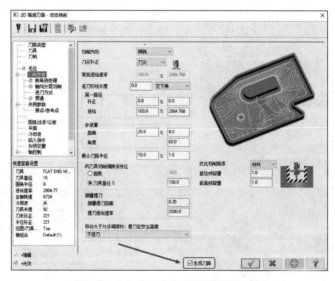

图 1-32　完成刀路设置直接得到刀路

12. 支持对注释进行串连及推拉

Mastercam 2022 可对注释进行串连，在修改注释时自动更新串连，支持对注释进行实体推拉操作，如图 1-33 所示。

图 1-33 支持对注释进行串连及推拉

1.2 Mastercam 2022 常用绘图命令

1.2.1 创建和编辑线框

Mastercam 2022 具有许多创建线框几何图形的功能。线框几何图形包括点、线、弧和样条曲线等。所有基本几何图形都可以通过【线框】选项卡创建。常用命令如下：

1. 线端点

线端点是依照选择的两点绘制线条。在 Mastercam 2022 中，线端点命令有任意线、水平线、垂直线的绘制类型；方式有两端点、中点、连续线。也可以通过输入长度和角度来绘制线，如图 1-34 所示。

绘制线端点之前可以根据个人所需对线型、宽度和颜色，通过【主页】选项卡的【属性】功能区进行修改，如图 1-35 所示。

图 1-34 线端点命令对话框

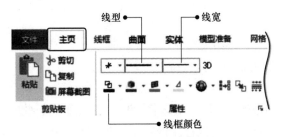

图 1-35 修改线框属性

15

启动线端点命令的方法如下：依次单击【线框】选项卡→【线端点】图标 ✎，操作管理器弹出绘制线端点对话框。

（1）绘制单一直线段

1）单击【线端点】命令，弹出【线端点】对话框，选择类型【任意线】、方式【两端点】。

2）在绘图区域指定第一个端点，如图 1-36a 所示。

3）指定第二个端点，如图 1-36b 所示。

a）指定第一个端点　　b）指定第二个端点

图 1-36　绘制单一直线段

如需绘制一条有长度、角度要求的直线段，那么在指定第一个端点之后，在对话框"尺寸"项目输入直线的长度和角度就可以完成线条的绘制。例如，绘制长度 50mm、角度 35°的直线段如图 1-37 所示。

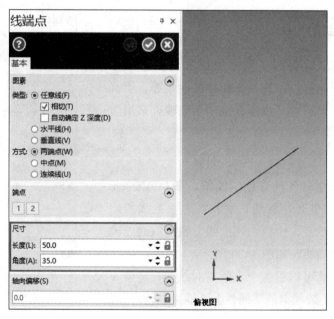

图 1-37　指定长度、角度

（2）绘制连续直线段

1）单击【线端点】命令，弹出【线端点】对话框，选择类型【任意线】、方式【连续线】。

2）在绘图区域选定直线段的起始点。

3）选定第二点、第三点、第四点…，如图 1-38a 所示。

4）此时如果要创建闭合的图形，那么将鼠标移至起始点。此时，第一条直线段变成黄蓝间隔线，如图 1-38b 所示，单击鼠标左键确定，形成闭合图形。

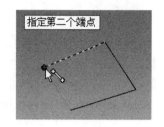

a）指定直线端点　　　　　　　　b）闭合图形

图 1-38　绘制连续线

（3）绘制水平线、垂直线　如果只是单纯绘制水平方向或垂直方向的直线段，可以点选图 1-37 中的【水平线】或【垂直线】选项，那么绘制的线只能在相应的方向。

➡ 例 1-1：直线练习

步骤如下：

（1）使用【线端点】命令绘制直线段图形　绘图的顺序从 53mm 的尺寸开始，按顺时针的方式画图（图 1-39）。

1）依次单击【线框】选项卡→【线端点】。

2）图素类型【任意线】，方式【连续线】。

3）绘图区域的左上角提示【指定第一个端点】，此时在绘图区上任意指定第一个端点，如图 1-40 所示。

4）左上角提示【指定第二个端点】，接着在对话框【尺寸】项目输入长度：53。之后将鼠标在第一个端点的左边水平方向处单击指定第二个端点，如图 1-41 所示，完成 53mm 线段绘制。

图 1-39　直线练习图

图 1-40　指定第一个端点

图 1-41　指定第二个端点

5）继续输入长度：15，然后将鼠标移至上一个点的垂直方向单击指定第二个端点，完成 15mm 线段的绘制。

6）采用相同方式绘制 15mm、30mm、15mm、15mm、53mm 线段，绘制完成后单击对话框右上角的 ◉ 按钮，如图 1-42 所示。

（2）绘制角度 150° 线段　根据补角计算方式，得出分别为 30° 和 −30°。

1）继续使用【线端点】命令绘制上边的斜线，系统提示【指定第一个端点】时，输入尺寸：30、角度：−30，按回车键完成绘制。

2）使用同样的操作方式绘制另一条斜线，角度：30，完成后如图 1-43 所示。

（3）将两条斜线首尾相连，完成整个图形的绘制　结果如图 1-44 所示。

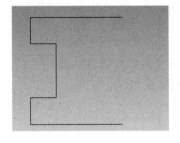　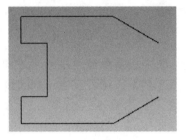　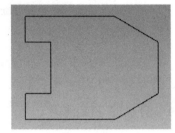

图 1-42　绘制直线结果　　　　　图 1-43　绘制斜线结果　　　　　图 1-44　完成绘图

拓展练习

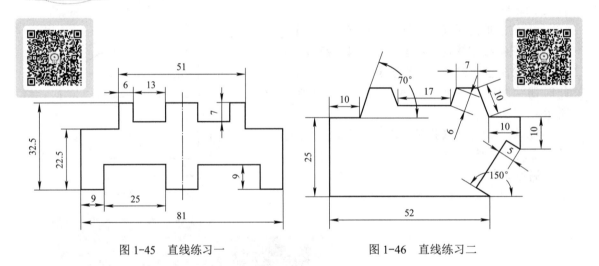

图 1-45　直线练习一　　　　　　　　　图 1-46　直线练习二

2. 圆弧

在【圆弧】功能区中，提供了已知点画圆、三点画弧、切弧等 7 种圆弧绘制方式。

绘制圆弧前，读者也可以根据个人所需指定线的类型、宽度和颜色，通过【主页】选项卡的【属性】功能区进行修改。

（1）已知点画圆　用一个圆心点创建完整圆，有【手动】和【相切】2 种方式。手动模式可以通过对话框输入半径或直径来确定圆的大小；相切模式可以指定圆心后再指定与它相切的点进行绘制，也可以勾选【创建曲面】，直接在圆内生成曲面。【已知点画圆】对话框如图 1-47 所示。

例如手动绘制一个整圆，操作如下：

1）单击【已知点画圆】图标 ◯，操作管理器弹出【已知点画圆】对话框，方式选择：手动。

2）绘图区左上角提示【请输入圆心点】，在绘图区域选定圆心点，如图 1-48 所示。

3）在对话框输入相应的半径或直径后，单击对话框右上角的 ◎ 按钮完成圆的绘制。

图 1-47 【已知点画圆】对话框　　　　　图 1-48　选定圆心

（2）三点画弧　使用三个点创建圆弧。图 1-49 所示为已知三个圆，绘制与三个圆相切的圆弧。

1）单击圆弧功能区【三点画弧】图标 三点画弧，操作管理器弹出【三点画弧】对话框，模式选择：相切。

2）绘图区左上角提示：选择线、圆弧、曲线或边缘，用鼠标左键按顺序单击靠近切点的地方，选择后所选轮廓变成黄蓝间隔线，如图 1-50 所示。

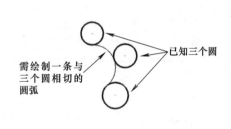

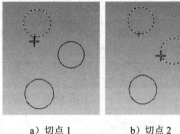

　　　　　　　　　　　　　　　a）切点 1　　　　b）切点 2　　　　c）切点 3

图 1-49　三个点创建圆弧　　　　　图 1-50　依次选择切点

3）选择完成后，生成与其相切的圆弧，单击对话框右上角的 ◎ 按钮完成绘制，结果如图 1-49 所示。

（3）切弧　用于绘制与图素相切的圆弧，切弧命令下共提供 7 种类型的圆弧，有单一物体切弧、两物体切弧、通过点切弧等。

单击【圆弧】功能区中的【切弧】图标 切弧，操作管理器弹出【切弧】对话框，读者根据所需选择不同切弧方式绘图，如图 1-51 所示。

图 1-51　【切弧】对话框

切弧命令下，各类方式切弧如下：

1）单一物体切弧：通过现有图形创建单一切弧，操作如图 1-52 所示。

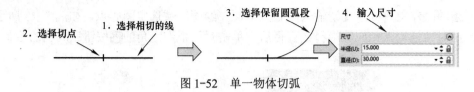

图 1-52   单一物体切弧

2）通过点切弧：通过现有图形和一个点创建切弧，操作如图 1-53 所示。

图 1-53   通过点切弧

3）中心线：用定义的中心线创建圆弧，操作如图 1-54 所示。

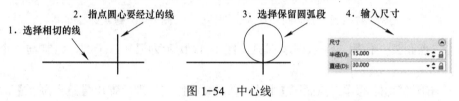

图 1-54   中心线

4）动态切弧：通过现有图形创建动态圆弧，操作如图 1-55 所示。

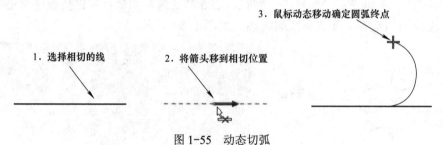

图 1-55   动态切弧

5）三物体切弧：指定圆弧与三个图素相切，操作如图 1-56 所示。

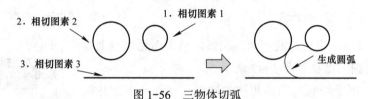

图 1-56   三物体切弧

6）三物体切圆：创建与三个图素相切的圆，操作如图 1-57 所示。

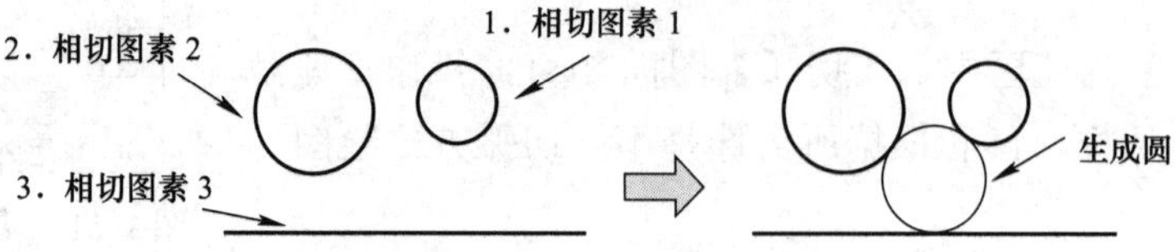

图 1-57   三物体切圆

7）两物体切弧：通过指定圆弧半径与两个图素相切生成圆弧，操作如图 1-58 所示。

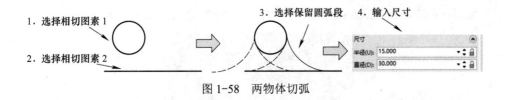

图 1-58　两物体切弧

▶ 例 1-2：圆弧练习

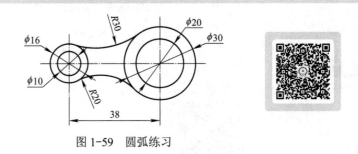

图 1-59　圆弧练习

步骤如下：

1）单击【线端点】命令，选择：任意线，绘制一条 38mm 长的水平辅助线，方便画圆时找圆心，如图 1-60 所示。

2）单击【已知点画圆】手动选择圆心点，分别输入相应直径 10、16、20、30 绘制圆，操作结果如图 1-61 所示。

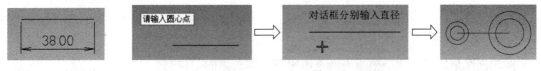

图 1-60　辅助线　　　　　　　　　　　　　　　　图 1-61　画圆

3）按住 Shift 键 + 鼠标滚轮可移动图形，滚动鼠标滚轮可放大缩小图形。

4）单击【切弧】命令，选择：两物体切弧，分别选择与其相切的圆弧，输入半径 30，操作结果如图 1-62 所示。

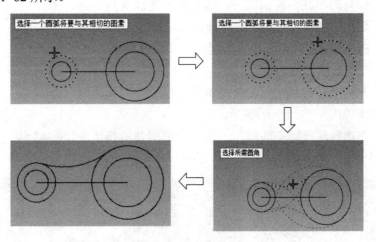

图 1-62　两物体切弧

5）用同样的方法绘制 *R*20mm 圆弧，整个图形绘制完成，如图 1-63 所示。

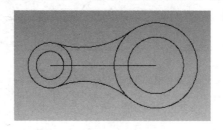

图 1-63　绘图结果

拓展练习

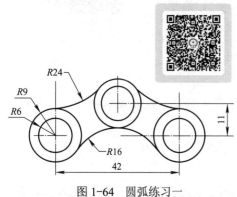

图 1-64　圆弧练习一

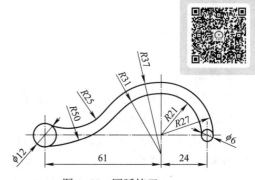

图 1-65　圆弧练习二

3.图素倒圆角

图素倒圆角用于在同一平面上两个不平行的图素之间创建圆弧。

单击【修剪】功能区中【图素倒圆角】图标，操作管理器弹出【图素倒圆角】对话框，如图 1-66 所示。

图素倒圆角命令下，有 5 种不同的圆弧生成方式，具体如下：

1）圆角：在外形相交角落倒圆角，即在角落生成圆角，如图 1-67 所示。操作的时候，选择要倒圆角的 2 条图素生成圆角。

2）内切：在外形相交角落创建内切圆角，如图 1-68 所示。

3）全圆：在外形的转角处创建全圆，如图 1-69 所示。

4）间隙：在外形的内侧角落向外切圆角，以便该刀具达到角落去移除材料，如图 1-70 所示。

5）单切：在选择两条相交线时，一条作为倒圆角的相切边界线，另一条作为倒圆角的线，如图 1-71 所示。

图 1-66　【图素倒圆角】对话框

图 1-67　圆角

图 1-68　内切

图 1-69　全圆

图 1-70　间隙

图 1-71　单切

4. 倒角

倒角命令用于两条相交的直线生成相同或不同的倒角。

单击【修剪】功能区中的【倒角】图标 倒角，操作管理器弹出【倒角】对话框，用户根据所需选择不同倒角方式绘图，如图 1-72 所示。

倒角命令下有 4 种不同的倒角方式，具体如下：

1）距离 1：在相交点创建端点位置相等距离的倒角，如图 1-73 所示。操作时，选择要倒角边，然后在操作管理器中输入倒角的距离，最后单击 按钮完成倒角。

2）距离 2：在相交点指定距离创建端点位置不同距离的倒角，如图 1-74 所示。选择边后，分别在操作管理器的【距离 1】和【距离 2】中输入相应尺寸。

图 1-72 【倒角】对话框

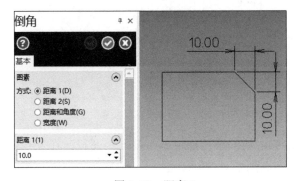

图 1-73 距离 1

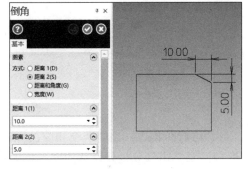

图 1-74 距离 2

3）距离和角度：在相交位置指定角度与端点的相等距离创建倒角，如图 1-75 所示。选择要倒角的两条边，选择时要注意选择的第一条边为指定距离，然后在操作管理器的【距离 1】和【角度】中输入相应尺寸。

4）宽度：基于指定的宽度和端点位置沿选择的两条线对应创建倒角，如图 1-76 所示。

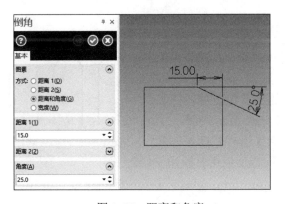

图 1-75 距离和角度

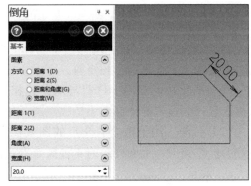

图 1-76 宽度

5. 修剪到图素

修剪到图素命令的作用是将相交图素进行修剪、打断，是二维线框中比较重要的编辑命令。

单击【修剪】功能区中的【修剪到图素】图标 ，操作管理器弹出【修剪到图素】对话框，读者根据所需选择不同方式进行修剪、打断，如图 1-77 所示。

图 1-77 【修剪到图素】对话框

修剪到图素命令下，提供了 2 种类型和 4 种方式的修剪 / 打断方式，具体如下：

（1）修剪 修剪绘图区中选择的图形，有自动、修剪单一物体等 4 种方式。

1）自动：根据读者选择修剪的图形自动切换修剪单一物体和修剪两物体两种方式。

2）修剪单一物体：修剪单一物体时，选择要修剪图形保留的线段，然后选择修剪图形的位置或界线，如图 1-78 所示。

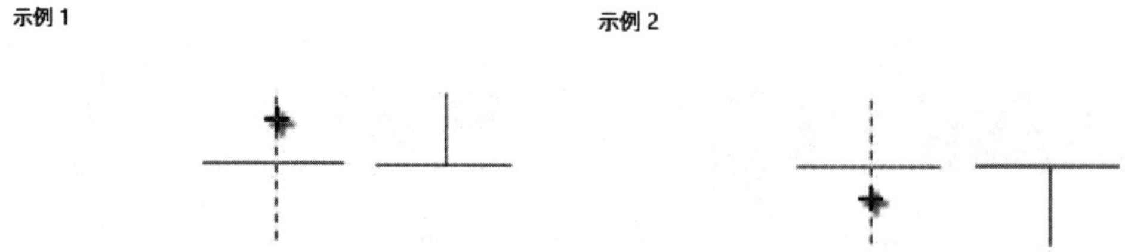

示例 1 示例 2

图 1-78 修剪单一物体

3）修剪两物体：修剪两个相交的图形，单击第一个图形再单击第二个图形，在选择图形时要注意单击部分为要保留的图形，如图 1-79 所示。

示例 1 示例 2

图 1-79 修剪两物体

4）修剪三物体：首先选择三个物体的两边图素，再选择中间的一个图素，它们之间互相修剪。

例如：此功能常用于修剪与两条线相切的圆，保留哪段圆弧取决于选择保留的是顶部圆还是底部圆，如图 1-80 所示。

图 1-80 修剪三物体

（2）打断 用于两个有交点的图素在交点处进行打断，打断与修剪操作类似，上面介绍的 4 种操作方式，同样适用于打断操作。

6. 分割

将选择的直线、圆弧或样条曲线以各端最近两个相交点分割图素，分割命令提供修剪、打断 2 种方式。

单击【修剪】功能区中的【分割】图标 ✕分割，操作管理器弹出【分割】对话框，点选类型：修剪。操作时将鼠标移至修剪线段上，线段变成白蓝相间，单击鼠标左键完成删除，如图 1-81 所示。点选类型为【打断】时，操作后图素不会有删除线段，只会在交点处打断。

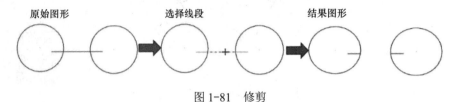

图 1-81　修剪

7. 偏移图素

将指定的图素进行等距离的偏移，其方式有移动、复制、连接或直接创建槽。

单击【修剪】功能区中的【偏移图素】图标 ⊩偏移图素，操作管理器弹出【偏移图素】对话框，读者根据需要选择使用，如图 1-82 所示。

1）复制：将所选图素按照设定的距离偏移到指定位置，原始图素保持不变。点选：复制，输入距离：30，选择需要偏移的图素，指定补正方向，单击对话框右上角的 ✓ 按钮，操作完成后如图 1-83 所示。

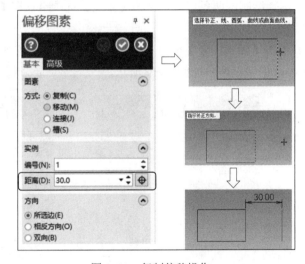

图 1-82　【偏移图素】对话框　　　　图 1-83　复制偏移操作

2）移动：将所选图素按照设定的距离移动到指定位置，操作与复制相同，结果如图 1-84 所示。

3）连接：将所选图素按照设定的距离复制到指定位置并创建线段连接对应端点，操作与复制相同，结果如图 1-85 所示。

4）槽：将所选图素按照设定的距离创建键槽，操作与复制相同，结果如图 1-86 所示。

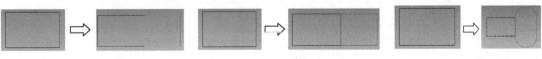

图 1-84　移动偏移操作　　　　图 1-85　连接偏移操作　　　　图 1-86　槽偏移操作

➤ 例 1-3：线框综合练习

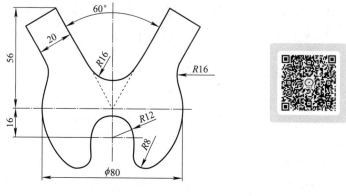

图 1-87　线框综合练习

步骤如下：

1）单击【线端点】命令，选择：任意线。绘制十字辅助线，尺寸无任何要求，用于辅助找圆心。

2）选择绘制的两条线段，单击【主页】选项卡，在【属性】功能区将辅助线换成：中心线，如图 1-88 所示。

3）单击【偏移图素】命令，以其中的水平线绘制向下复制偏移距离 16mm 和向上复制偏移 56mm 的辅助线，如图 1-89 所示。

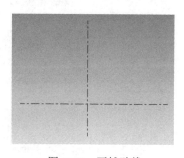

图 1-88　画辅助线

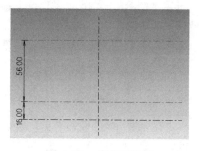

图 1-89　偏移辅助线

4）单击【主页】选项卡下的【属性】功能区，将线型切换成：实线，单击【已知点画圆】命令，分别绘制 ϕ80mm 和 R12mm 的圆，如图 1-90 所示。

5）单击【线端点】命令，绘制 R12mm 圆弧两边的直线，长度超过 ϕ80mm 的圆即可，画两条 60° 的角度线，长度超过 56mm 的辅助线即可，如图 1-91 所示。

6）单击【分割】命令，类型：修剪，将多余的线段删除，如图 1-92 所示。

7）单击【偏移图素】命令，复制偏移两条 20mm 的线，如图 1-93 所示。

8）单击【线端点】命令画两条长 20mm 的斜线，如图 1-94 所示。

9）单击【图素倒圆角】命令，绘 R8mm 和 R16mm 的 5 个圆角，用鼠标选中 4 条辅助中心线，按 Delete 键将其删除，绘制完成后如图 1-95 所示。

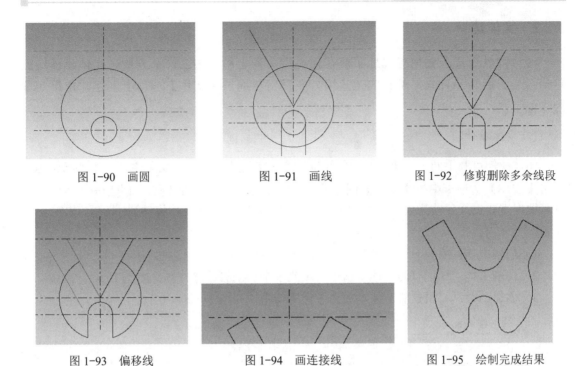

图 1-90 画圆   图 1-91 画线   图 1-92 修剪删除多余线段

图 1-93 偏移线   图 1-94 画连接线   图 1-95 绘制完成结果

拓展练习

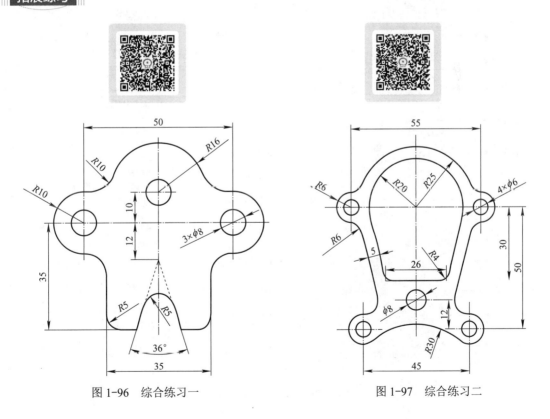

图 1-96 综合练习一   图 1-97 综合练习二

27

1.2.2 实体建模

实体可以让读者更加直观地了解几何造型，为之后的加工带来方便。实体建模造型包括拉伸、旋转等方式，所有实体建模方式都可以通过【实体】选项卡创建。常用实体操作如下：

1. 实体拉伸

实体拉伸可利用同一平面内封闭的轮廓图素来创建实体主体、切割主体、添加凸台等。单击【实体】选项卡中的【拉伸】图标■，弹出【线框串连】对话框，如图 1-98 所示。读者可根据需要选择各项参数，选择完成后单击 ◎ 按钮，弹出【实体拉伸】对话框，如图 1-99 所示。

1）创建主体：创建一个或多个实体，如图 1-100a 所示。

2）切割主体：在现有的实体中创建一个或多个切割去移除材料，如图 1-100b 所示。

3）添加凸台：将新建的实体添加到主体实体中，如图 1-100c 所示。

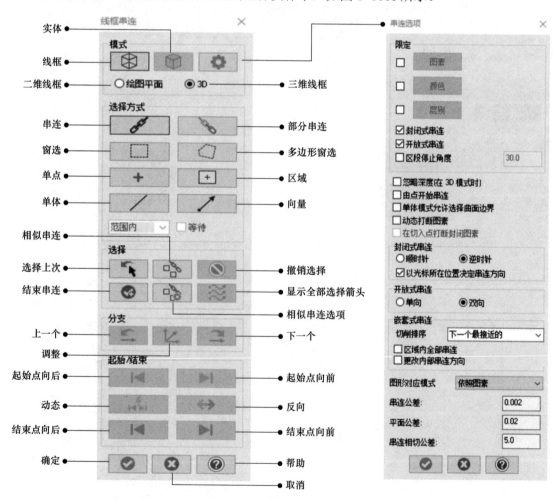

图 1-98 【线框串连】对话框

图 1-99 【实体拉伸】对话框

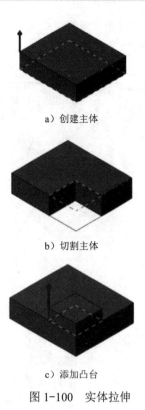

a) 创建主体

b) 切割主体

c) 添加凸台

图 1-100 实体拉伸

📐 例 1-4：实体拉伸练习

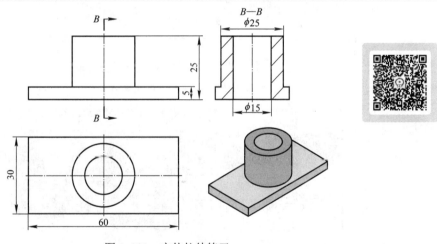

图 1-101 实体拉伸练习

步骤如下：

1）依次单击【视图】→【显示指针】，打开 WCS 坐标（一般情况，模型建立在 WCS 坐标上，方便后期加工的零件在机床中的位置和方位参照）。

2）依次单击【线框】→【矩形】命令，在对话框中输入宽度：60、高度：30，勾选：

矩形中心点，系统提示： 选择基准点。 ，将鼠标移至绘图区中的 WCS 坐标系单击左键拾取点，单击 ⊘ 按钮完成创建，如图 1-102 所示。

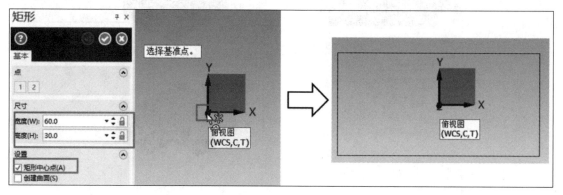

图 1-102　矩形创建

3）单击【已知点画圆】命令，在对话框中输入直径：25，根据提示选择绘图区中的 WCS 坐标系点，单击继续创建按钮 ⊚；以同样的方式继续绘制圆，输入直径：15；最后单击 ⊘ 按钮完成创建，如图 1-103 所示。

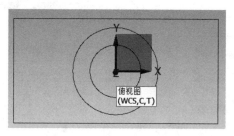

图 1-103　圆创建

4）依次单击【实体】→【拉伸】，选择 30mm×60mm 矩形，单击 ⊘ 按钮；在对话框中输入距离：5，单击继续创建按钮 ⊚，如图 1-104 所示。

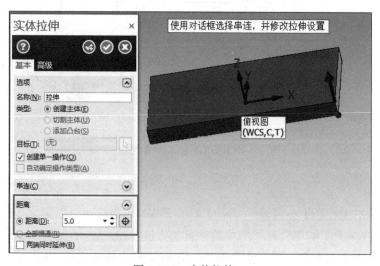

图 1-104　实体拉伸

5）选择 ϕ25mm 圆，单击 ⊘ 按钮；点选：添加凸台，输入距离：25，单击 ◉ 按钮。

6）选择 ϕ15mm 圆，单击 ⊘ 按钮；点选：切割主体，点选：全部贯通，单击 ◉ 按钮完成实体创建，结果如图 1-105 所示。

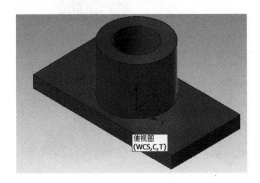
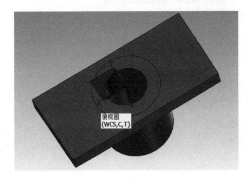

图 1-105 实体拉伸结果

拓展练习

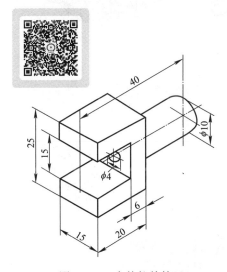
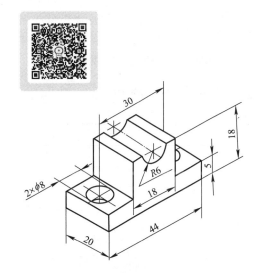

图 1-106 实体拉伸练习一   图 1-107 实体拉伸练习二

2. **实体旋转**

实体旋转可使用同一平面内封闭的轮廓图素，沿旋转轴来创建实体主体、切割主体、添加凸缘等。单击【实体】选项卡中的【旋转】图标 旋转，弹出【线框串连】对话框，选择要进行旋转的图素，单击 ⊘ 按钮，绘图区左上角提示：选择要作旋转轴的线。；选择旋转轴后弹出【旋转实体】对话框，如图 1-108 所示。

1）创建旋转主体：创建一个或多个实体，如图 1-109 所示。

2）切割旋转主体：在现有的实体中创建一个或多个切割去移除材料，如图 1-110 所示。

3）添加旋转凸缘：将新建的实体添加到主体实体中，如图 1-111 所示。

图 1-108 【旋转实体】对话框

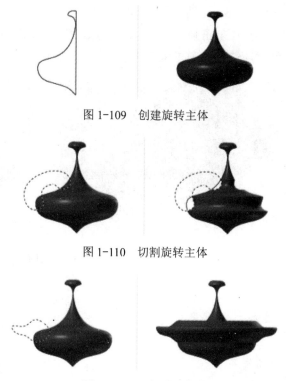

图 1-109　创建旋转主体

图 1-110　切割旋转主体

图 1-111　添加旋转凸缘

➘ 例 1-5：实体旋转练习

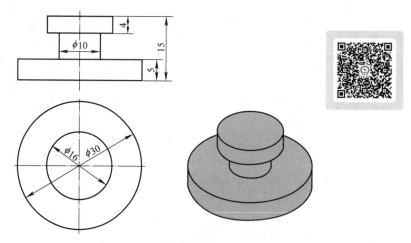

图 1-112　实体旋转练习

步骤如下：

1）依次单击【视图】→【显示指针】，打开 WCS 坐标。

2）依次单击【线框】→【线端点】，类型：任意线，方式：连续线，以 WCS 坐标系基准点依次绘制如图 1-113 所示线段。

3）依次单击【实体】→【旋转】，选择上一步所绘图形，单击 ◉ 按钮，根据提示：

选择 15mm 的线段作为旋转轴，单击 ⚪ 按钮完成实体创建，结果如图 1-114 所示。

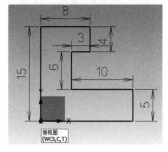

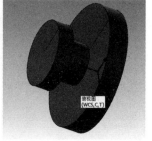

图 1-113　旋转轮廓绘制结果　　　　　　　　图 1-114　实体旋转结果

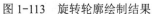

拓展练习

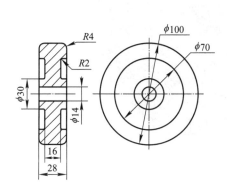

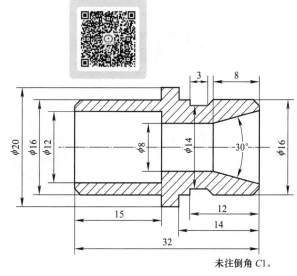

未注倒角 C1。

图 1-115　实体旋转练习一　　　　　　　　图 1-116　实体旋转练习二

3. 固定半倒圆角

固定半倒圆角可指定半径使边界、实体面或整体倒圆角处理。单击【实体】选项卡中的【固定半倒圆角】图标 🔘，弹出【实体选择】对话框，如图 1-117 所示；读者根据不同选择方式选择后，根据设定的半径，倒出来的圆角如图 1-118 所示。

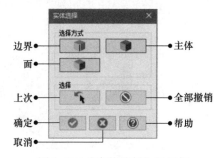

图 1-117　【实体选择】对话框

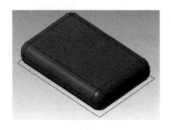

a）边界　　　　　　　　　　　　b）面　　　　　　　　　　　　c）主体

图 1-118　倒圆角结果

4. 单一距离倒角

单一距离倒角可根据选择边界沿两端面以相同的距离倒斜角。单击【实体】选项卡中的【单一距离倒角】图标，弹出【实体选择】对话框；点选要倒斜边的图素，结束选择，弹出【单一距离倒角】对话框，设定距离后，倒角效果如图 1-119 所示。

图 1-119　单一距离倒角结果

5. 抽壳

抽壳是用移除材料的方式来抽空实体主体。单击【实体】选项卡中的【抽壳】图标抽壳，弹出【实体选择】对话框，选择方式：面，鼠标点选开放面（本例选择实体的上表面），如图 1-120 所示，单击　　　按钮，弹出【抽壳】对话框，设定抽壳厚度，单击按钮，结果如图 1-121 所示。

图 1-120　点选开放面

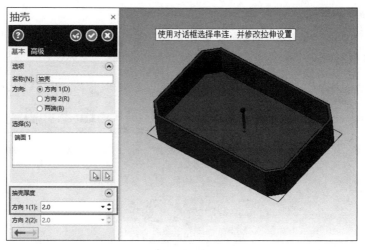

图 1-121　抽壳结果

1.3　Mastercam 2022 常见铣削加工类型

1.3.1　面铣

在大多数情况下，面铣是零件加工的第一道工序，通过去除毛坯上表面的杂质，获得零件上表面比较光洁的平面。

↳ 例 1-6：面铣加工

操作步骤如下：

步骤一　准备

依次单击选项卡【视图】→【显示指针】，打开 WCS 坐标系；或使用以下快捷键打开：Alt+F9。

步骤二　CAD 建模

1）依次单击【线框】→【矩形】，弹出【矩形】对话框，输入宽度：118、高度：78，勾选：矩形中心点，以矩形中心点作为抓点方式拾取 WCS 坐标系，绘出 118mm×78mm 矩形。

2）按住鼠标中键旋转视角进行观察，也可以依次单击【实体】→【等视图】切换显示视角。结果如图 1-122 所示。

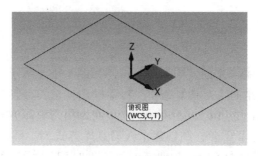

图 1-122　绘制矩形

步骤三　面铣加工

1）激活刀路功能，依次单击选项卡【机床】→【铣床】→【默认】模式，激活【刀路】
选项卡，如图 1-123 所示。

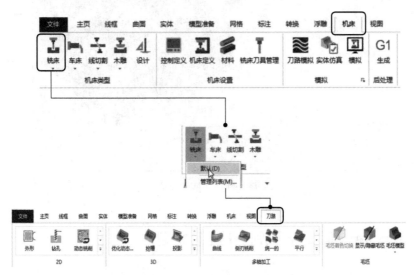

图 1-123　【刀路】选项卡激活

2）单击【2D】功能区中的【面铣】图标，如图 1-124 所示，弹出【线框串连】对话框，
选择 118mm×78mm 矩形，单击 ⊘ 按钮。

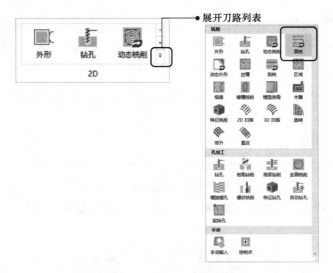

图 1-124　展开刀路列表

3）系统弹出【2D 刀路 - 平面铣削】对话框，如图 1-125 所示。

4）单击对话框左上角的【刀具】选项，对话框切换至刀具管理界面，软件提供了调用
刀具库和创建刀具两种方式（例 1-6 ～例 1-13 采用调用刀具库方式，例 1-14 ～例 1-17 采
用创建刀具方式，后面章节还会介绍创建个人刀具库方式）。单击 选择刀库刀具 按钮，弹出软件
自带刀具库界面，选用直径为 50mm 的面铣刀，如图 1-126 所示，单击 ✓ 按钮。

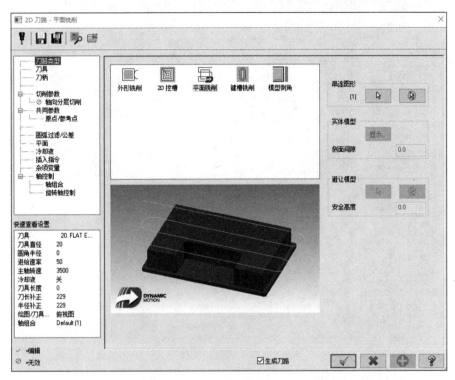

图 1-125 【2D 刀路 - 平面铣削】对话框

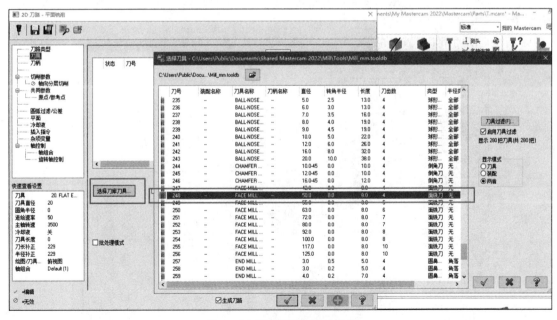

图 1-126 【选择刀具】对话框

5）单击【切削参数】选项，对话框切换至参数设置界面。设置切削方式：双向，步进量：85%，底面预留量：0，如图 1-127 所示。

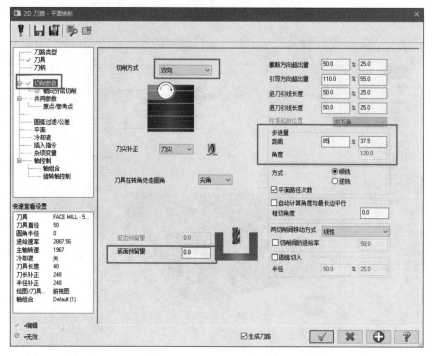

图 1-127　设置切削参数

6）单击【共同参数】选项，勾选：安全高度：50.0（绝对坐标），提刀：1.0（增量坐标），下刀位置：1.0（增量坐标），毛坯顶部：0.0（绝对坐标），深度：0.0（绝对坐标），如图 1-128 所示。

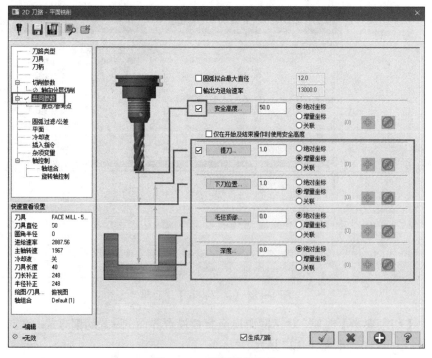

图 1-128　设置共同参数

7）单击【冷却液】选项，设定开启冷却液模式，Flood：On，如图 1-129 所示。

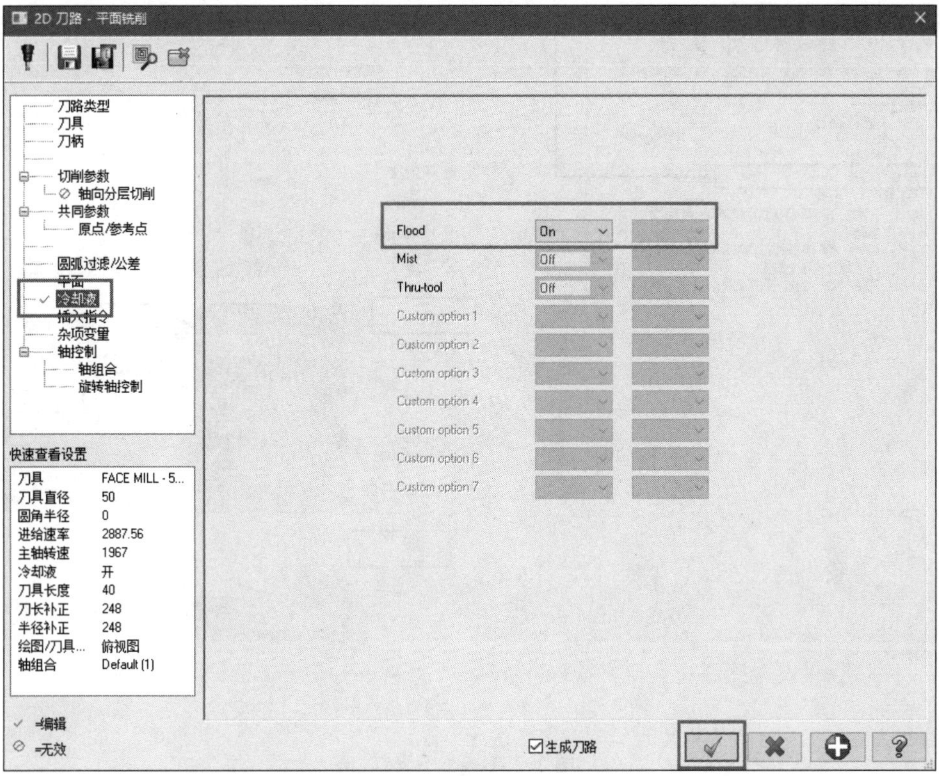

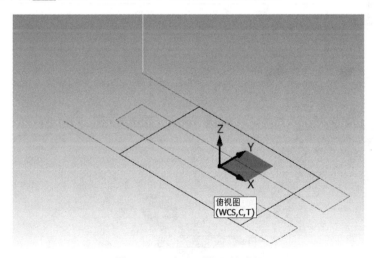

图 1-129　开启冷却液

8）单击右下角 ✔ 按钮，生成如图 1-130 所示刀具路径。

图 1-130　生成面铣刀具路径

9）单击操作管理器刀路界面，依次单击【机床群组 -1】→【属性】→【毛坯设置】；设置毛坯 X120、Y80、Z30，毛坯原定 X0、Y0、Z1，勾选：显示，如图 1-131 所示；单击 ✔ 按钮完成毛坯设置。

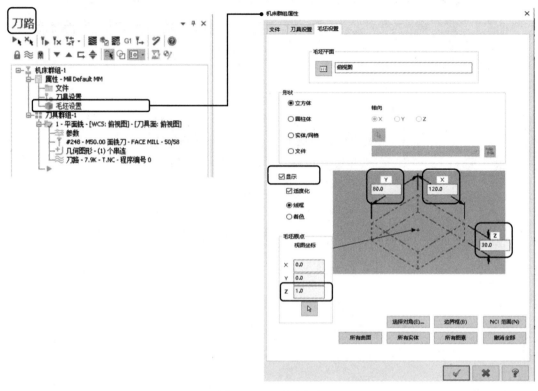

图 1-131 毛坯设置

10）依次单击【机床】→【实体仿真】，进行实体仿真，单击播放按钮▶，仿真加工过程和结果如图 1-132 所示。单击【文件】→【保存】，将本例保存为【例 1-6 面铣加工 .mcam】。

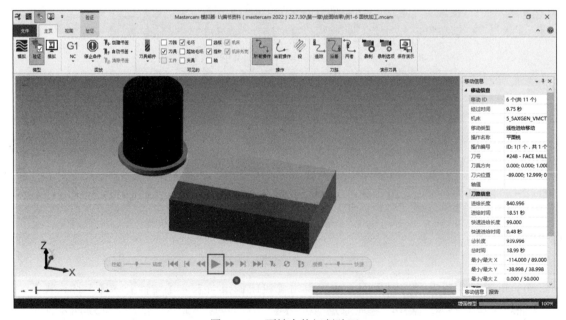

图 1-132 面铣实体切削验证

注：

本例主要用来说明面铣的过程。刀具的建立也可以选择【从刀库选择】。转速、进给速度也可以在【定义刀具】对话框的【完成属性】界面中设定，设定之后同一把刀具用在不同的工序中加工参数无须再设置。【实体仿真】也可以直接单击操作管理器中的 图标弹出。毛坯的选择一定要以实际测量的毛坯数值为准，毛坯过大或者过小时，实体切削验证的效果会不真实；毛坯显示有【线框】和【着色】两种方式，读者可以根据实际需求选择，也可以设置成不显示。

1.3.2 外形铣削

外形铣削主要用于二维轮廓加工。Mastercam 的二维轮廓加工丰富多样，按照外形铣削类型可以分为 2D、2D 倒角、斜插、残料加工等，还可以分为平面多次铣削和 Z 轴分层铣深等几种类型。

➥ **例 1-7：外形铣削加工（1）**

以例 1-6 的图形和工件设定为准，要求在 120mm×80mm×30mm 的毛坯上铣出尺寸为 118mm×78mm×18mm 的外形，采用 2D 方式，Z 轴分层铣削。

操作步骤如下：

1）打开文件：例 1-6 面铣加工 .mcam。

2）单击【2D】功能区【外形】图标 ，弹出【线框串连】对话框，选择 118mm×78mm 的矩形（注意选择轮廓箭头的方向为顺时针），单击 按钮完成选择。

3）单击【刀具】选项，从刀库中选一把直径为 16mm 的平铣刀。

4）单击【切削参数】选项，设置外形铣削方式：2D，壁边预留量、底面预留量：0.0，如图 1-133 所示。

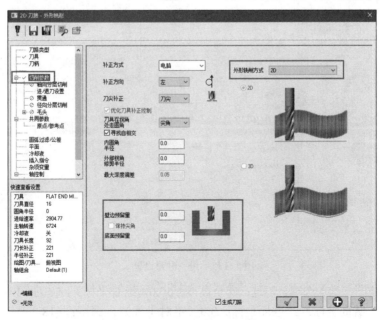

图 1-133　外形铣削切削参数设置

5）单击【轴向分层切削】选项，勾选：轴向分层切削，设置最大粗切步进量：2，勾选：不提刀，其余参数默认，如图 1-134 所示。

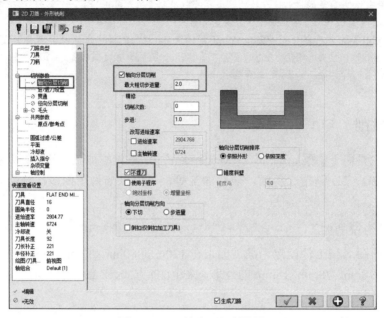

图 1-134　Z 轴分层切削设置

6）单击【进/退刀设置】选项，去掉勾选：在封闭轮廓中点位置执行进/退刀，其余参数默认或根据需要修改，如图 1-135 所示。

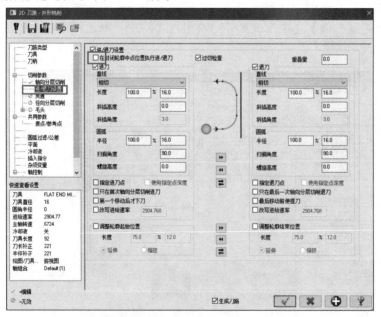

图 1-135　进/退刀设置

7）单击【共同参数】选项，勾选：安全高度：50.0（绝对坐标），提刀：1.0（增量坐标），下刀位置：1.0（增量坐标），毛坯顶部：0.0（绝对坐标），深度：-18.0（绝对坐标）。

8）单击【冷却液】选项，设定开启冷却液模式，Flood：On。

9）单击 按钮，生成如图 1-136 所示刀具路径。单击选项卡【文件】→【另存为】，将本例保存为【例 1-7 外形铣削加工 1.mcam】。

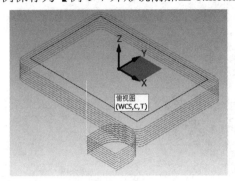
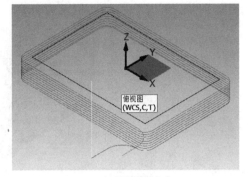

a）2D 铣削方式   b）斜插铣削方式

图 1-136   2D 与斜插铣削方式刀具路径的对比

➥ **例 1-8：外形铣削加工（2）**

以例 1-6 的图形和工件设定为准，要求在 120mm×80mm×30mm 的毛坯上铣出尺寸为 118mm×78mm×18mm 的外形，采用斜插铣削方式。

操作步骤如下：

1）打开保存文件：例 1-6 面铣加工 .mcam。

2）单击【外形】图标，以与例 1-7 相同的方式选择加工图形。

3）刀具与例 1-7 相同。

4）单击【切削参数】选项，设置外形铣削方式：斜插；斜插方式有角度、深度和垂直进刀三种。点选：深度，斜插深度：2.0，勾选：在最终深度处补平，其余参数默认，如图 1-137 所示，其余与例 1-7 相同（注意选用斜插方式后，就无法对轴向分层铣削进行设置）。

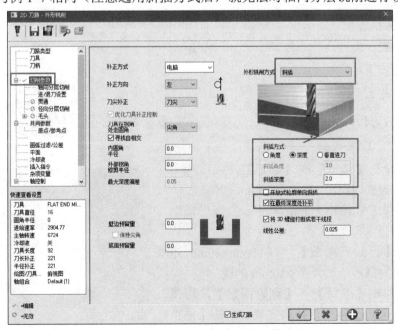

图 1-137   斜插参数

5）单击 ✅ 按钮生成刀具路径。

6）依次单击【机床】→【实体仿真】，进行实体仿真，单击播放按钮 ▶️，仿真加工结果如图 1-138 所示。单击【文件】→【另存为】，将本例保存为【例 1-8 外形铣削加工 2.mcam】。

图 1-138　外形铣削实体切削验证

注：

　　上述两例主要用来说明外形铣削的方式。外形铣削在选择轮廓时，要注意顺逆铣之分。如选择错误，可以单击刀具路径下的【图形】进行修改，修改后单击操作管理器中的【重新计算】图标来改正。

通过 2D 和螺旋式或斜插刀具路径的对比（图 1-136）可以发现，螺旋式或斜插进给路径较短，因而加工效率要高一些。实际加工时，应根据具体情况灵活选用。

外形铣削中还有一种较为特殊的平面多次铣削方式，既可当作面铣加工，也可以当作挖槽加工，后续例子中再讲述。

1.3.3　钻孔加工

在数控铣床上进行钻孔加工，是常见的孔加工方式之一。

➥ 例 1-9：钻孔加工

操作步骤如下：

步骤一　准备

按 Alt+F9，打开 WCS 坐标系。

步骤二　CAD 建模

1）依次单击【线框】→【矩形】，以矩形中心点作为抓点方式，绘出 118mm×78mm 的矩形。

2）以同样方式绘出 80mm×40mm 的矩形辅助定圆心。

3）单击【已知点画圆】，以 80mm×40mm 矩形四个角点作为圆心绘制 4 个 φ10mm 的圆。

4）依次单击【主页】→【删除图素】，用鼠标拾取 80mm×40mm 矩形，拾取完成后单击【结束选择】，删除辅助图素；绘图结果如图 1-139 所示。

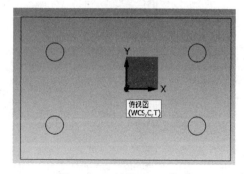

图 1-139　钻孔 CAD 模型

步骤三　钻孔加工

1）依次单击【机床】→【铣床】→选择：默认，单击 2D 功能区【钻孔】图标🔩，弹出【刀路孔定义】对话框，如图 1-140 所示。用鼠标拾取 4 个 ϕ10mm 圆心，拾取到的点呈十字形，单击◉按钮完成选择，弹出【2D 刀路 - 钻孔】参数设置对话框。

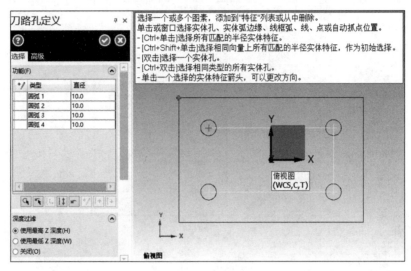

图 1-140　钻孔点拾取

2）单击【刀具】选项，从刀库中选一把钻头，直径为：10。

3）单击【切削参数】选项，循环方式：深孔啄钻（G83），Peck（啄食量）：2.0，如图 1-141 所示。

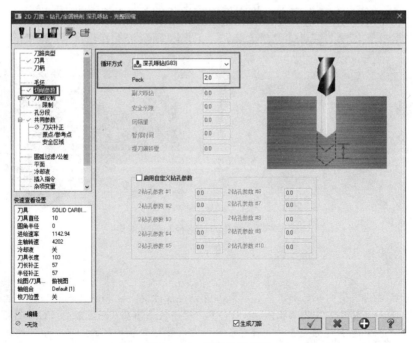

图 1-141　切削参数设置

4）单击【共同参数】选项，安全高度：50.0（绝对坐标），参考高度：10.0（绝对坐标），毛坯顶部：0.0（绝对坐标），深度：−20.0（绝对坐标），如图 1-142 所示。

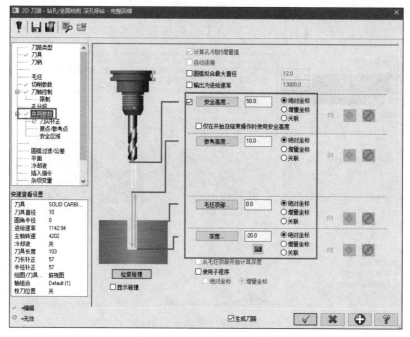

图 1-142　原点 / 参考点设置

5）设置冷却液开启，单击 ✓ 按钮生成刀具路径；设置与例 1-6 相同的毛坯参数；依次单击【机床】→【实体仿真】，进行实体仿真，单击 ▶ 按钮，仿真结果如图 1-143 所示。单击选项卡上【文件】→【保存】，将本例保存为【例 1-9 钻孔加工 .mcam】。

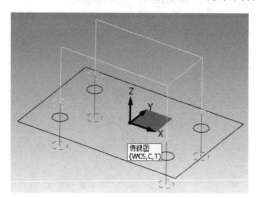
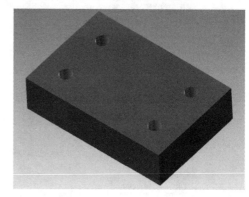

图 1-143　钻孔刀具路径与模拟结果

注:

上述例子主要用来说明孔的加工。孔的加工首先要注意的是主轴转速和进给速度的设定，其次是钻孔方式。常用的钻孔方式是深孔啄钻（G83），对于较浅的孔可用深孔钻（G81/G82）。在绘图时，可先输入半径，单击【锁定】图标 🔒 将尺寸固定，然后直接拾取圆心点，就可连续多次绘制相同尺寸的圆。

1.3.4 动态铣削

动态铣削可充分利用刀具切削刃长度，切削深度可以达到 2～3 倍刀具直径，加工时可以不用 Z 向进行分刀，实现刀具的高速切削。此刀路的主要特点是：它使用一种动态的运动方式，当刀具不与材料切削时，加速进给运动，所以粗加工效率很高，能最大限度地提高材料去除率，并降低刀具磨损；保证刀具负载恒定，可防止加工时断刀；由于排屑流畅，大部分热量被切屑带走，工件加工中温升很小，同时刀具的热量积累也比较小。此功能是 Mastercam 特有的快捷粗加工刀路方式。

❯ 例 1-10：动态铣削

操作步骤如下：

步骤一　CAD 建模

打开保存文件：例 1-9 钻孔加工 .mcam，在操作管理器【刀路】界面中删除钻孔加工程序，在例 1-9 的例子上进行编程。

步骤二　动态铣削加工

1）单击【动态铣削】图标🖱，弹出【串连选项】对话框，如图 1-144 所示。单击【加工范围】下的 🔉 按钮，选择 118mm×78mm 的轮廓作为加工范围，加工区域策略：开放（允许刀具在加工范围外侧，就是开放的；如果只能在轮廓内部运动，就是封闭的）；单击【避让范围】下的 🔉 按钮，依次选择 4 个圆作为避让（要保留、不能加工）的轮廓；其余默认，单击 ✅ 按钮确定。

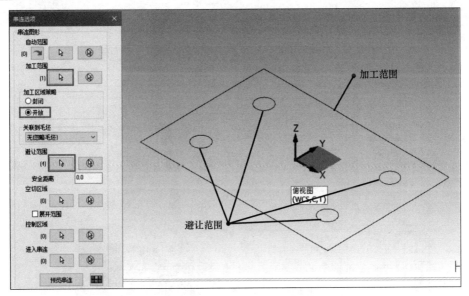

图 1-144　【串连选项】对话框

2）单击【刀具】选项，从刀库中选一把平铣刀，直径为：10。

3）单击【切削参数】选项，设置步进量：10%（指刀具直径 ×10%），壁边预留量和底面预留量为 0.2；其余默认，如图 1-145 所示。

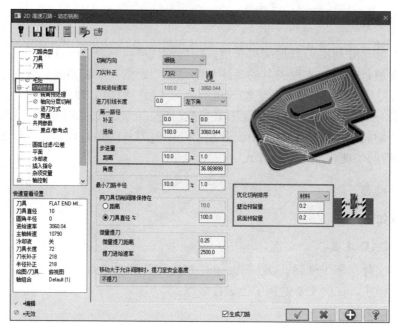

图 1-145　动态铣削切削参数设置

4）单击【进刀方式】选项，设置进刀方式：单一螺旋、螺旋半径：4.5、Z 间距：3.0、进刀角度：2.0，如图 1-146 所示。

注:

进刀方式还有沿着完整内侧螺旋、沿着轮廓内侧螺旋、轮廓等方式。

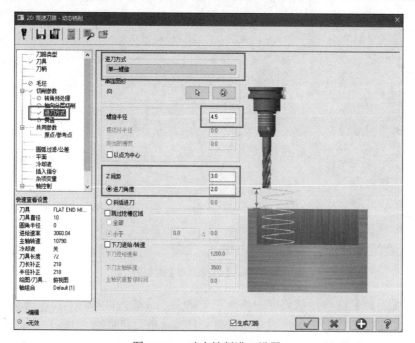

图 1-146　动态铣削进刀设置

5）单击【共同参数】选项，勾选【安全高度】：50（绝对坐标），提刀：1（增量坐标），下刀位置：1（增量坐标），毛坯顶部：0（绝对坐标），深度：-20（绝对坐标）。

6）设置开启冷却液；其余默认，单击 ☑ 按钮确定，生成如图 1-147 所示刀具路径。

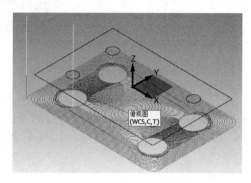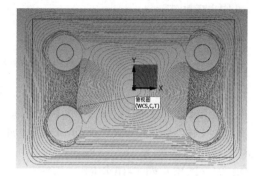

图 1-147　生成动态铣削刀具路径

7）依次单击【机床】→【实体仿真】，进行实体仿真，单击播放按钮 ▶，仿真结果如图 1-148 所示。单击【文件】→【另存为】，将本例保存为【例 1-10 动态铣削 .mcam】。

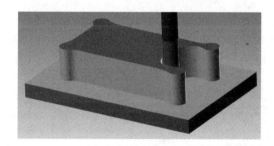

图 1-148　刀具路径模拟结果

注：

　　本例主要用来说明动态铣削的过程。在设置刀具切削参数时，进给速度尽可能大些，采用小切削快进给的高速加工方式。动态铣削常用于粗加工，也可以用于精加工，只需加大步进量即可。动态铣削还能智能识别不同高度的凸台，然后根据凸台高度在同一条刀路一起去除。当读者需要一条刀路加工不同高度时，需要在 CAD 建模时将其相对应的图形平移至需要的深度，然后在拾取轮廓后，软件才能自动判断加工深度。软件还提供了针对外形的动态铣削方式，读者可根据图形有针对性地选用。

　　动态铣削技术是数控铣削编程技术的最新发展，它可以有效地提高粗加工的效率。动态铣削在提高效率的同时，可以使用较小的刀具，并有效地提高刀具的使用寿命，合理地利用这些新技术在实际生产中可以降低加工成本。

1.3.5　区域加工

　　区域加工方法与动态铣削类似，主要用于工件底面的精加工。一般情况下，使用动态铣削粗加工后表面粗糙，需要进行区域精加工。该功能的优点是轨迹生成速度快。

➥ 例 1-11：区域加工

以例 1-10 的图形、刀具和工件设定为基础，选择区域加工生成刀具路径，对其底面进行精加工。

操作步骤如下：

步骤一　CAD 建模

打开保存文件【例 1-10 动态铣削 .mcam】，在其基础上进行区域加工的编程。

步骤二　区域加工

1）单击【区域】图标，弹出【串连选项】对话框，加工轮廓的选择方式与例 1-10 一致；加工范围：选择 118mm×78mm 图形，加工区域策略：开放，避让范围：选择 4 个圆，单击 ✓ 按钮确认。

2）刀具选用与例 1-10 相同。

3）单击【切削参数】选项，设置 XY 步进量：直径百分比 80%，壁边预留量：0.0，底面预留量：0.0，如图 1-149 所示。

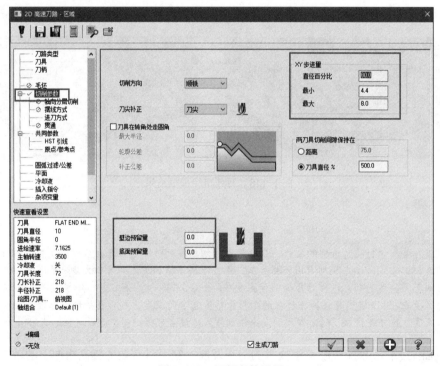

图 1-149　切削参数设置

4）其余参数直接按照默认。

5）单击【共同参数】选项，勾选：安全高度：50.0（绝对坐标），提刀：10.0（绝对坐标），下刀位置：1.0（增量坐标），毛坯顶部：-19.0（绝对坐标），深度：-20.0（绝对坐标）。

6）设置开启冷却液，单击 ✓ 按钮生成刀具路径；单击【刀具群组 -1】，拾取所有刀路，单击【实体仿真】进行实体仿真，单击 ▶ 按钮播放，仿真结果如图 1-150 所示。单击【文件】→【另存为】，将本例保存为【例 1-11 区域加工 .mcam】。

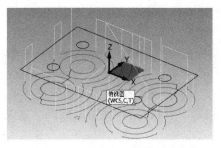

图 1-150 区域加工刀具路径与实体切削验证

注:

　　本例主要用来说明区域加工的过程。该命令主要用于精加工,所以加工时要注意适当提高转速。在设置共同参数时,毛坯顶部也可以设置成增量坐标,与例子中效果是一样的。

1.3.6　挖槽加工

　　挖槽加工也称口袋加工,属于层铣粗加工的一种,其作用是去除边界里的材料,主要用于形状简单的二维图形、侧面为直壁或倾斜度一致的封闭区域。

➘ 例 1-12:挖槽加工

操作步骤如下:

步骤一　准备

按 Alt+F9,打开 WCS 坐标系。

步骤二　CAD 建模

1)依次单击【线框】→【矩形】命令下拉选项,如图 1-151 所示,单击【多边形】命令,弹出【多边形】对话框,输入边数:5、半径:30,其余默认;绘图区左上角提示:选择基准点,将鼠标移至绘图区中间指针位置单击确认,绘出辅助五边形,单击 ◎ 按钮完成绘制。

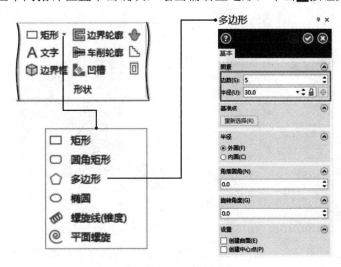

图 1-151 多边形绘制

2）单击【已知点画圆】，以五边形 5 个角点作为圆心绘制 5 个 ϕ15mm 的圆，单击尺寸锁🔒，使其固定 15mm 的尺寸，重复使用数值。

3）依次单击【主页】→【删除图素】，用鼠标拾取五边形，拾取完成后单击【结束选择】，删除辅助图素。

4）单击【切弧】，选择【两物体切弧】，输入半径：20.0（并锁死尺寸），在绘图区依次选择邻近的两个圆，会出现两条相切的圆弧，用鼠标拾取保留的圆弧，完成后单击🔵按钮，结果如图 1-152a 所示。

5）单击【分割】，依次选择要分割删除的多余圆弧段，最终结果如图 1-152b 所示。

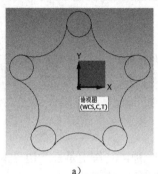
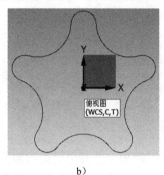

a)   b)

图 1-152　梅花图形

步骤三　挖槽加工

1）依次单击【机床】→【铣床】→【默认】，弹出【刀路】选项卡，单击【挖槽】图标▦，弹出【串连选项】对话框，用鼠标点选梅花图形，单击 🔵 按钮，弹出【2D 刀路 -2D挖槽】参数设置对话框。

2）单击【刀具】选项，从刀库中选一把平铣刀，直径为：10。

3）单击【切削参数】选项，挖槽加工方式：标准，壁边预留量、底面预留量：0.2，如图 1-153 所示。

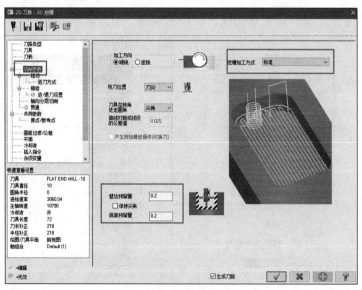

图 1-153　挖槽切削参数

4）单击【粗切】选项，选择：等距环切（用户也可根据实际选择不同的切削方式），切削间距 [直径 %]：80.0，勾选：由内而外环切，其余参数默认，如图 1-154 所示。

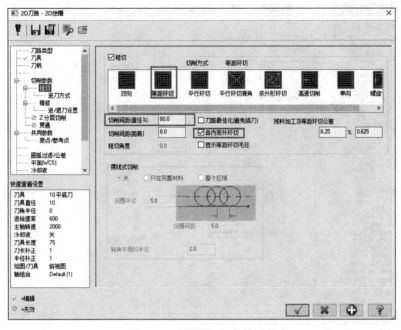

图 1-154　挖槽粗切参数设置

5）单击【进刀方式】选项，选择：螺旋，输入最小半径：30%、最大半径：70%、Z间距：1.0、XY 预留量：1.0、进刀角度：5.0，其余默认，如图 1-155 所示。也可以采用【斜插】下刀方式，参数设置直接按照默认。

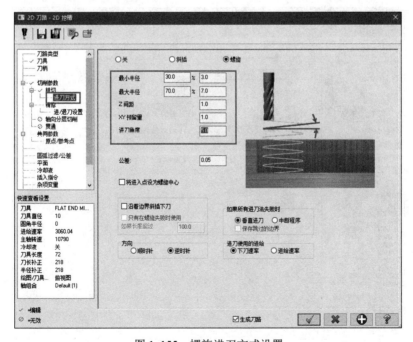

图 1-155　螺旋进刀方式设置

6）单击【精修】选项，次：1，间距：0.0，勾选：精修外边界，其余参数默认，如图 1-156 所示。

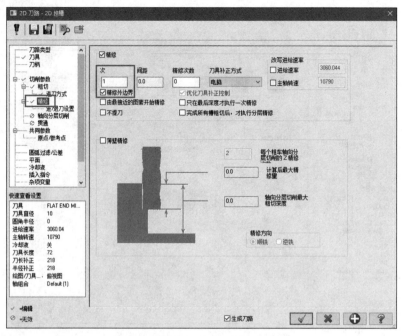

图 1-156　精修设置

7）单击【进 / 退刀设置】，取消勾选【进 / 退刀设置】选项。

8）单击【轴向分层切削】，勾选：轴向分层切削，输入最大粗切步进量：2.0，其余参数默认，如图 1-157 所示。

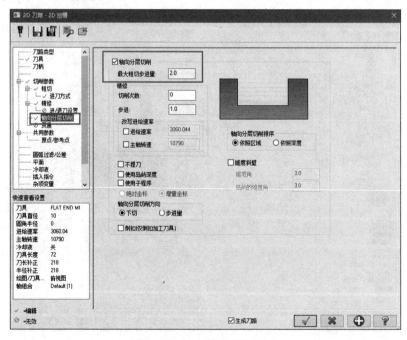

图 1-157　Z 轴分层切削设定

9）单击【共同参数】选项，勾选：安全高度：50.0（绝对坐标），提刀：10.0（绝对坐标），下刀位置：1.0（增量坐标），毛坯顶部：0.0（绝对坐标），深度：−10.0（绝对坐标）。

10）设置开启冷却液，单击 按钮生成刀具路径，如图 1-158 所示。

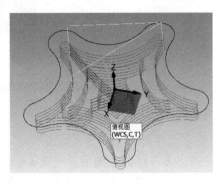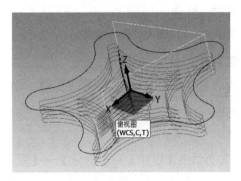

a）螺旋进刀   b）斜插进刀

图 1-158　两种下刀方式路径对比

11）设置毛坯 X100、Y100、Z30，毛坯原定 X0、Y0、Z0，勾选：显示。单击【实体仿真】，单击播放按钮 ▶，仿真结果如图 1-159 所示。单击【文件】→【保存】，将本例保存为【例 1-12 挖槽加工 .mcam】。

图 1-159　挖槽加工实体切削验证

注:

上述例子主要用来说明一般挖槽加工的过程。在封闭区域的内部挖槽，4 刃立铣刀一般情况下是不能垂直下刀的。下刀方式多采用螺旋下刀或斜插下刀；2 刃立铣刀（键槽铣刀）可以垂直下刀，在【粗切参数】选项中，可以不勾选【螺旋式下刀】或【斜插式下刀】，点选【关】。

采用螺旋下刀或斜插下刀主要是看封闭区域的大小。相对于斜插下刀而言，封闭区域较小时，螺旋下刀容易失败，螺旋或斜插的角度一般为 0.5°～3°。

1.3.7　全圆铣削

全圆铣削是一种外形铣削的方式，它按照圆的大小进行加工。加工圆孔最好使用全圆铣削。

➥ 例 1-13：全圆铣削

操作步骤如下：

步骤一　准备

按 Alt+F9，打开 WCS 坐标系。

步骤二　CAD 建模

依次单击【线框】→【已知点画圆】，以 WCS 坐标系基点作为抓点，绘制一个圆，半径为 20mm。

步骤三　全圆铣削加工

1）依次单击【机床】→【铣床】→【默认】，弹出【刀路】选项卡，单击【全圆铣削】图标，弹出【刀路孔定义】对话框；用鼠标点选圆，单击按钮，弹出【2D 刀路 - 全圆铣削】参数设置对话框。

2）单击【刀具】选项，从刀库中选一把平铣刀，直径为：12。

3）单击【切削参数】选项，在此界面的右上角就可以看到选择的圆柱直径是 40，设置壁边预留量和底面预留量为 0。

4）单击【粗切】选项，勾选：粗切，设置步进量：10%，勾选：螺旋进刀，其余参数默认，如图 1-160 所示。

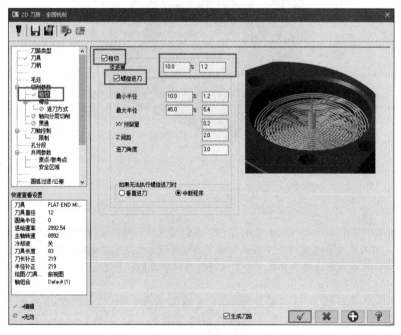

图 1-160　全圆铣削粗切设置

5）单击【共同参数】选项，勾选：安全高度：50.0（绝对坐标），提刀：10.0（绝对坐标），下刀位置：1.0（增量坐标），毛坯顶部：0.0（绝对坐标），深度：-15.0（绝对坐标）。设置开启冷却液，其余参数默认，单击按钮，生成如图 1-161 所示刀具路径。

6）设置毛坯 50mm×50mm×20mm；单击【实体仿真】，单击播放按钮 ▶，仿真结果如图 1-161 所示。单击【文件】→【保存】，将本例保存为【例 1-13 全圆铣削 .mcam】。

图 1-161　生成全圆铣削刀具路径及模拟结果

注：

本例主要用来说明全圆铣削的过程。它属于外形铣削的一种，一般用于铣内圆。当刀具直径与内孔很接近时，进退刀量不易确定，此时用全圆铣削很方便，可设圆心为进刀点，再设定起始角度、切入 / 切出角度等。也可以设定精修加工及下刀方式。左右补正可以确认顺逆铣。补正形式有【电脑】、【控制器】和【磨损】等。

全圆铣削也可以用于挖槽，不过特殊情况下外形铣削用螺旋下刀等于直接挖孔，沿着孔的边缘下刀一直绕下去，读者根据刀具设置每下一圈的深度。全圆铣削是从圆心下刀，一般用于先钻后铣，用来扩孔。

1.3.8　2D 扫描

依照第一条边界（截面外形）沿第二条外形（引导外形）创建 2D 扫描刀路，主要用于斜面、圆弧面等曲面的加工。此刀路仅需一个截面和引导外形进行刀路创建。

➥　例 1-14：2D 扫描加工

操作步骤如下：

步骤一　准备

按 Alt+F9，打开 WCS 坐标系。

步骤二　CAD 建模

1）单击【已知点画圆】，以绘图区 WCS 坐标系作为圆心，绘制一个圆，直径为：50，如图 1-162a 所示。

2）依次单击选项卡【视图】→【前视图】，将画图界面切换至前视图的视角；绘制 R10mm 的截面外形，依次单击【线框】→【线端点】，设置尺寸为 10mm，单击🔒按钮锁死尺寸，用鼠标捕捉右边圆的【象限点】，绘制一个直角，如图 1-162b 所示。

3）单击【图素倒圆角】，设置半径：10，选择上一步绘制的两条边，绘制成 R10mm 圆弧，如图 1-162c 所示。

4）依次单击选项卡【视图】→【俯视图】→【等视图】，将视角切换至俯视图（如果不切换俯视图，绘图平面、刀具平面还是保持前视角，那么在生成刀具路径时由于视角不同，程序将产生错误）再切换至等视图的视角（切换等视角便于观察整体），如图 1-162d 所示。

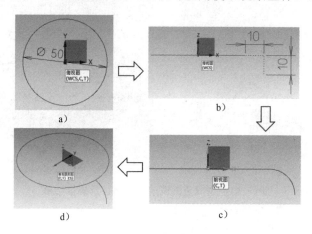

图 1-162 CAD 建模

步骤三 2D 扫描加工

1）依次单击【机床】→【铣床】→【默认】，弹出【刀路】选项卡，单击【2D 扫描】图标，弹出【串连选项】对话框；根据绘图区左上角提示：扫描:定义 断面外形，单击串连模式：单体（ ╱ ），选择 R10mm 的圆弧作为断面外形，如图 1-163a 所示；绘图区左上角提示：扫描:定义 引导外形，选择 φ50mm 的圆作为引导外形，如图 1-163b 所示；此时绘图区左上角提示：扫描:串连完毕，单击 ✓ 按钮确定。

2）绘图区左上角提示：输入引导方向和截面方向的交点，选择 R10mm 圆弧与 φ50mm 圆的交点，如图 1-163c 所示。

a）断面外形选择

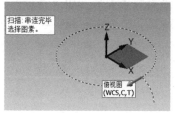

b）引导外形选择

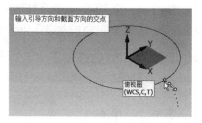

c）交点选择

图 1-163 2D 扫描串连选项

3）系统弹出【2D 扫描】参数设置对话框，进入【刀具参数】界面，创建一把直径为 8mm 的球刀，设置刀具进给速率：1000、下刀速率：300、提刀速率：2000、主轴转速：3000、名称：D8 球刀。

操作时将鼠标移至刀具显示栏处，单击鼠标右键选择：创建新刀具，如图 1-164 所示，弹出【定义刀具】对话框，如图 1-165 所示；选择：球形铣刀，单击【下一步】按钮，在刀齿直径中输入：8，如图 1-166 所示，单击【下一步】按钮，设置刀具切削参数、属性等内容；单击【完成】按钮完成新刀具的创建，如图 1-167 所示。完成创建后单击【完成】按钮，返回【2D 扫描】参数设置对话框。

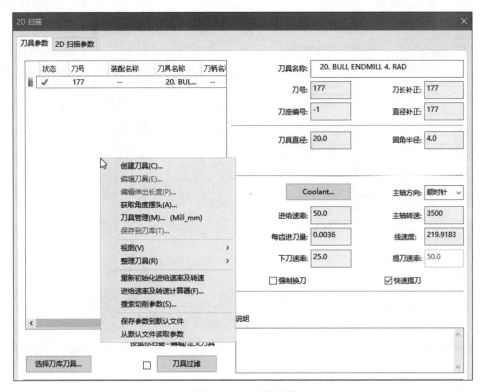

图 1-164 刀具界面

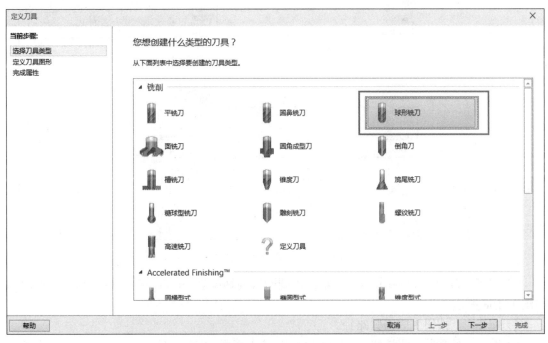

图 1-165 刀具类型选择

图 1-166　设置刀具尺寸

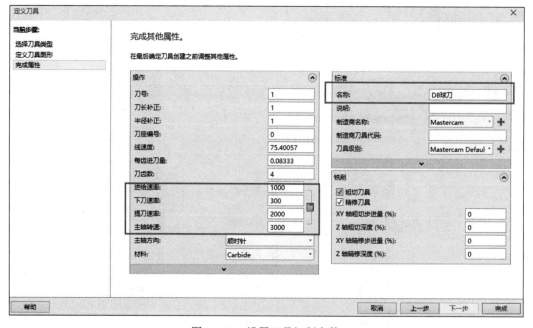

图 1-167　设置刀具切削参数

4）单击【2D 扫描参数】选项卡，设置截断方向切削量：0.2，预留量：0.0；其余默认，如图 1-168 所示。

5）单击 ✔ 按钮生成刀具路径。

6）设置毛坯形状：圆柱体，点选轴向：Z，输入直径：70、长度：30，勾选：显示，点选：着色，毛坯原点：Z-30，如图 1-169 所示，单击 ✔ 按钮完成设置。

图 1-168 设置 2D 扫描参数

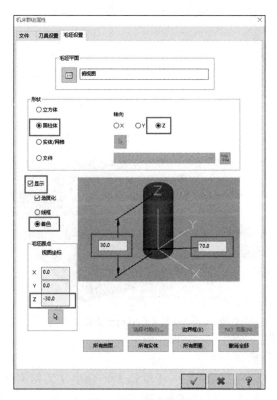

图 1-169 毛坯设置

7）单击【实体仿真】，单击 ▶ 按钮，仿真结果如图 1-170 所示。单击【文件】→【保存】，将本例保存为【例 1-14 2D 扫描加工 .mcam】。

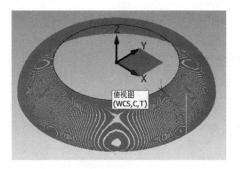 

图 1-170　2D 扫描刀具路径与模拟结果

注：

本例主要用来说明 2D 扫描的过程。在曲面简单且有规则的情况下，2D 扫描可以快速、便捷地编制出刀路，常用于圆角、斜面、流道等加工。

1.3.9　优化动态粗切

动态粗切刀路以大切深、小步进的方式，以稳定的金属去除率进行切削。使用动态粗切刀路可显著缩短加工时间，同时延长刀具寿命，减少机床磨损。该刀路专门针对复杂型芯、型腔加工而设计。

➥ **例 1-15：优化动态粗切**

操作步骤如下：

步骤一　CAD 建模

打开模型文件：例 1-15 优化动态粗切，如图 1-171 所示。

图 1-171　CAD 建模结果

步骤二　优化动态粗切

1）依次单击【机床】→【铣床】→【默认】，弹出【刀路】选项卡，单击 3D 功能区中的【优化动态粗切】图标 ，弹出【3D 高速曲面刀路 - 优化动态粗切】对话框。

2）单击【模型图形】选项，再单击【加工图形】下的 按钮，选择加工图素（可以通过框选或单个图素选择），如图 1-172 所示；选择完成后单击【结束选择】，继续回到参数设置对话框。

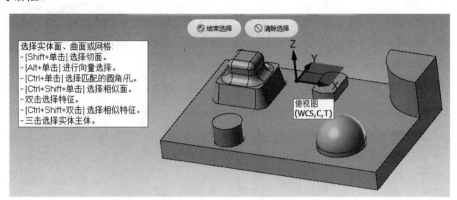

图 1-172 选择加工图素

3）从对话框中，可以看到共选择图素：46，剩余图素：15。设置壁边预留量：0.2、底面预留量：0.2，如图 1-173 所示。

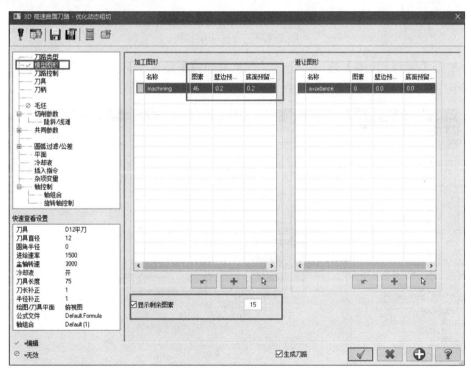

图 1-173 设置加工余量

4）单击【刀具】选项，新建一把直径为 12mm 的平铣刀，设置切削参数为进给速率：1500、下刀速率：600、提刀速率：2000、主轴转速：3000、名称：D12 平刀。

5）单击【切削参数】选项，设置步进量距离：15%、分层深度：2，其余默认，如图 1-174 所示。

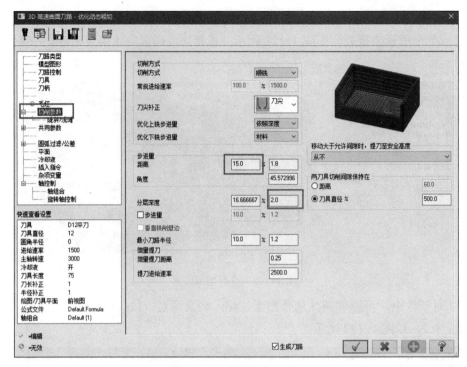

图 1-174　设置切削参数

6）单击【陡斜/浅滩】选项，勾选：调整毛坯预留量，单击 检查深度 按钮，自动生成最高位置：0.0、最低位置：-20.0，如图 1-175 所示。

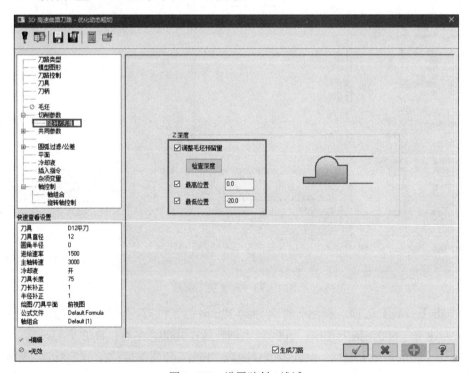

图 1-175　设置陡斜/浅滩

7）其他参数按默认设置即可；设置开启冷却液后，单击☑️按钮生成刀具路径；设置毛坯 120mm×80mm×30mm；单击【实体仿真】，单击▶按钮，仿真结果如图 1-176 所示。单击【文件】→【保存】将本例保存。

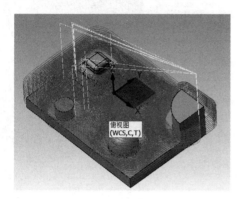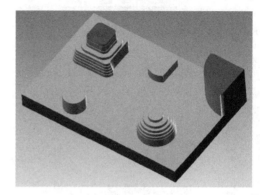

图 1-176   优化动态粗切刀具路径与模拟结果

注:

优化动态粗切是一种高速、高效的动态粗加工方式。它利用一把刀具、一个加工程序就完成了几乎全部的粗加工，避免了由多个 2D 刀路才能完成粗加工的情况。优化动态铣削加工中，切削参数的步进量和最小刀路半径的设置关系到能否快速地将材料去除。较小的步进量和最小刀路半径是提升粗加工效率最重要的方法。

1.3.10   等高

等高加工是刀具在恒定 Z 高度层上的加工策略，常用于精修和半精加工，加工角度最适用于 30°～90°。

➡ 例 1-16：等高外形精加工

操作步骤如下：

步骤一   CAD 建模

打开模型文件：例 1-16 等高外形精加工，打开的文件已经对模型进行区域粗切，使用等高的方式对模型零件进行精加工。

步骤二   等高外形精加工

1）单击 3D 功能区中的【等高】图标🪨，弹出【3D 高速曲面刀路 - 等高】对话框。单击🔲按钮拾取加工图形，设置壁边预留量：0.0、底面预留量：0.0，如图 1-177 所示。

2）单击【刀具】选项，新建一把直径为 8mm 的球刀，设置切削参数为进给速率：1500、下刀速率：600、提刀速率：2000、主轴转速：3500、名称：D8 球刀。

3）单击【切削参数】选项，设置下切：0.2，如图 1-178 所示。

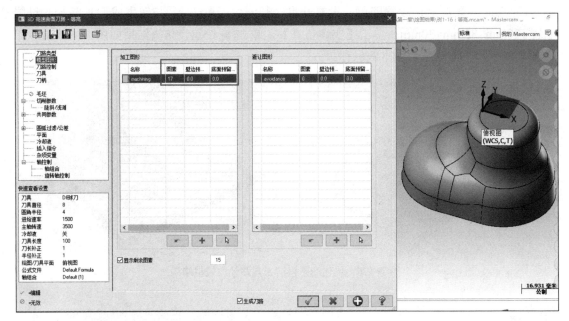

图 1-177　等高切削参数设置（一）

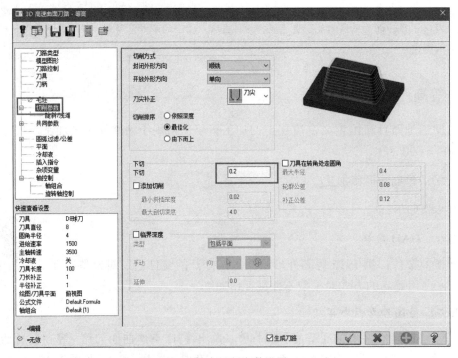

图 1-178　等高切削参数设置（二）

4）其他参数按默认设置即可，设置开启冷却液后，单击 ✓ 按钮生成刀具路径。

5）选择优化动态粗切程序、等高程序，单击【实体仿真】；仿真结果如图 1-179 所示。单击【文件】→【保存】将本例保存。

图 1-179　等高刀具路径与模拟结果

注：

　　等高外形加工是一种层切加工方法，它是沿工件外形的等高线走刀，加工完成后进入下一层继续加工。读者可以根据要求选择层到层的移动方式，软件提供【切线斜插】、【斜插】、【直线】方式下刀，不同下刀方式在零件上产生的接刀痕也不同。

1.3.11　流线精切

　　流线精切是沿着曲面流线方向生成光滑和流线型刀具路径的加工策略。流线精切往往能获得很好的加工效果。当曲面较陡时，加工质量改善更为明显。

➥ **例 1-17：流线精切**

　　操作步骤如下：

步骤一　准备

　　按 Alt+F9，打开 WCS 坐标系。

步骤二　CAD 建模

1）依次单击【视图】→【前视图】将屏幕切换到前视图。

2）依次单击【线框】→【手动画曲线】，弹出【手动画曲线】对话框，此时绘图区左上角提示： 选择点。完成后按[Enter]或"应用"。 ，单击空格键，在绘图区弹出 输入框，分别输入 X-40Y0、X-20Y-5、X0Y-2、X20Y-3、X40Y-5，绘出曲线。

3）依次单击【视图】→【俯视图】将屏幕切换到俯视图。单击【线端点】，单击空格键，依次输入点 X-40Y0 和 X-40Y40 绘出直线。

4）依次单击【视图】→【等视图】将屏幕切换到等角视图。结果如图 1-180 所示。

5）依次单击【曲面】→【 扫描】，弹出【串连选项】对话框，绘图区左上角提示： 扫描曲面:定义 截断方向外形 ，线框串连模式选择：单体，选择曲线作为截面，单击 确定；绘图区左上角提示： 扫描曲面:定义 引导方向外形 ，选择 40mm 长的直线作为引导线，单击 确定；最后单击【扫描曲面】对话框中的 按钮，绘出扫描曲面。结果如图 1-181 所示。

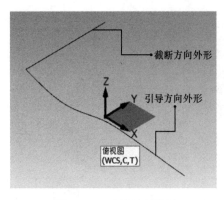

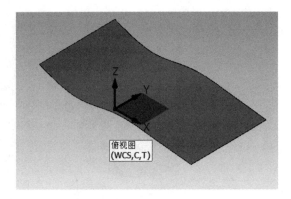

图 1-180　曲线绘制结果　　　　　　　　图 1-181　曲面流线 CAD 模型

步骤三　流线精切

1) 依次单击【机床】→【铣床】→【默认】，弹出【刀路】选项卡，单击 3D 功能区中的【流线】图标；绘图区左上角提示：选择实体面或曲面，选择曲面作为加工曲面；选择完成后单击绘图区上方的按钮，弹出【刀路曲面选择】对话框；单击曲面流线按钮，弹出【曲面流线设置】对话框，对话框可对补正方向、切削方式等进行修改，如图 1-182 所示。单击按钮完成设置，继续单击按钮完成曲面选择，弹出【曲面精修流线】对话框。

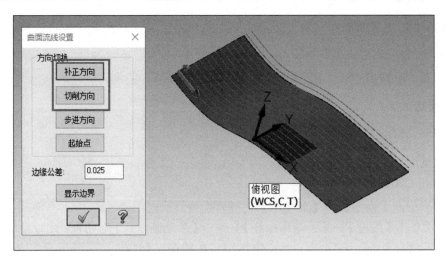

图 1-182　曲线绘制结果

2) 单击【刀具参数】选项卡，新建一把直径为 10mm 的球刀，输入进给速率：1000、下刀速率：600、提刀速率：2000、主轴转速：4000、名称：D10 球刀。

3) 单击【曲面参数】选项卡，设定安全高度：50.0（绝对坐标）、参考高度：5.0（增量坐标）、下刀位置：1.0（绝对坐标）、加工面／干涉面毛坯预留量：0.0，其余默认，如图 1-183 所示。

4) 单击【曲面流线精修参数】选项卡，截断方向控制距离：0.2，切削方向：双向，其余默认，如图 1-184 所示。单击按钮确定。

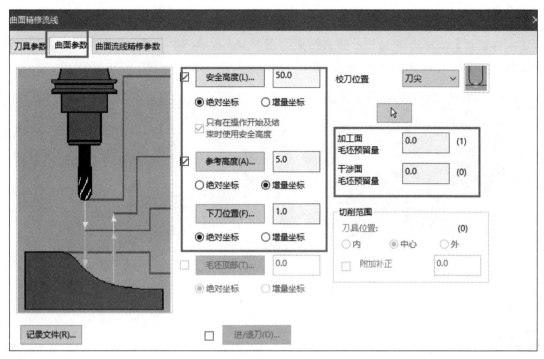

图 1-183　曲面参数设置

图 1-184　曲面流线设置

5）单击 ✅ 按钮生成刀具路径。设置毛坯：80mm×40mm×20mm，毛坯原点：Y20；单击【实体仿真】，单击 ▶ 按钮，仿真结果如图 1-185 所示。单击【文件】→【保存】，将本例保存为【例 1-17 流线精切 .mcam】。

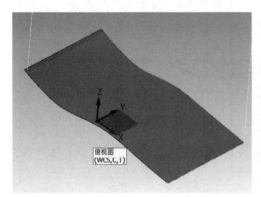 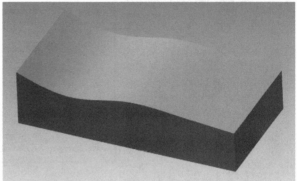

图 1-185　流线精切刀具路径与模拟结果

注：

截断方向的控制方式有【距离】和【残脊高度】两种。【距离】是指刀具在截断方向的间距按照绝对距离计算；而【残脊高度】则是在一个给出的误差范围内，根据曲面的不同形状，系统自动计算出不同的间距增量。

1.3.12　倒角

Mastercam 2022 提供了 2D 倒角和模型倒角两种不同的倒角方式。2D 倒角一般用于二维线框轮廓，模型倒角一般用于实体模型。

↘ 例 1-18：2D 倒角加工

操作步骤如下：

1）打开文件：例 1-7 外形铣削加工（1）.mcam。

2）单击【外形】图标，弹出【线框串连】对话框，选择 118mm×78mm 矩形（注意选择轮廓箭头的方向为顺时针），单击 ✅ 按钮完成选择。

3）单击【刀具】选项，新建一把直径为 10 的倒角刀，刀尖直径：0，如图 1-186 所示，输入进给速率：1000、下刀速率：500、提刀速率：2000、主轴转速：4000、名称：D10 倒角刀。

4）单击【切削参数】选项，设置外形铣削方式：2D 倒角，倒角宽度：0.5，壁边预留量、底面预留量：0，如图 1-187 所示。

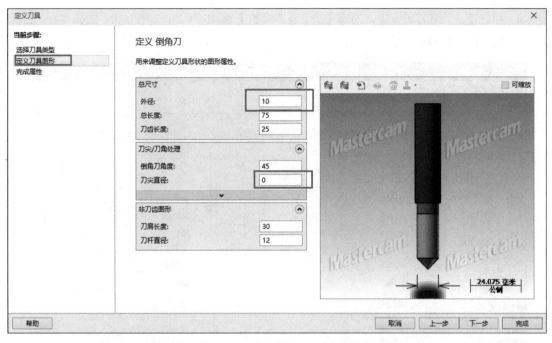

图 1-186 定义倒角刀刀具图形

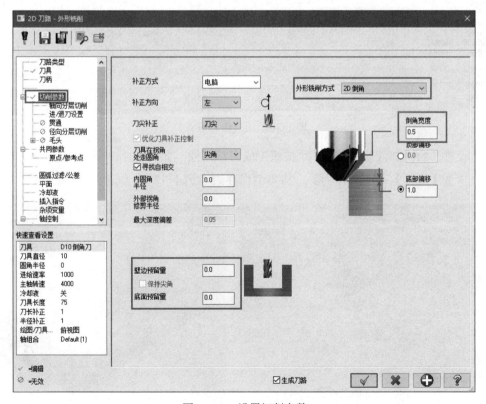

图 1-187 设置切削参数

5）单击【轴向分层铣削】，不勾选【轴向分层铣削】选项。

6）单击【进 / 退刀设置】，勾选【进 / 退刀设置】选项，直线长度：0.0，圆弧半径：2.0；其余默认，如图 1-188 所示。

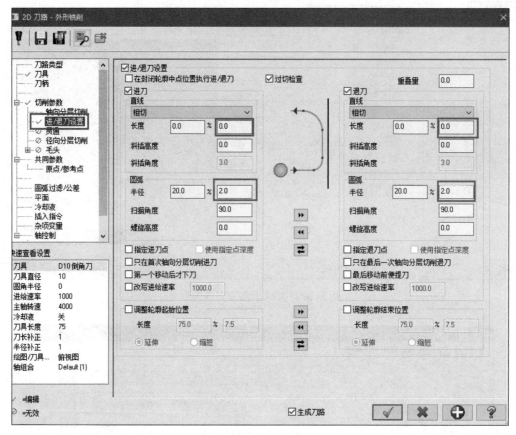

图 1-188　进 / 退刀设置

7）设置开启冷却液后，单击 ✓ 按钮生成刀具路径，如图 1-189 所示。

8）单击【文件】→【另存为】，将本例保存为【例 1-18 2D 倒角加工 .mcam】。

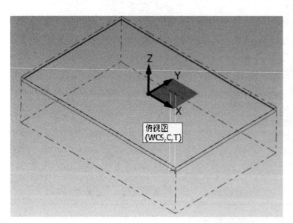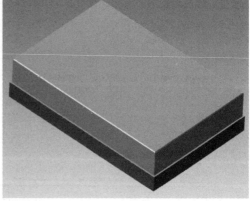

图 1-189　2D 倒角刀具路径与模拟结果

↘ 例 1-19：模型倒角加工

操作步骤如下：

1）打开文件：例 1-19 模型倒角加工 .mcam。

2）依次单击【机床】→【铣床】→【默认】，弹出【刀路】选项卡，单击 2D 功能区的【模型倒角】图标，弹出【2D 刀路 - 模型倒角】对话框；单击 按钮选择加工图形，弹出【实体串连】对话框，模式：单击实体（），选择方式：环（），选择如图 1-190 所示轮廓，单击 按钮完成选择。

注意：

选择加工轮廓时，方向要统一为顺时针方向，同时存在顺逆方向将导致生成错误刀具路径。

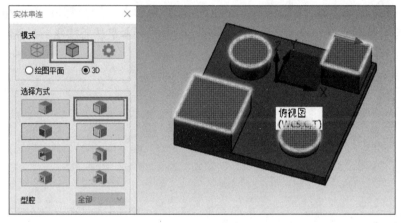

图 1-190　加工轮廓选择

3）单击【刀具】选项，新建一把与例 1-18 相同参数的倒角刀。

4）单击【切削参数】选项，设置倒角宽度：0.5，其余默认。

5）单击【进 / 退刀设置】选项，设置进 / 退刀圆弧半径：2.0，其余默认。

6）单击【冷却液】选项，设定开启冷却液模式。

7）单击右下角 按钮，生成刀具路径；单击【实体仿真】，仿真结果如图 1-191 所示。

图 1-191　生成模型倒角刀具路径

注：

　　2D 倒角与模型倒角不同之处在于，2D 倒角一般用于二维线框轮廓，不同高度轮廓需要分开多条刀具路径；而模型倒角用于有实体模型的情况，不同高度都可以在同一个刀具路径中完成。特别是在实际加工中遇到干涉位置时，2D 倒角需要人工调整轮廓倒角长度，来避免干涉，而模型倒角会根据模型自动判断干涉位，并自动避让，可较好地防止过切。

本 章 小 结

　　本章主要介绍了 Mastercam 2022 数控铣削常见的绘图命令和多种常用加工方式，从最简单的一条直线、一条圆弧开始，从基本的面铣、二维轮廓、一般挖槽到曲面的粗、精加工等，详细介绍了常用绘图命令和编程命令的使用及操作方法。本章是后续章节的基础，只有熟练掌握本章所列方法，才能在遇到实际问题时灵活运用。

第 2 章

中级工考证经典实例

2.1 经典实例一

本例是数控铣中级工常见考题（见图 2-1），材料为铝合金，备料尺寸为 80mm×80mm× 23mm（精料）。

技术要求：

1）未注倒角 C0.5mm。

2）未注公差均按 ±0.05mm。

3）表面无飞边、毛刺、刮伤等缺陷。

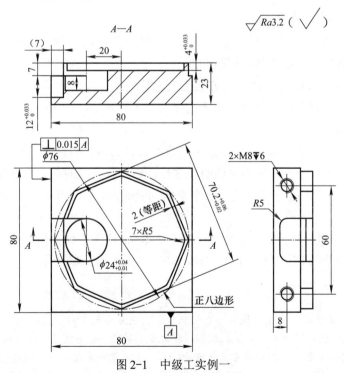

图 2-1　中级工实例一

2.1.1　零件的工艺分析

读图 2-1 可知，零件形状以二维线框为主，有凸台、凹槽、圆孔、螺纹等结构，无复杂曲面曲线结构，形状比较简单，比较符合二维刀路特点；材料为铝合金，塑性和韧性好，有良好的铣削性能；精度要求高，其中有 4 个尺寸有明确的公差要求，公差在 0.02～0.03mm 之间；表面粗糙度要求也比较高，达到了 Ra3.2μm；基准面 A 与零件左侧面有垂直度要求。根据备料要求，毛坯的长、宽、高尺寸已达到要求，无须再加工。

2.1.1.1 零件的加工方案

加工工序的划分可以分为 4 种方法：

1. 按零件装夹定位的方式划分工序

由于每个零件的结构形状、用途不同，各表面的精度要求也有所不同，因此加工时定位方式会有差异。一般加工外形时以内孔定位，加工内孔时以外形定位，因而可以根据定位方式的不同来划分工序。

2. 按先粗后精的原则划分工序

为了提高生产效率并保证零件的加工质量，在切削加工中，应先安排粗加工工序，在较短的时间内去除整个零件的大部分余量，然后安排半精加工和精加工。

3. 按刀具集中法划分工序

在一次装夹中，尽可能用一把刀具加工完成所有加工的部位，然后再换刀加工其他部位。这种划分工序的方法可以减少换刀次数，缩短辅助时间，减小不必要的定位误差。

4. 按加工部位划分工序

一般应先加工平面、定位面，再加工孔；先加工简单的形状，再加工复杂的形状；先加工精度较低的部位，再加工精度较高的部位。

上述原则在制订具体的零件加工方案上有时既统一，又相互矛盾，这时候就需要理论与实践相结合，具体问题具体分析。工艺选择的基本原则是：在保证达到零件精度要求和加工工艺性要求的基础上，尽量减少工序，降低换刀次数，提高劳动生产率和机床使用率。

为了提高劳动生产率，粗加工一般多选择大直径刀具，同时还要考虑换刀次数。综合以上因素，工艺方案设定为粗铣和精铣两步进行，粗、精之间的余量为 0.2mm。具体如下：

1）加工方案：该零件首先以其中一个平面为装夹面，加工带特征的面；最后将工件立起来加工侧面。

2）兼顾效率与减少换刀，特征面加工选用 ϕ10mm 四刃立铣刀进行凸台、挖槽和圆孔加工；侧面选用 ϕ10mm 四刃立铣刀加工凹槽，钻头、丝锥加工螺纹孔。

注:

铣刀可选用键槽铣刀与普通立铣刀，它们的区别：一是齿数不同，键槽铣刀齿数较少，通常为 2～3 齿，而普通立铣刀多为 3～6 齿；二是端面切削刃不同，键槽铣刀的端面切削刃是过心的，具有插钻功能，而普通立铣刀不过心，且其上有中心孔；三是切削角度不同，键槽铣刀前角为 5°、后角为 12°～16°、螺旋角为 12°～30°，普通立铣刀前角为 15°、后角为 14°～18°、螺旋角为 30°～48°。普通立铣刀不能垂直进给，键槽铣刀可以少量地垂直进给，但不宜用于加工较深的孔。需要特别指出的是，第 1 章实例中的平铣刀就是立铣刀。

2.1.1.2 切削参数的设定

切削参数包括主轴转速、进给速度、背吃刀量等。受机床刚性、夹具、工件材料和刀具材料的影响，不同版本的教材给出的参数差异很大。具体计算公式如下：

1. 主轴转速的确定

主轴转速 n（r/min）与铣削速度 v_c（m/min）及铣刀直径 d（mm）的关系为 $n = \dfrac{1000 v_c}{\pi d}$，而铣削速度 v_c 与工件和铣刀的材料有关。铣削速度 v_c 可以通过查找表格获得参考数值，具体见表 2-1。

表 2-1 铣刀的铣削速度 v_c

（单位：m/min）

工件材料	铣刀材料					
	碳素钢	高速钢	超高速钢	合金钢	碳化钛	碳化钨
铝合金	75～150	180～300	—	240～460	—	300～600
镁合金	—	180～270			—	150～600
钼合金	—	45～100				120～190
黄铜（软）	12～25	20～25		45～75	—	100～180
黄铜（硬）	10～20	20～40		30～50		60～130
灰铸铁（硬）		10～15	10～20	18～28		45～60
冷硬铸铁	—	—	10～15	12～18	—	30～60
可锻铸铁	10～15	20～30	25～40	35～45		75～110
低碳钢	10～14	18～28	20～30		45～70	
中碳钢	10～15	15～25	18～28		40～60	
高碳钢	—	10～15	12～20		30～45	
合金钢（软）					35～80	
合金钢（硬）	—	—			30～60	
高速钢			12～25		45～70	—

2. 进给速度的确定

进给速度 F（mm/min）与铣刀每齿进给量 v_f（mm/z）、铣刀齿数 z、主轴转速 n（r/min）之间的关系是：$F = v_f z n$。查表 2-2 可知，当工件材料为铝合金、铣刀材料为高速钢时，铣刀每齿进给量 $v_f = 0.05 \sim 0.15$mm/z，将 $n = 2000 \sim 2500$r/min 代入，由此计算可得 $F = 400 \sim 1500$mm/min。

同理，当工件材料为低碳钢、铣刀材料为高速钢时，铣刀每齿进给量 $v_f = 0.03 \sim 0.18$mm/z，将 $n = 600 \sim 800$r/min 代入，可得 $F = 72 \sim 576$mm/min，工程实际中取值 $n = 60 \sim 200$mm/min，基本符合要求。

表 2-2 铣刀每齿进给量 v_f 推荐值

（单位：mm/z）

工 件 材 料	工件材料硬度 HBW	硬 质 合 金		高 速 钢	
		端铣刀	立铣刀	端铣刀	立铣刀
低碳钢	150 ～ 200	0.2 ～ 0.35	0.07 ～ 0.12	0.15 ～ 0.3	0.03 ～ 0.18
中、高碳钢	220 ～ 300	0.12 ～ 0.25	0.07 ～ 0.1	0.1 ～ 0.2	0.03 ～ 0.15
灰铸铁	180 ～ 220	0.2 ～ 0.4	0.1 ～ 0.16	0.15 ～ 0.3	0.05 ～ 0.15
可锻铸铁	240 ～ 280	0.1 ～ 0.3	0.06 ～ 0.09	0.1 ～ 0.2	0.02 ～ 0.08
合金钢	220 ～ 280	0.1 ～ 0.3	0.05 ～ 0.08	0.12 ～ 0.2	0.03 ～ 0.08
工具钢	36HRC	0.12 ～ 0.25	0.04 ～ 0.08	0.07 ～ 0.12	0.03 ～ 0.08
镁、铝合金	95 ～ 100	0.15 ～ 0.38	0.08 ～ 0.14	0.2 ～ 0.3	0.05 ～ 0.15

3. 背吃刀量的确定

背吃刀量 a_p 的选择如图 2-2 所示：当侧吃刀量（步进量）$a_e < d/2$（d 为铣刀直径）时，取 $a_p = (1/3 \sim 1/2) d$；当侧吃刀量 $d/2 \leqslant a_e < d$ 时，取 $a_p = (1/4 \sim 1/3) d$；当侧吃刀量 $a_e = d$（即满刀切削）时，取 $a_p = (1/5 \sim 1/4) d$；当机床的刚性较好，且刀具的直径较大时，a_p 可取更大。

按照理论，工件材料为铝合金，铣刀材料为高速钢，采用 4 刃 $\phi8mm$ 立铣刀进行轮廓加工时，背吃刀量 $a_p = 2 \sim 5mm$，实际用 Mastercam 编程加工时，Z 轴最大背吃刀量在 0.6 ～ 1mm 之间。

数控铣床进行钻孔加工的工艺参数见表 2-3。

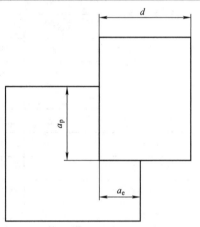

图 2-2 背吃刀量 a_p 示意图

表 2-3 用高速钢钻孔的切削用量

工 件 材 料	牌号或硬度	切削用量	钻头直径 /mm			
			1 ～ 6	6 ～ 12	12 ～ 22	22 ～ 50
铸铁	160 ～ 200HBW	v_c/(m/min)	16 ～ 24			
		f/(mm/r)	0.07 ～ 0.12	0.12 ～ 0.2	0.2 ～ 0.4	0.4 ～ 0.8
	200 ～ 241HBW	v_c/(m/min)	10 ～ 18			
		f/(mm/r)	0.05 ～ 0.1	0.1 ～ 0.18	0.18 ～ 0.25	0.25 ～ 0.4
	300 ～ 400HBW	v_c/(m/min)	5 ～ 12			
		f/(mm/r)	0.03 ～ 0.08	0.08 ～ 0.15	0.15 ～ 0.2	0.2 ～ 0.3
钢	35 钢、45 钢	v_c/(m/min)	8 ～ 25			
		f/(mm/r)	0.05 ～ 0.1	0.1 ～ 0.2	0.2 ～ 0.3	0.3 ～ 0.45
	15Cr、20Cr	v_c/(m/min)	12 ～ 30			
		f/(mm/r)	0.05 ～ 0.1	0.1 ～ 0.2	0.2 ～ 0.3	0.3 ～ 0.45
	合金钢	v_c/(m/min)	8 ～ 18			
		f/(mm/r)	0.03 ～ 0.08	0.08 ～ 0.15	0.15 ～ 0.25	0.25 ～ 0.35

（续）

工件材料	牌号或硬度	切削用量	钻头直径 /mm			
			1 ～ 6	6 ～ 12	12 ～ 22	22 ～ 50
铝	纯铝	v_c/(m/min)	20 ～ 50			
		f/(mm/r)	0.03 ～ 0.2	0.06 ～ 0.5		0.15 ～ 0.8
	铝合金（长切屑）	v_c/(m/min)	20 ～ 50			
		f/(mm/r)	0.05 ～ 0.25	0.1 ～ 0.6		0.2 ～ 1.0
	铝合金（短切屑）	v_c/(m/min)	20 ～ 50			
		f/(mm/r)	0.03 ～ 0.1	0.05 ～ 0.15		0.08 ～ 0.36
铜	黄铜、软青铜	v_c/(m/min)	60 ～ 90			
		f/(mm/r)	0.06 ～ 0.15	0.15 ～ 0.3		0.3 ～ 0.75
	硬青铜	v_c/(m/min)	25 ～ 45			
		f/(mm/r)	0.05 ～ 0.15	0.12 ～ 0.25		0.25 ～ 0.5

按照表 2-3，假设用 ϕ5mm 的高速钢麻花钻钻铝合金材料的工件，可以计算得主轴转速 n=1273 ～ 3184r/min，工程实际中取值为 1000 ～ 1500r/min，进给速度 F=38 ～ 318mm/min，工程实际中取值为 50 ～ 200mm/min。

4. 基于少切削、快进给的切削三要素组合

背吃刀量、主轴转速和进给速度是切削的三大要素。在利用 Mastercam 自动编程加工时，当前企业的实际做法是基于少切削、快进给的切削三要素组合，即背吃刀量小、进给速度快。

常用刀具使用参考值如下（由刀具厂商提供参数，通过实践应用得出的参考值，可根据实际适当加大或减小）：

1）常用硬质合金刀片盘（飞刀盘）见表 2-4。

表 2-4 常用硬质合金刀片盘（飞刀盘）

刀具型号	推荐背吃刀量 /mm	步进量 /mm	推荐转速 /（r/min）	推荐进给速度 /（mm/min）
D80	0.5	60	1200	800 ～ 1000
D63	0.5	40	1600	800 ～ 1000
D50	0.5	30	1800	800 ～ 1200

2）常用粗加工硬质合金刀片（飞刀）见表 2-5。

表 2-5 常用粗加工硬质合金刀片（飞刀）

刀具型号	推荐背吃刀量 /mm	步进量 /mm	推荐转速 /（r/min）	推荐进给速度 /（mm/min）
D25	0.5	18	3500	1800 ～ 2800
D20	0.5	14	4000	2000 ～ 3000
D16	0.5	10	4000	2000 ～ 3000

3）合金钨钢平底刀（45钢）见表2-6～表2-8。

表2-6　合金钨钢平底刀粗加工（开槽或铣内腔）

刀具型号	推荐背吃刀量/mm	步进量/mm	推荐转速/（r/min）	推荐进给速度/（mm/min）
D16	2.5～5	11	1900	400～600
D12	2～4	8	2100	400～600
D10	1.5～3	7	2300	400～600
D8	1.5～2.5	6	3000	400～600
D6	1～2	4	3800	400～600
D5	0.5～1	3.5	4000	300～500
D4	0.5～1	2.5	4200	300～500

表2-7　合金钨钢平底刀（表面精加工）

刀具型号	推荐背吃刀量/mm	步进量/mm	推荐转速/（r/min）	推荐进给速度/（mm/min）
D16	≤0.15	15	2800	600～1000
D12	≤0.15	11	3200	600～1000
D10	≤0.15	9	4000	600～1000
D8	≤0.15	7	4300	600～1000
D6	≤0.15	5	4500	400～600
D5	≤0.15	4	4800	400～600
D4	≤0.15	3	5000	400～600

表2-8　合金钨钢平底刀（侧面精加工）

刀具型号	推荐背吃刀量/mm	步进量/mm	推荐转速/（r/min）	推荐进给速度/（mm/min）
D16	≤24	≤0.15	2800	600～1000
D12	≤18	≤0.15	3200	600～1000
D10	≤15	≤0.15	4000	600～1000
D8	≤12	≤0.15	4300	600～1000
D6	≤9	≤0.15	4500	400～600
D5	≤7	≤0.15	4800	400～600
D4	≤6	≤0.15	5000	400～600

4）白钢刀（高速钢，主要加工材料为铜和铝合金）见表2-9、表2-10。

表2-9　白钢刀粗加工（开槽或铣内腔）

刀具型号	推荐背吃刀量/mm	步进量/mm	推荐转速/（r/min）	推荐进给速度/（mm/min）
D20	5～15	14	1200	400～800
D16	4～10	11	1500	400～800
D12	3～8	8	1900	400～800
D10	2～6	7	2100	400～800
D8	2～5	6	2500	400～800
D6	2～4	4	2800	300～600
D5	2～3.5	3.5	3000	300～600
D4	1～2.5	2	3200	300～600

表 2-10　白钢刀精加工（表面及侧面）

刀具型号	推荐背吃刀量 /mm	步进量 /mm	推荐转速 /（r/min）	推荐进给速度 /（mm/min）
D20	5～15	14	1600	300～600
D16	4～10	11	1900	300～600
D12	3～8	8	2100	300～600
D10	2～6	7	2500	300～600
D8	2～5	6	2800	300～600
D6	2～4	4	3200	200～400
D5	2～3.5	3.5	3500	200～400
D4	1～2.5	2	3800	200～400

5）三刃硬质合金平底刀（主要用于铜和铝合金材料的精加工）见表 2-11、表 2-12。

表 2-11　三刃硬质合金平底刀（表面）

刀具型号	推荐背吃刀量 /mm	步进量 /mm	推荐转速 /（r/min）	推荐进给速度 /（mm/min）
D16	≤ 0.15	15	3000	300～600
D12	≤ 0.15	11	3500	300～600
D10	≤ 0.15	9	4000	300～600
D8	≤ 0.15	7	4500	300～600
D6	≤ 0.15	5	5000	200～400
D5	≤ 0.15	4	5200	200～400
D4	≤ 0.15	3	5500	200～400

表 2-12　三刃硬质合金平底刀（侧面）

刀具型号	推荐背吃刀量 /mm	步进量 /mm	推荐转速 /（r/min）	推荐进给速度 /（mm/min）
D16	≤ 24	≤ 0.15	3000	300～600
D12	≤ 18	≤ 0.15	3500	300～600
D10	≤ 15	≤ 0.15	4000	300～600
D8	≤ 12	≤ 0.15	4500	300～600
D6	≤ 9	≤ 0.15	5000	200～400
D5	≤ 7	≤ 0.15	5200	200～400
D4	≤ 6	≤ 0.15	5500	200～400

6）球刀（主要用于钢料、铜和铝合金的精加工）见表 2-13。

表 2-13　球刀（主要用于钢料、铜和铝合金的精加工）

刀具型号	推荐进给速度 /（mm/min）	下刀速率 /（mm/min）	步进量 /mm	推荐转速 /（r/min）
D12R6	1200～2000	600	0.1～0.3	3000
D10R5	1200～2000	400	0.1～0.3	3500
D8R4	1200～2000	300	0.1～0.3	4000
D6R3	1200～2000	200	0.1～0.3	4500
D4R2	1200～2000	200	0.1～0.3	5000

7）钻头（钢料、铜和铝合金）见表 2-14、表 2-15。

表 2-14　麻花钻头

刀具型号	推荐进给速度 /（mm/min）	推荐背吃刀量 /mm	推荐转速 /（r/min）
D12～14	30～80	6～7	500～600
D10～12	30～80	5～6	600～700
D8～10	30～80	4～5	700～1000
D6～8	30～60	3～4	1000～1200
D5～6	30～50	2～3	1200～1500
D4～5	20～40	2～3	1200～1500
D≤4	20～40	≤2	1500～2000

表 2-15　硬质合金钻头

刀具型号	推荐进给速度 /（mm/min）	推荐背吃刀量 /mm	推荐转速 /（r/min）
D12～14	100	3	1200
D10～12	100	3	1350
D8～10	100	3	1500
D6～8	80	3	1750
D5～6	50	3	1850
D4～5	50	3	2000
D≤4	30	3	2500

综合各个版本的教材可知，目前机床的切削参数主要还是靠经验来确定。刀具直径越小，相应主轴转速就越高，推荐背吃刀量和步进量要越小。

不论是切削范围外下刀还是螺旋、斜插式下刀，下刀速率一般设定为进给速度的一半；利用键槽铣刀垂直下刀进入工件表面的下刀速率与钻孔相同。

在使用 Mastercam 2022 动态铣削编程命令时，采用的是大背吃刀量、小步进量、高转速，切削参数与上面的切削参数不同，具体可参考表 2-16。

表 2-16　动态铣削切削参数（钢材、铝合金）

刀具型号	推荐背吃刀量 /mm	步进量 /mm	推荐转速（钢 / 铝）/（r/min）	推荐进给速度（钢 / 铝）/（mm/min）
D12	≤1.5D	≤20%	3800/4500	2000
D10	≤1.5D	≤20%	4200/4800	2000
D8	≤1.5D	≤15%	4800/5000	1500
D6	≤1.5D	≤15%	5000/5200	1500

注:

在选择新刀具、新工件材料时，切削参数可通过询问刀具生产厂家获得，厂家一般都会给出一个参考值。如果没有，可以通过在机床上试切加工来获得合理的切削参数。

2.1.2　零件的 CAD 建模

Mastercam 2022 经过不断演化，软件编程采用实体模型，能更加直观、便捷地进行编程，且出错率更低。故建议零件简单、加工图素少时采用二维线框编程，减少实体建模时间；零件相对复杂、加工图素多且又涉及多面加工时，采用实体模型编程，效率更高，出错率更低。本章实例一相对复杂、有侧面加工，采用实体模型编程能直观、具体地观察零件，避免出错；实例二简单、形状直观，采用线框直接编程，可提高效率。

操作步骤如下：

1. 二维线框绘制

1) 依次单击【视图】→【显示指针】，打开 WCS 坐标。

2) 单击绘图区下方状态栏设置绘图深度： Z: -23.00000 ；单击旁边的 3D 图标将绘图平面模式切换成 2D 。

3) 依次单击【线框】→【矩形】命令，在对话框中输入宽度：80、高度：80，勾选：矩形中心点，系统提示选择基准点，将鼠标移至绘图区中的 WCS 坐标系用左键拾取点，单击 ⊘ 按钮完成创建，如图 2-3 所示。

4) 单击绘图区下方状态栏设置绘图深度： Z: 0.00000 。

5) 单击【矩形】命令下拉选项，点选【多边形】命令，弹出【多边形】对话框，输入边数：8、半径：38，单击 🔒 按钮，半径限制方式：内圆、旋转角度：22.5；鼠标移至绘图区中间指针位置单击确认，绘出辅助八边形；单击 ⊘ 按钮完成绘制，如图 2-4 所示。

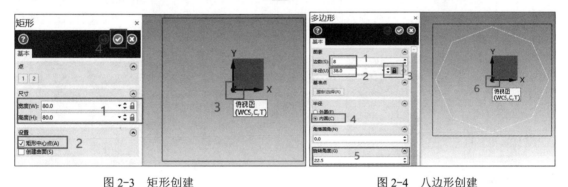

图 2-3　矩形创建　　　　　　　　　　图 2-4　八边形创建

6) 依次单击【转换】→【串连补正】命令图标 ，弹出【线框串连】对话框，鼠标点选上一步绘制的八边形，单击 按钮，绘图区左上角提示： 指示补正方向。 ，鼠标点选指定向内部补正，弹出【偏移串连】对话框，输入距离：2.0；单击 ⊘ 按钮完成绘制，如图 2-5 所示。

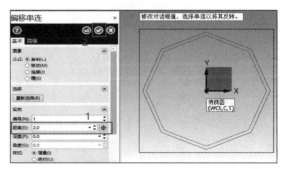

图 2-5　串连补正创建

7) 单击【图素倒圆角】命令，在对话框中输入半径：5，将上一步补正的八边形的 8 个角落进行倒圆角。

8) 单击【已知点画圆】命令，在对话框中输入直径：24，此时绘图区左上角提示： 请输入圆心点 ，单击空格键，在绘图区弹出 输入框，输入圆心坐标：X-20Y0，绘出圆。单击 ⊘ 按钮完成绘制，如图 2-6 所示。

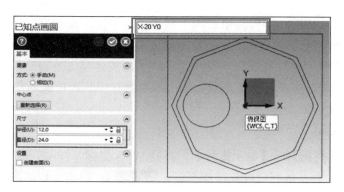

图 2-6　圆创建

9）单击【矩形】命令，在对话框中输入宽度：20、高度：24；单击空格键，在绘图区弹出输入框，输入圆心坐标：X-30Y0，绘出矩形。单击◎按钮完成绘制。

10）单击绘图区下方状态栏设置绘图深度：Z: -7.00000，在【矩形】对话框中继续输入宽度：7、高度：24；单击空格键，在绘图区弹出输入框，输入圆心坐标：X-36.5Y0，绘出矩形。单击◎按钮完成绘制，如图 2-7 所示。

11）依次单击【视图】→【左视图】将屏幕切换到左视图；设置绘图深度：Z: 40.00000；单击【已知点画圆】命令，输入直径：6.8，单击🔒按钮；单击空格键，在绘图区弹出输入框，分别输入圆心坐标：X30Y-15 与 X-30Y-15，单击◎按钮完成绘制。完成二维线框创建结果如图 2-8 所示。

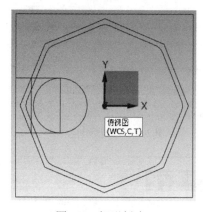

图 2-7　矩形创建

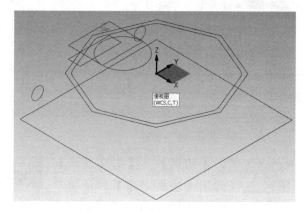

图 2-8　二维线框创建结果

2. 实体建模

1）依次单击【实体】→【拉伸】，选择 80mm×80mm 矩形，单击 ◎ 按钮，对话框输入距离：16，单击◎按钮；选择外八边形，单击 ◎ 按钮，点选：添加凸台，距离：7，单击◎按钮。

2）选择内八边形，单击 ◎ 按钮，点选：切割主体，距离：4，单击↔（反向）按钮，如图 2-9 所示，单击◎按钮。

3）选择 ϕ24mm 圆，单击 ◎ 按钮，对话框输入距离：15，单击◎按钮。

4）选择 20mm×24mm 矩形，单击 ◎ 按钮，对话框输入距离：7，单击◎按钮。

5）选择 7mm×24mm 矩形，单击 ◎ 按钮，对话框输入距离：12，单击◎按钮完成拉伸。

6）单击【固定半倒圆角】命令，弹出【实体选择】对话框，用鼠标拾取要倒圆角的实体边，如图 2-10a 所示，单击 结束选择 按钮；在对话框中输入半径：5，单击 ⊘ 按钮完成倒圆角，如图 2-10b 所示。

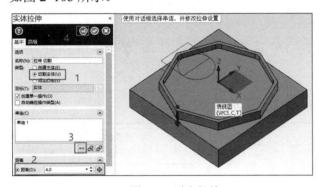

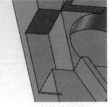

a）实体边选择　　b）倒圆角效果

图 2-9　反向拉伸　　　　　　　　　　　图 2-10　固定半倒圆角操作

7）单击【孔】命令，弹出【孔】对话框，平面方位：单击 ⊡ 按钮切换至当前绘图平面；位置：单击 ⬚ 按钮，绘图区提醒：选择孔位置顶部。完成后按 [Enter]。 ，选择 2 个 $\phi6.8\text{mm}$ 圆，按回车键确认；孔样式：简单钻孔、直径：6.8；深度距离：8，如图 2-11 所示，单击 ⊘ 按钮完成孔创建。

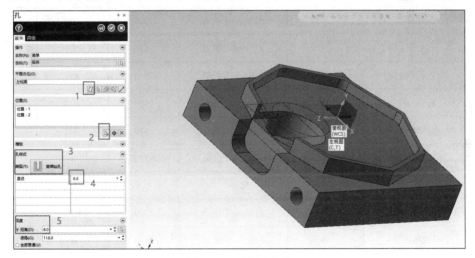

图 2-11　孔创建操作

8）依次单击【实体】→【俯视图】→【等视图】切换显示视角。结果如图 2-12 所示。

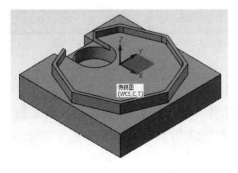

图 2-12　零件 CAD 建模结果

注：

在绘图时，绘图模式在 2D 和 3D 之间切换。2D 模式下所有图形创建在同一 Z 向深度绘图平面；而 3D 模式下，用户可以自由在不同 Z 向深度创建图形，不受 Z 向深度和绘图平面设置的约束。在绘图时，设置不同 Z 向绘图深度，是为了对线框图形进行分层，便于拾取和观察。2×M8 螺纹底孔直径为 6.8mm。

2.1.3 CAM 刀具路径的设定

2.1.3.1 刀具的选择

加工工序主要采用 ϕ10mm 的四刃立铣刀和 ϕ6mm×90°倒角刀等，各工序加工内容及切削参数见表 2-17。

表 2-17 各工序刀具及切削参数

序号	加工部位	加工方式	刀具	主轴转速 /（r/min）	进给速度 /（mm/min）	下刀速率 /（mm/min）
正面						
1	凸八边形（粗）	区域	ϕ10mm 立铣刀	2100	600	300
2	凹八边形（粗）	挖槽	ϕ10mm 立铣刀	2100	600	300
3	圆孔（粗）	全圆铣削	ϕ10mm 立铣刀	2100	600	300
4	八边形缺口（粗）	外形	ϕ10mm 立铣刀	2100	600	300
5	凸八边形（精）	区域	ϕ10mm 立铣刀	2500	400	200
6	凹八边形（精）	挖槽	ϕ10mm 立铣刀	2500	400	200
7	圆孔（精）	全圆铣削	ϕ10mm 立铣刀	2500	400	200
8	八边形缺口（精）	外形	ϕ10mm 立铣刀	2500	400	200
9	倒角	模型倒角	ϕ6mm×90°倒角刀	4500	1000	500
侧面						
1	开放槽（粗）	外形	ϕ10mm 立铣刀	2100	600	300
2	开放槽（精）	外形	ϕ10mm 立铣刀	2500	400	200
3	钻螺纹底孔	钻孔	ϕ6.8mm 钻头	1200	50	50
4	倒角	外形	ϕ6mm×90°倒角刀	4500	1000	500
5	攻丝	钻孔	M8×1.25 丝锥	100	125	50

2.1.3.2 工作设定

1）依次单击选项卡【机床】→【铣床】→【默认】，弹出【刀路】对话框。

2）单击操作管理器刀路界面，依次单击【机床群组-1】→【属性】→【毛坯设置】；设置毛坯 X80、Y80、Z23，勾选：显示；设置如图 2-13 所示，单击■按钮完成毛坯设置。

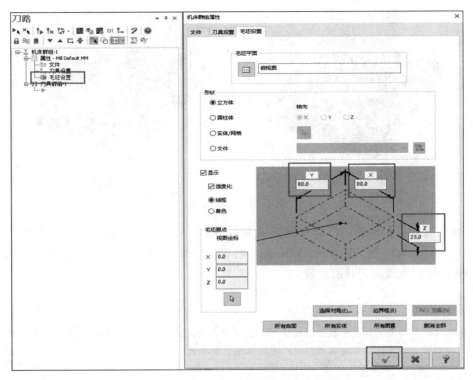

图 2-13 毛坯设置

2.1.3.3 刀具路径编辑

2.1.3.3.1 正面

1. D10 粗加工

点选【刀具群组 -1】，单击鼠标右键，依次选择【群组】→【重新名称】，如图 2-14 所示，输入刀具群组名称：D10 粗加工。

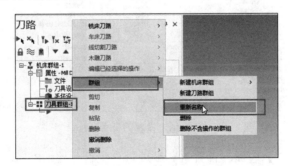

图 2-14 群组重新命名

（1）凸八边形（粗）

1）单击 2D 功能区【区域】图标 ；弹出【串连选项】对话框，加工范围点选：80mm×80mm，如图 2-15a 所示；加工区域策略：开放，避让范围点选：外八边形，如图 2-15b 所示；单击 按钮，弹出【2D 高速刀路 - 区域】对话框。

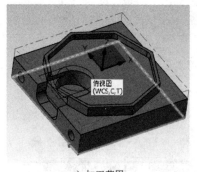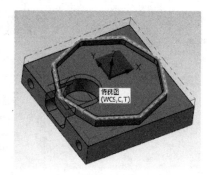

a）加工范围　　　　　　　　　　　　b）避让范围

图 2-15　线框选择

2）单击【刀具】选项，新建一把直径为 10mm 的平底刀。设置切削参数为进给速率：600、下刀速率：300、提刀速率：2000、主轴转速：2100、名称：D10 粗刀，如图 2-16 所示，单击 完成 按钮完成新刀具的创建。

> **注：**
>
> 在创建刀具时，刀具切削参数属性设置后，文档会自动保存刀具参数，在以后的加工程序中，相同直径和切削参数的刀具可以直接选用，无须重复设置切削参数。

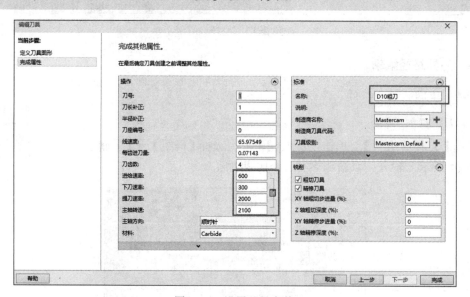

图 2-16　设置刀具参数

3）单击【切削参数】选项，设置 XY 步进量直径百分比：85%，壁边预留量：0.2，底面预留量：0.2，如图 2-17 所示。

4）单击【轴向分层切削】选项，勾选：轴向分层切削，输入最大粗切步进量：2.0，如图 2-18 所示。

5）单击【共同参数】选项，勾选：安全高度：50.0（绝对坐标），提刀：5.0（绝对坐标），下刀位置：1.0（增量坐标），毛坯顶部：0.0（绝对坐标），深度：-7.0（绝对坐标），如图 2-19 所示。

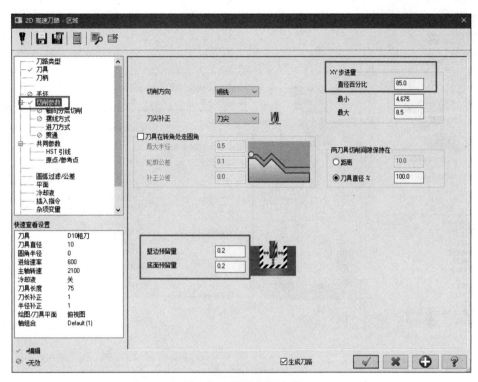

图 2-17　设置切削参数

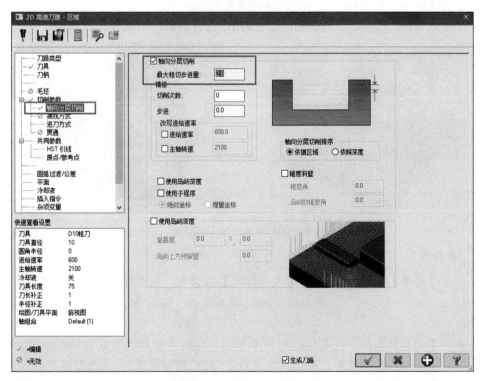

图 2-18　设置轴向分层铣削

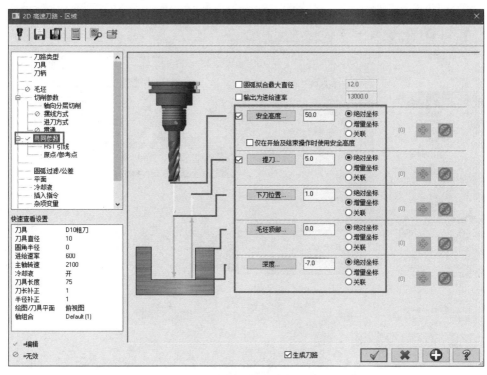

图 2-19　设置共同参数

6）单击【冷却液】选项，设定开启冷却液模式：on。

7）单击右下角 ✓ 按钮，生成如图 2-20 所示刀具路径以及实体仿真结果。

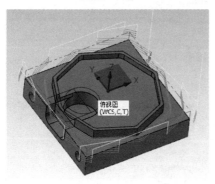

图 2-20　生成区域刀具路径

（2）凹八边形（粗）

1）单击【挖槽】图标 🔲，弹出【串连选项】对话框，用鼠标点选内八边形线框轮廓作为加工范围，如图 2-21 所示，单击确定按钮完成选择，弹出【2D 刀路 -2D 挖槽】参数设置对话框。

2）单击【刀具】选项，点选创建的 D10 粗刀，切削参数自动变成刀具所属切削参数。

3）单击【切削参数】选项，壁边预留量 0.2，底面预留量 0.2，其余默认。

4）单击【粗切】选项，选择：等距环切，切削间距 [直径 %]：85，勾选：刀路最佳化（避免插刀），其余默认。

5）单击【精修】选项，不勾选：精修。

6）单击【轴向分层切削】选项，勾选：轴向分层切削，输入最大粗切步进量：2.0。

7）单击【共同参数】选项，勾选：安全高度：50.0（绝对坐标），提刀：5.0（绝对坐标），下刀位置：1.0（增量坐标），毛坯顶部：0.0（绝对坐标），深度：−4.0（绝对坐标）。

8）单击【冷却液】选项，设定开启冷却液模式：on。

9）单击右下角 ✓ 按钮，生成刀具路径；点选整个【D10 粗加工】刀具群组，单击【实体仿真】，仿真结果如图 2-22 所示。

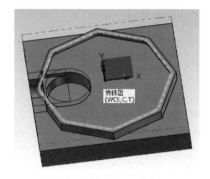

图 2-21　挖槽加工范围

图 2-22　生成挖槽刀具路径

（3）圆孔（粗）

1）单击【全圆铣削】图标，弹出【刀路孔定义】对话框，用鼠标点选圆孔底边实体轮廓，如图 2-23 所示，单击确定按钮，弹出【2D 刀路 - 全圆铣削】参数设置对话框。

2）单击【刀具】选项，点选创建的 D10 粗刀。

3）单击【切削参数】选项，设置壁边预留量：0.2、底面预留量：0.2。

4）单击【粗切】选项，勾选：粗切，设置步进量：85%，其余默认，如图 2-24 所示。

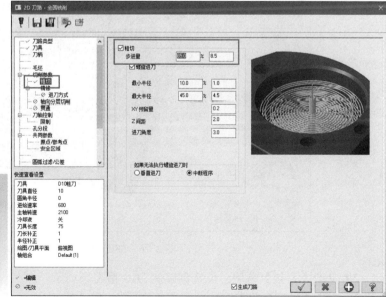

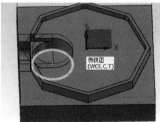

图 2-23　圆孔轮廓选择

图 2-24　粗切参数设置

5）单击【精修】选项，不勾选：精修。

6）单击【轴向分层切削】选项，勾选：轴向分层切削，输入最大粗切步进量：3.0。

7）单击【共同参数】选项，勾选：安全高度：50.0（绝对坐标），提刀：5.0（绝对坐标），下刀位置：1.0（增量坐标），毛坯顶部：-4.0（绝对坐标），深度：-15.0（绝对坐标）。

8）单击【冷却液】选项，设定开启冷却液模式：on。

9）单击右下角 ✅ 按钮，生成刀具路径；点选整个【D10 粗加工】刀具群组，单击【实体仿真】，仿真结果如图 2-25 所示。

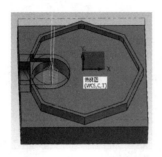

图 2-25 生成全圆铣削刀具路径

（4）八边形缺口（粗）

1）单击【外形】图标 ▣，弹出【实体串连】对话框；模式点选：实体（⬡）、选择方式：边缘（⬛），选择如图 2-26 所示开放轮廓（选择时注意轮廓箭头的方向为顺时针，可通过单击 ↔ 按钮切换方向），单击 ✅ 按钮完成选择。

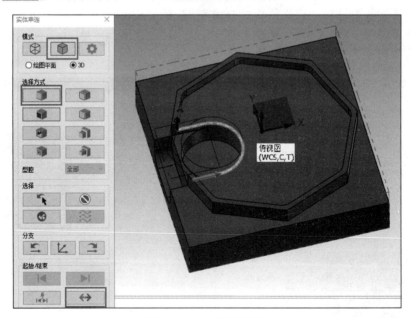

图 2-26 加工轮廓选择

2）单击【刀具】选项，点选创建的 D10 粗刀。

3）单击【切削参数】选项，设置壁边预留量：0.2、底面预留量：0.2。

4）单击【轴向分层切削】选项，勾选：轴向分层切削，输入最大粗切步进量：2.0。

5）单击【进 / 退刀设置】选项，不勾选：在封闭轮廓中点位置执行进 / 退刀，进 / 退刀直线长度：10.0、圆弧半径：0.0，其余默认，如图 2-27 所示。

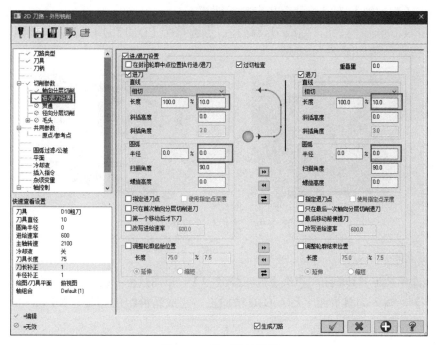

图 2-27　进 / 退刀设置

6）单击【径向分层切削】选项，勾选：径向分层切削，粗切次数：2，其余默认，如图 2-28 所示。

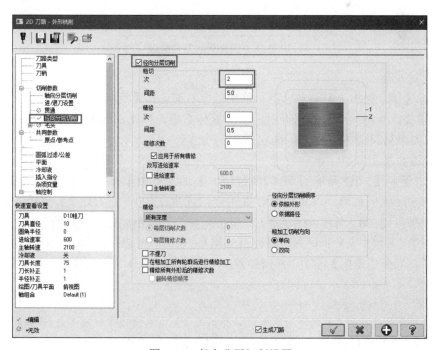

图 2-28　径向分层切削设置

7）单击【共同参数】选项，勾选：安全高度：50.0（绝对坐标），提刀：5.0（绝对坐标），下刀位置：1.0（增量坐标），毛坯顶部：0.0（绝对坐标），深度：−7.0（绝对坐标）。

8）单击【冷却液】选项，设定开启冷却液模式：on。

9）单击右下角 按钮，生成刀具路径；点选整个【D10 粗加工】刀具群组，单击【实体仿真】，仿真结果如图 2-29 所示。

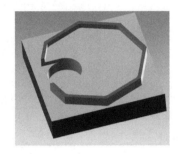

图 2-29　生成外形刀具路径

2. D10 *精加工*

（1）新建精加工刀具群组　点选【机床群组 −1】，单击鼠标右键，依次选择【群组】→【新建刀路群组】，输入刀具群组名称：D10 精加工，完成新群组的创建，如图 2-30 所示。

图 2-30　创建新的刀具群组

（2）复制刀路

1）点选【D10 粗加工】刀具群组，单击鼠标右键选择【复制】。

2）点选【D10 精加工】刀具群组，单击鼠标右键选择【粘贴】，将直径为 10mm 的平铣刀粗加工刀路复制到精加工群组下。

（3）修改精加工参数

1）单击复制【5-2D 高速刀路（2D 区域）】的【参数】项目进行参数修改。新建一把直径为 10mm 的平底刀，设置切削参数为进给速率：400、下刀速率：200、提刀速率：2000、主轴转速：2500、名称：D10 精刀，单击 完成 按钮完成新刀具的创建。刀具选择：D10 精刀，切削参数中 XY 步进量（直径百分比）：85%、壁边预留量：0.018、底面预留量：0，不勾选【轴向分层铣削】选项，共同参数：毛坯顶部：−6.0；单击 ✔ 按钮完成参数修改。

注意：

新建刀具后，点选新刀具时，切削参数不会跟着变化，可通过系统配置进行修改。依次单击【文件】→【配置】→【刀路】，不勾选【锁定进给速率】选项，如图 2-31 所示。

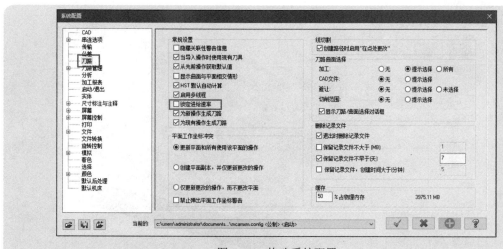

图 2-31　修改系统配置

2）修改【6-2D 挖槽（标准）】参数。刀具选择：D10 精刀；切削参数中壁边预留量：0.0、底面预留量：-0.016，精修：勾选【精修】选项、次数：1、间距：0.0；进 / 退刀设置：勾选【进 / 退刀设置】选项、直线长度：0.0、圆弧半径：2.0；不勾选【轴向分层铣削】选项；共同参数中毛坯顶部：-3.0；单击 ✓ 按钮完成参数修改。

3）修改【7- 全圆铣削】参数。刀具选择：D10 精刀；切削参数：壁边预留量：-0.013、底面预留量：0.0；不勾选【轴向分层铣削】选项；共同参数中毛坯顶部：-14.0；单击 ✓ 按钮完成参数修改。

4）修改【8- 外形铣削（2D）】参数。刀具选择：D10 精刀；切削参数：壁边预留量：0、底面预留量：0；不勾选【轴向分层铣削】选项；共同参数中毛坯顶部：-6.0；单击 ✓ 按钮完成参数修改。

修改精加工参数后，生成精加工刀具路径如图 2-32 所示。

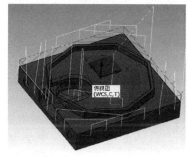

图 2-32　D10 精加工刀具路径

3. 倒角

（1）新建倒角刀具群组　点选：机床群组 -1；单击鼠标右键，依次选择【群组】→【新建刀路群组】，输入刀具群组名称：D6 倒角，完成新群组的创建。

（2）创建倒角刀具路径

1）单击【模型倒角】图标 ，弹出【2D 刀路 - 模型倒角】对话框；单击 按钮选择加工图形，弹出【串连选项】对话框，模式：点选实体（ ），选择方式：点选环（ ），用鼠标选择 2 个八边形组成封闭轮廓，单击边缘（ ），选择如图 2-33 所示轮廓，单击 ◎ 按钮完成选择。

注意：

选择加工轮廓时，方向要统一为顺时针方向，同时存在顺逆方向将导致部分轮廓生成错误的刀具路径。

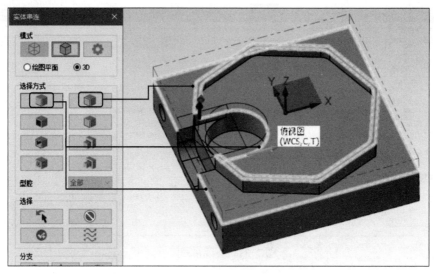

图 2-33　加工轮廓选择

2）单击【刀具】选项，新建一把倒角刀，选择刀具类型：倒角刀；定义刀具图形：外径 6、刀尖直径 0，如图 2-34 所示；设置切削参数为进给速率：1000、下刀速率：500、提刀速率：2000、主轴转速：4500、名称：D6 倒角刀，单击 完成 按钮完成新刀具的创建。

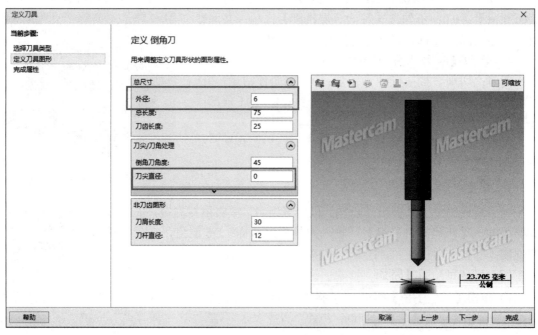

图 2-34　定义刀具图形

3）单击【切削参数】选项，设置倒角宽度：0.5、底部偏移：1.5，其余默认，如图 2-35 所示。

4）单击【进／退刀设置】选项，设置进／退刀圆弧半径：2，其余默认，如图 2-36 所示。

5）单击【冷却液】选项，设定开启冷却液模式：on。

6）单击右下角 ✓ 按钮生成刀具路径；单击【实体仿真】，仿真结果如图 2-37 所示。

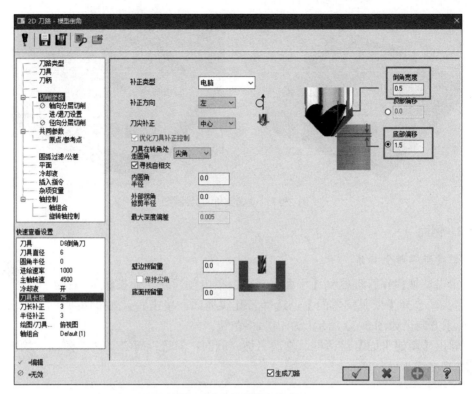

图 2-35　设置倒角宽度

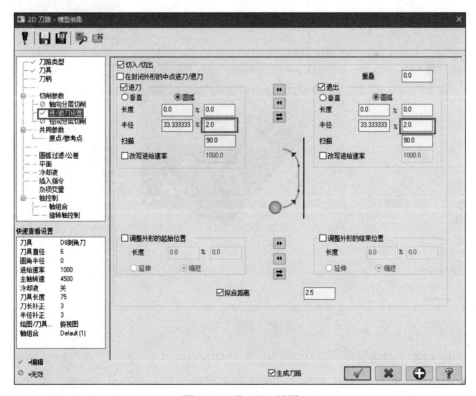

图 2-36　进 / 退刀设置

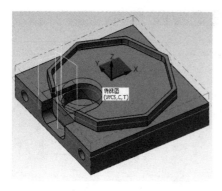 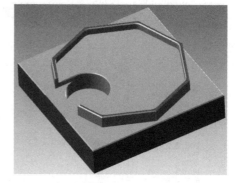

图 2-37 生成倒角刀具路径

2.1.3.3.2 侧面

1. 创建新工件坐标系

1）单击切换操作管理器到【平面】界面；单击创建新平面按钮 + · 右侧
的下拉箭头，选择【依照实体面】，选择带孔实体面，单击 ▶ 按钮切换新
工件坐标系方向至如图 2-38 所示；单击 ✓ 按钮。

2）弹出【新建平面】对话框，修改名称：侧面，勾选：WCS、刀具平面、绘图平面，
单击 ✅ 按钮完成平面创建。

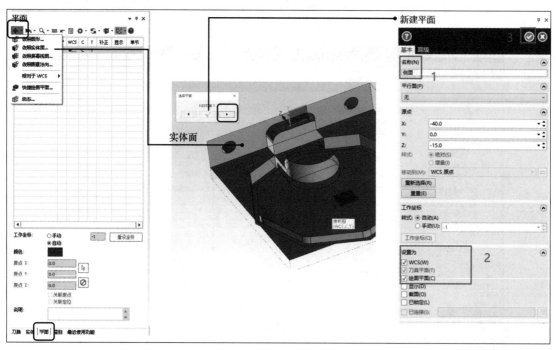

图 2-38 新建工件坐标系

2. D10 加工（侧面）

（1）新建侧面粗加工刀具群组 点选【机床群组 -1】，单击鼠标右键，依次选择【群
组】→【新建刀路群组】，输入刀具群组名称：D10 加工（侧面）- 粗，完成新群组的创建。

（2）开放槽（粗）

1）单击【外形】图标 ，弹出【线框串连】对话框；模式：点选实体（ ），选择方式：点选边缘（ ），选择如图 2-39a 所示开放轮廓（选择时注意轮廓箭头的方向为顺时针，可通过单击 按钮切换方向），单击 按钮完成选择。

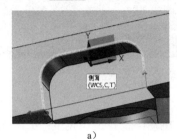

图 2-39　加工轮廓选择及生成外形刀具路径

2）单击【刀具】选项，点选创建的 D10 粗刀。

3）单击【切削参数】选项，设置壁边预留量：0.2、底面预留量：0.2。

4）单击【轴向分层切削】选项，勾选【轴向分层切削】，输入最大粗切步进量：2.0。

5）单击【共同参数】选项，勾选【安全高度】：50.0（绝对坐标），提刀：5.0（绝对坐标），下刀位置：1.0（增量坐标），毛坯顶部：0.0（绝对坐标），深度：-7.0（绝对坐标）。

6）单击右下角 按钮，生成如图 2-39b 所示刀具路径。

（3）开放槽（精）

1）新建刀路群组，名称为：D10 加工（侧面）- 精。

2）点选【10- 外形铣削（2D）】刀路，单击鼠标右键选择：复制。

3）点选【D10 加工（侧面）- 精】刀具群组，单击鼠标右键选择：粘贴。

4）单击复制【11- 外形铣削（2D）】项目修改参数。刀具选择：D10 精刀；切削参数中壁边预留量：0.008、底面预留量：0.0；不勾选【轴向分层铣削】选项；共同参数中毛坯顶部：-6.0；单击 按钮完成参数修改。

（4）钻螺纹底孔

1）新建刀路群组，名称为：D6.8 底孔。

2）单击【钻孔】图标 ，弹出【刀路孔定义】对话框，用鼠标拾取两个 $\phi 6.8$mm 圆心，拾取到的点呈十字形，单击 按钮完成选择，弹出【2D 刀路 - 钻孔】参数设置对话框。

3）新建一把直径为 6.8mm 的钻头，设置切削参数为进给速率：50、下刀速率：50、提刀速率：2000、主轴转速：1200、名称：D6.8 钻头，单击 完成 按钮完成新刀具的创建。

4）单击【切削参数】选项，循环方式：深孔啄钻（G83）、Peck（啄食量）：2.0。

5）单击【共同参数】选项，安全高度：50.0（绝对坐标），参考高度：3.0（增量坐标），毛坯顶部：0.0（绝对坐标），深度：-8.0（绝对坐标）。

6）设置冷却液开启，单击 按钮生成刀具路径。

（5）倒角

1）新建刀路群组，名称为：D6 倒角 - 侧面。

2）单击【外形】图标 ，弹出【线框串连】对话框；选择如图 2-40 所示轮廓（选择时注意轮廓箭头的方向为顺时针，可通过单击 按钮切换方向），单击 按钮完成选择。

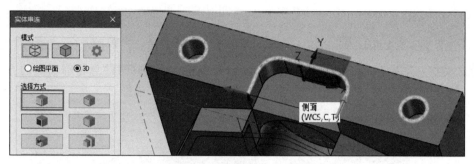

图 2-40　侧面倒角轮廓选择

3）单击【刀具】选项，点选创建的 D6 倒角刀。

4）单击【切削参数】选项，外形铣削方式：2D 倒角，设置倒角宽度：0.5、底部偏移：1，壁边预留量：0，其余默认，如图 2-41 所示。

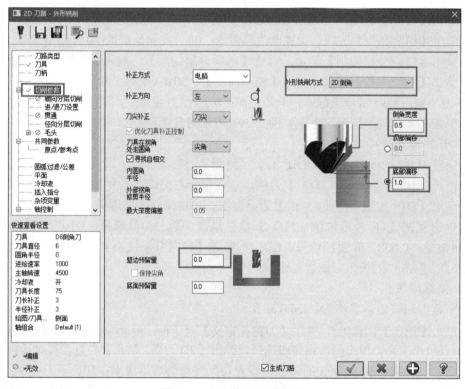

图 2-41　设置倒角切削参数

5）单击【进 / 退刀设置】选项，设置进 / 退刀直线：0、圆弧：1，其余默认。

6）单击【轴向分层切削】选项，不勾选【轴向分层切削】。

7）单击右下角 ✔ 按钮，生成刀具路径。

（6）攻丝

1）新建刀路群组，名称为：M8 螺纹。

2）单击【钻孔】图标 ，弹出【刀路孔定义】对话框，用鼠标拾取两个 ϕ6.8mm 圆心，拾取到的点呈十字形，单击 ⊘ 按钮完成选择，弹出【2D 刀路 - 钻孔】参数设置对话框。

3）新建一把类型为【丝攻】刀具，如图 2-42 所示；定义刀具图形：标准直径 8、螺距 1.25；设置切削参数为进给速率：125、下刀速率：50、提刀速率：2000、主轴转速：100、名称：M8 丝攻，单击 [完成] 按钮完成新刀具的创建。

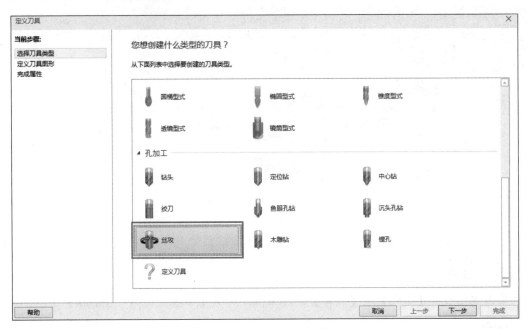

图 2-42　选择刀具类型

4）单击【切削参数】选项，循环方式：Rigid Tapping Cycle（刚性攻丝）。

5）单击【共同参数】选项，安全高度：50.0（绝对坐标），参考高度：3.0（增量坐标），毛坯顶部：0.0（绝对坐标），深度：-6.0（绝对坐标）。

6）单击 [✓] 按钮生成刀具路径。整个侧面刀具路径如图 2-43 所示。

图 2-43　侧面刀具路径

2.1.3.3.3　实体仿真

1）点选整个【机床群组 -1】，选中所有的刀具路径。

2）单击【机床】→【实体仿真】进行实体仿真，单击 ▶ 按钮播放，仿真结果如图 2-44 所示。

101

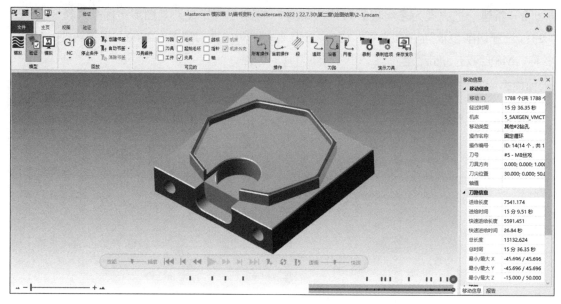

图 2-44　实体仿真结果

2.1.3.3.4　保存

单击选项卡上【文件】→【保存】，将本例保存为【中级工实例一 .mcam】文档。

注:

　　本例主要应用了刀具集中法和先粗后精法划分工序，在粗、精加工之间保留测量环节，方便精加工时调整 X、Y 和 Z 向的预留量，最大限度地消除对刀误差和刀具制造误差。

　　实际加工中，尺寸的控制不可能像编程一样理想化，在精加工之前会多一次半精加工，与精加工的区别在于切削参数设置时，壁边、底面预留量设置为 0.1，测量之后，再根据实际所得到的尺寸设置壁边、底面预留量。

2.1.3.4　程序的后处理

通过编程命令生成了刀具轨迹，这时需要把刀具轨迹转变成数控机床能执行的数控程序，然后采用通信的方式或 DNC 方式输入数控机床的数控系统，才能进行零件的数控加工。Mastercam 2022 在进行后处理前，需要进行相关设置，才能生成适合不同系统的数控程序。

1. **控制定义**

1）依次单击【机床】→【控制定义】，弹出【控制定义】对话框，如图 2-45 所示。

2）单击 后处理: 按钮，弹出【控制定义自定义后处理编辑列表】对话框，单击 添加文件 按钮选择相应后处理文件【802D.pst】，如图 2-46 所示；单击 ✓ 按钮返回【控制定义】对话框。

3）检查是否为上一步所增加的后处理文件，如果无误，直接单击对话框左上角的 💾 按钮保存，如图 2-47 所示；如果文件有误，应单击下拉箭头重新选择后处理文件后再单击 💾 按钮保存。

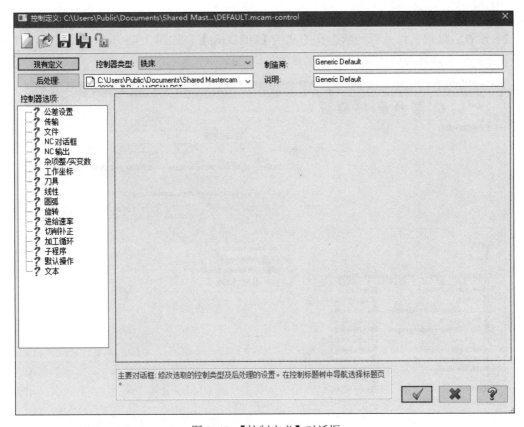

图 2-45 【控制定义】对话框

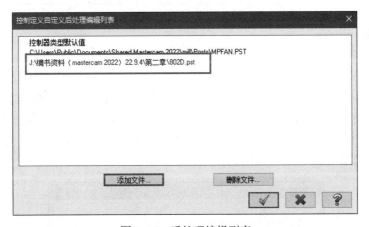

图 2-46 后处理编辑列表

图 2-47 选择后处理文件

4）单击 按钮关闭对话框。

2. 机床定义

1）依次单击【机床】→【机床定义】，弹出机床定义文件警告的提示对话框，单击

103

按钮，弹出【机床定义管理】对话框。

2）检查后处理文件是否为所选择的文档【802D.pst】，如图 2-48 所示；如果文件有误，应单击下拉箭头选择正确的文档。

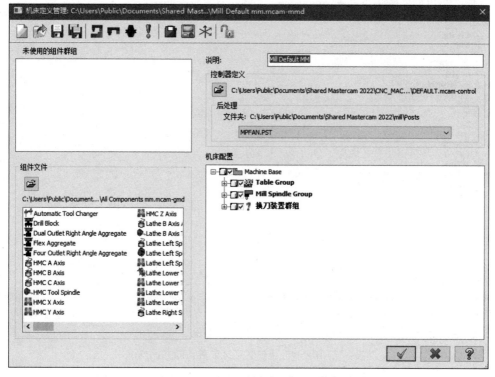

图 2-48 检查后处理文件是否正确

3）单击对话框左上角■按钮保存文件，单击 ✔ 按钮关闭对话框。

3. 后处理程序

1）选择操作管理器中【D10 粗加工】的刀具群组，依次单击【机床】→【G1 生成】（或单击操作管理器刀路界面后处理的快捷图标 G1），弹出后处理程序对话框。

2）单击 ✔ 按钮，弹出输出部分 NCI 文件的提示，如图 2-49 所示，提示是否后处理全部操作，单击【否】。

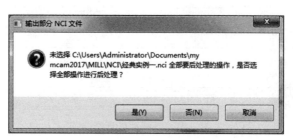

图 2-49 提示输出部分 NCI 文件

3）系统弹出【另存为】对话框。选择保存位置，然后修改文件名为【D10cjg】，如图 2-50 所示。

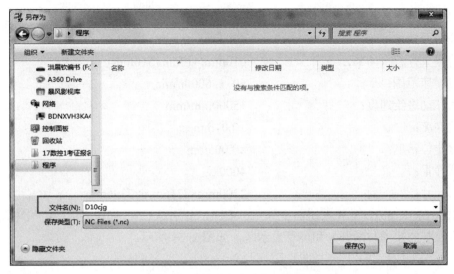

图 2-50　修改保存路径及名称

4）单击 保存(S) 按钮，生成程序如图 2-51 所示。

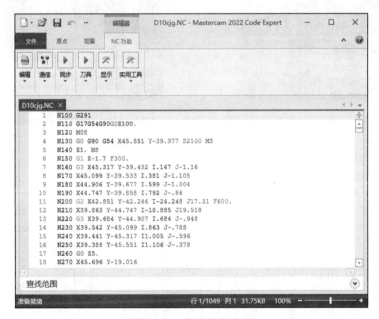

图 2-51　生成程序结果

2.1.4　SINUMERIK 802D 数控铣床加工的基本操作

2.1.4.1　SINUMERIK 802D 面板操作

V600 型（采用 SINUMERIK 802D 数控系统）数控铣床是南通科技集团公司开发的中档数控机床，具有刚性较好、切削功率较大的特点。机床采用全封闭罩防护，气动换刀，快速方便，主要构件刚度高，床身立柱、床鞍均为稠筋、封闭式框架结构，如图 2-52 所示。

主要规格参数为：

工作台面尺寸：	800mm×400mm
三向最大行程（X/Y/Z）：	610mm/410mm/510mm
主轴转速范围：	60 ~ 6000r/min
最大移动进给速度：	15000mm/min
定位精度：	±0.01mm
重复定位精度：	±0.005mm
机床净重：	4000kg
外形尺寸：	2200mm×2316mm×2396mm

SINUMERIK 802D 数控系统面板分为 3 个区，分别是 CNC 操作面板区、机床控制面板区（包含控制器接通与断开）和屏幕显示区，如图 2-53 所示。

图 2-52　V600 型 SINUMERIK 802D 数控铣床　　　图 2-53　SINUMERIK 802D 数控系统面板

CNC 操作面板如图 2-54 所示，各按键功能见表 2-18。

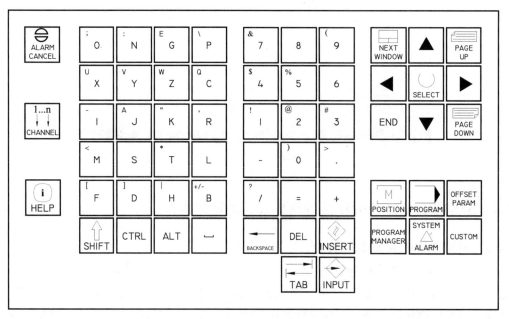

图 2-54　SINUMERIK 802D CNC 操作面板

表 2-18　SINUMERIK 802D CNC 操作面板各按键功能说明

按　键	功　能　说　明	按　键	功　能　说　明
ALARM CANCEL	报警应答键	PROGRAM	程序操作区域键
1...n CHANNEL	通道转换键	OFFSET PARAM	参数操作区域键
i HELP	信息键	PROGRAM MANAGER	程序管理操作区域键
SHIFT	上档键	SYSTEM ALARM	报警 / 系统操作区域键
CTRL	控制键	CUSTOM　NEXT WINDOW	未使用
ALT	ALT 键	PAGE UP　PAGE DOWN	翻页键
⌴	空格键	▲ ◄ ► ▼	光标键
BACKSPACE	退格键		
DEL	删除键		
INSERT	插入键	SELECT	选择 / 转换键
TAB	制表键	END	至程序最后
INPUT	回车 / 输入键	A J　W Z	字母键（上档键转换对应小字符）
M POSITION	加工操作区域键	) 0　(9	数字键（上档键转换对应小字符）

SINUMERIK 802D 机床控制面板如图 2-55 所示，各按键功能见表 2-19。

图 2-55　SINUMERIK 802D 机床控制面板

表 2-19　SINUMERIK 802D 机床控制面板各按键功能说明

按　键	功能说明	按　键	功能说明
// Reset	复位	+Z　　−Z	Z 轴点动
Cycle Stop	循环停止	+Y　　−Y	Y 轴点动
Cycle Start	循环启动	+X　　−X	X 轴点动
使能　冷却	用户定义，使能和冷却液启动	Rapid	快速运动叠加
[VAR]	增量选择		紧急停止
jog	手动方式		
Ref Point	回零		

108

（续）

按　键	功能说明	按　键	功能说明
Auto	自动方式		主轴速度修调
Single Block	单步		
MDA	手动数据输入		
Spindle Right	主轴正转		进给速度修调
Spindle Stop	主轴停止		
Spindle Left	主轴反转		

开机操作步骤：

1）检查机床各部分初始状态是否正常，包括润滑油液面高度、气压表等。

2）合上机床右侧的电气总开关。

3）按下机床控制面板上的控制器接通按钮，系统进入自检，约 3min 后进入开机界面。

4）按箭头提示方向旋开紧急停止按钮，按下【Reset】复位键。

5）按下【使能】键。

6）回参考点：依次按下【+Z】、【+Y】、【+X】三个按键，Z、Y、X 三个方向分别回零，出现 ⊕ 符号，表示各轴回零完成。

注：

回零一定要先从 Z 轴开始，先抬起 Z 轴，避免撞刀。

2.1.4.2　零件的装夹

操作步骤如下：

1）按下【jog】键，进入手动运行方式，同时按下【Rapid】快速运动叠加键和【-Z】键，让主轴快速移动到合适高度，方便装刀；同理，按下【Rapid】和【-Y】键；按下【Rapid】和【-X】键，让机床工作台快速移动到中间位置，也可以使用手轮（手摇脉冲发生器）来操作。

2）钳口校正：本例采用机用平口钳装夹。机用平口钳适用于安装中小尺寸和形状规则的工件，它是一种通用夹具，安装平口钳时必须先将底面和工作台面擦干净，利用百分表校正钳口，使钳口与相应的坐标轴平行，以保证铣削的加工精度。先松开平口钳底座刻度盘的旋转调整螺母，通过百分表在 X 轴方向反复移动，来调整机用平口钳 X 轴方向的水平，调整好以后拧紧螺母，如图 2-56a 所示。

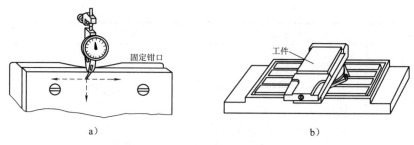

图 2-56 机用平口钳的校正与工件装夹

3）工件装夹：数控铣床加工的工件多数为毛坯或半成品，利用平口钳装夹的工件尺寸一般不超过钳口的宽度，所加工的部位不得与钳口发生干涉。平口钳校正好后，把工件放入钳口内，并在工件的下面垫上比工件窄、厚度适当且加工精度较高的等高垫块，然后把工件夹紧。为了使工件紧密地靠在垫块上，应用铜棒或橡皮锤轻轻地敲击工件，直到用手不能轻易推动等高垫块，最后再将工件夹紧在平口钳内。工件应当紧固在钳口靠近中间的位置，装夹高度以铣削尺寸高出钳口平面 3～5mm 为宜。用平口钳装夹表面较粗糙的工件时，应在两钳口与工件表面之间垫一层铜片，以免损坏钳口，并能增加接触面积。对于高度方向尺寸较大的工件，不需要加等高垫块而直接装入平口钳，如图 2-56b 所示。

2.1.4.3　刀柄上刀具的拆装

数控铣床 / 加工中心所用的立铣刀大多采用弹簧夹套装夹方式安装在刀柄上，刀柄由主柄部、弹簧夹套和夹紧螺母组成，如图 2-57 所示。

图 2-57　刀柄结构

1. 铣刀的安装

1）准备安装铣刀需要的专用拆刀架、扳手、刀柄、铣刀及相应的弹簧夹，如图 2-58 所示。

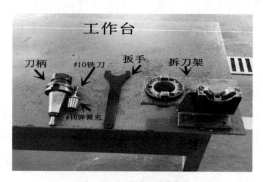

图 2-58　拆装刀准备

2）把刀柄的夹紧螺母分开，分成主柄部与夹紧螺母，然后用干净的抹布将内外螺纹的位置清洁干净，防止有铁屑沾在上面影响夹紧力与精度，如图 2-59 所示。

图 2-59　清洁螺纹

3）把弹簧夹套安装在夹紧螺母中：安装时，将弹簧夹套倾斜一定角度，然后用力按下，直至整个弹簧夹套卡到夹紧螺母上，如图 2-60 所示。

图 2-60　安装弹簧夹套

4）将刀具放进弹簧夹套里边，要注意刀具装夹不能太长，一般装到退刀槽的位置（或者装刀长度必须大于零件加工深度 5 ~ 10mm），如图 2-61 所示。

图 2-61　安装铣刀

5）将上一步完成的夹紧螺母放到与主刀柄配合的位置上，用手将螺母拧紧（顺时针为紧，逆时针为松），如图 2-62 所示。

图 2-62　螺母预紧

6）此时还不能达到夹紧的要求，还需使用扳手将其再拧紧；拧紧时将刀柄横向卡到拆刀架上，左手扶住刀柄主体与夹紧螺母之间，预防用力过程打滑刮伤自己；右手用力往下按，注意力度要适当，如图 2-63 所示。

图 2-63　锁紧铣刀

7）至此完成刀具刀柄部分的安装。

2. 铣刀的拆卸

1）拆卸时将刀柄放到拆刀架垂直的卡位，并将刀柄卡好位置；然后将扳手卡到夹紧螺母上的卡槽中，左手扶住扳手的头部，右手轻轻拍打扳手的尾部，注意力度不需太大，且注意防止打滑，如图 2-64 所示。

图 2-64　松开锁紧螺母

2）使用扳手拧松之后，可以将整个刀柄拿出来，用手拧开分离主体与夹紧螺母，最后再将刀具、弹簧夹套分开；用手拧松夹紧螺母时要注意防止刀具掉下来摔坏刀尖，如图 2-65 所示。

3）最后将刀柄、弹簧夹套清理干净。

图 2-65　分开刀具、弹簧夹套

2.1.4.4　对刀与换刀

1. 对刀

在数控铣削加工中，对刀是一个重要的环节。对刀的目的是通过刀具或对刀工具确定工件坐标系与机床坐标系之间的空间位置关系，并通过对刀数据来实现 G54 的设定。它是数控加工中最重要的操作内容，其准确性将直接影响零件的加工精度。

常见的对刀方法有试切法、寻边器对刀法、机内对刀仪对刀法、自动对刀法等。本例主要讲述 SINUMERIK 802D 系统的试切法对刀。试切法是指直接用正在旋转的铣刀进行对刀，通过手轮移动工作台或主轴，使得旋转的刀具与工件的前后、左右及工件的上表面做极微量的接触切削，能够听到切削或刮擦声，分别记下刀具所在位置，对这些坐标值进行一定的计算，来设定工件坐标系 G54。G54 一般都设定为工件几何中心的上表面。

1）按下机床控制面板的【Spindle Right】键，使主轴以 500r/min 的速度正转，按下屏幕右侧软键，切换到机床坐标系（MCS），利用手轮快速移动工作台和主轴，让刀具靠近工件的左侧，目测刀尖低于工件表面 3 ～ 5mm，改用微调操作，让刀具慢慢接触到工件左侧，直至听到轻微切削或者刮擦声，同时可以看到有少量切屑出现，如图 2-66a 所示，记此时的 X 轴坐标为 X1。

2）按下 CNC 操作面板【OFFSET PARAM】键，将屏幕切换到【参数设定界面】，将光标移动到 G54 的 X 栏，同时按下 CNC 操作面板的【SHIFT】键和【=】键，调出西门子系统自带的计算器，输入此时的机床坐标系数值 −334.944，此时 X1＝−334.944，如图 2-66b 所示。

a）

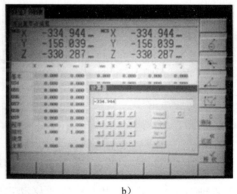

b）

图 2-66　X 轴左侧对刀

3）利用手轮抬起刀具至工件上表面之上，快速移动工作台和主轴，让刀具靠近工件右侧，与步骤 1）相同，改用微调操作，让刀具慢慢接触到工件右侧，直到听到轻微切削或者刮擦声，同时可以看到有少量切屑出现，如图 2-67a 所示，记此时的 X 轴坐标为 X2，此时 X2=−244.303。

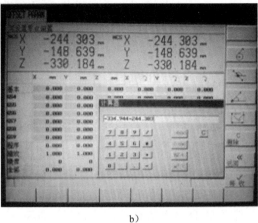

a)   b)

图 2-67 X 轴右侧对刀

4）由理论计算得知，工件坐标系原点在机床坐标系中的 X 坐标值为（X1+X2）/2，在屏幕上直接输入 −244.303，如图 2-67b 所示，按下机床 CNC 操作面板上的【INPUT】键，计算出 X1+X2 的值，再按【/】、【2】键，求得（X1+X2）/2，按下【INPUT】键得出（X1+X2）/2=−289.6235，如图 2-68a 所示。

5）按下屏幕右侧的软键【接收】，X 轴方向的中点坐标数值自动抄入 G54 的 X 轴空白栏。按下屏幕右侧的软键【返回】，退出计算器，如图 2-68b 所示。

6）Y 轴方向对刀与 X 轴一样，所不同的是光标应移动到 G54 的 Y 栏，这样当按下【接收】键时数值才抄入 G54 的 Y 轴空白栏。

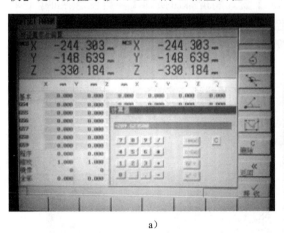
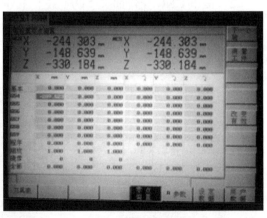

a)   b)

图 2-68 X 轴 G54 坐标的计算值

7）Z 轴方向对刀，利用手轮快速移动主轴，让刀具靠近工件表面，目测快要接触到时改用微调操作，让刀具慢慢接触到工件表面，直到听到轻微切削或者刮擦声，同时可以看到有少量切屑出现，如图 2-69a 所示，记此时的 Z 轴坐标为 Z1。不需调用计算器，直接将此时机床坐标系（MCS）下的 Z 轴数值填入 G54 的 Z 轴空白栏，按下【INPUT】即可，如图 2-69b 所示。

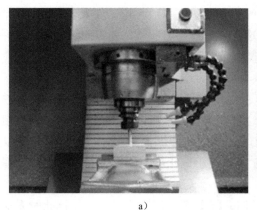
a）

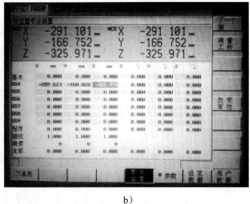
b）

图 2-69　Z 轴对刀

8）对刀验证：按下机床控制面板的【MDA】键，进入 MDA 方式，输入如下程序：

G54 G1 X0 Y0 F500

Z10

按下【Cycle Start】循环启动键，将坐标系切换到 WCS 工件坐标系，观察主轴是否移动到零点正上方 Z=10 处，目测 G54 零点是否正确。

注：

由于每个操作者对微量切削的感觉程度不同，所以试切法对刀精度并不高。这种方法主要应用在要求不高或者没有寻边器的场合。

2. 换刀

在用数控铣床加工时，一把刀加工结束后需要更换刀具，进行下一把刀的加工。刀具在加工过程中若出现断刀，也需要更换刀具。换刀后由于每把刀的装夹长短不一，就需要重新对刀。

一般来讲，在进行第一把刀对刀时，工件坐标系 G54 的 Z 轴设定为工件毛坯上表面。此时，用刀杆测量出工件毛坯上表面到某个基准平面（如平口钳的钳口平面或机床工作台平面）的距离 h。h 在整个加工过程中是一个固定值，并不随加工表面的铣削而改变。第一把刀加工完后，卸下刀具，换上第二把刀，以同一把刀杆来测量第二把刀在基准平面时的 Z 轴机床坐标系的数值，然后向上移动 h，就能够保证第二把刀仍旧在工件坐标系 G54 的 Z=0 平面上，如图 2-70 所示。

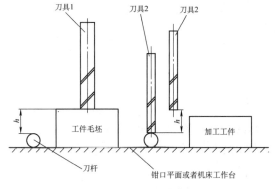

图 2-70　换刀示意图

需要注意的是：①h一般在第一把刀对刀时进行测量，以后无论工件上表面毛坯是否被铣削掉，均不影响后续刀具的换刀和对刀；②第一把刀需对 X、Y、Z 方向进行对刀，后续刀具则只需 Z 向重新设定即可，X、Y 方向不需要重新对刀。

具体操作步骤如下：

1）用第一把刀ϕ10mm 粗刀加工时，G54 的 Z=−358.167，第一把刀加工完以后，先不拆下，随便找一把刀，假设直径为ϕ8mm，用这把刀的刀杆过渡，将刀杆放在平口钳的钳口位置来回滚动，用手轮的 Z 向来调整第一把刀ϕ10mm 刀的高度，让第一把刀ϕ10mm 刀的刀尖刚好能够通过ϕ8mm 刀的刀杆，记下此时 Z 轴的机床坐标系（MCS）的读数 Z′，假设Z′=−374.332。

2）同时按下 CNC 操作面板的【SHIFT】键和【=】键，调出计算器，计算此时 $h=Z−Z′$=−358.167−（−374.332）=16.165，此值在以后所有的换刀过程中不变。

3）换上第二把刀ϕ10mm 精刀，同样用这把ϕ8mm 刀的刀杆过渡，将刀杆放在平口钳的钳口位置来回滚动，用手轮的 Z 向来调整第二把刀ϕ10mm 精刀的高度，让第二把刀ϕ10mm 精刀的刀尖刚好能够通过ϕ8mm 刀的刀杆，记下此时 Z 轴机床坐标系（MCS）的读数 Z″，假设 Z″=−357.769。

4）按下 CNC 操作面板的【OFFSET PARAM】键，将画面切换到参数设定界面，将光标放到 G54 的 Z 处，同时按下 CNC 操作面板的【SHIFT】键和【=】键，调出计算器，输入数值并且计算，按下屏幕右侧软键【接收】，设定换刀后的 Z 向坐标值，如图 2-71 所示。

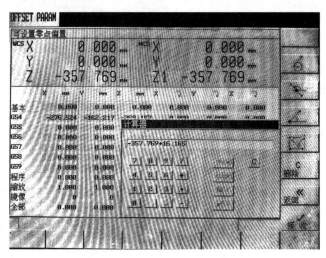

图 2-71　换刀后 Z 轴 G54 的设定

2.1.4.5　程序的录入

1. 程序录入前的预处理

通过 2.1.3 节可知，Mastercam 2022 版自带有西门子的后处理文件 802d.pst，与Mastercam 9.1 版后处理文件 802d.pst 略有不同，生成的 nc 文件的文件头和文件尾有些细微的差别，需要做一些修改。

以 D10cjg.nc 为例，Mastercam 2022 后处理生成的 nc 文件如下：

文件头：

N100 G291

N110 G17 G54 G90 G0 Z100.

N120 M08

N130 G0 G90 G54 X45.551 Y-39.377 S2100 M3

N140 Z1. M8

N150 G1 Z-1.7 F300.

N160 G3 X45.317 Y-39.432 I.147 J-1.16

N170 X45.099 Y-39.533 I.381 J-1.105

N180 X44.906 Y-39.677 I.599 J-1.004

N190 X44.747 Y-39.858 I.792 J-.86

N200 G2 X42.851 Y-42.246 I-24.248 J17.31 F600.

N210 X39.863 Y-44.747 I-18.885 J19.518

⋮

文件尾：

N610 G0 Z50.

N620 G0 Z100.

N630 M05

N640 M19

N650 G53 Y-1

N660 M30

为了适应 802D 系统的数控铣床，必须将头部 N100.N110 语句和尾部 N610～660 语句做一些修改。修改好的程序如下：

%_n_D10cjg_mpf

;$path=/_n_mpf_dir

N100 G71

N110 G17 G54 G90 G0 Z50

N120 M08

N130 G0 G90 G54 X45.551 Y-39.377 S2100 M3

N140 Z1. M8

N150 G1 Z-1.7 F300.

N160 G3 X45.317 Y-39.432 I.147 J-1.16

N170 X45.099 Y-39.533 I.381 J-1.105

N180 X44.906 Y-39.677 I.599 J-1.004

N190 X44.747 Y-39.858 I.792 J-.86

N200 G2 X42.851 Y-42.246 I-24.248 J17.31 F600.

N210 X39.863 Y-44.747 I-18.885 J19.518

⋮

文件尾修改为：

N610 G0 Z50.

N630 M05

N640 M09

N660 M30

注:

对比上述两段程序的阴影部分，在 N100 ~ N110 语句有些不同，主要原因是 2022 版的后处理 nc 文件对西门子 828D、840D 等系统支持效果较好，91 版的后处理对西门子 802D 系统支持效果较好，两者有些不兼容。对于版本比较老的 802D 系统，2022 版后处理并不好用，只能人工修改前面几行的程序，以便于移植。当然，Mastercam 2022 后处理文件是可以定制的，可以生成你希望的 NC 代码。有兴趣的读者可参考陶圣霞编著的《Mastercam 后处理入门及应用实例精析》一书。

2. 程序录入的操作步骤

1) 打开与机床相连的计算机，确保机床的 RS-232 接口与计算机连接完好。双击桌面图标，启动 SINUMERIK 802D 传输程序，如图 2-72 所示。

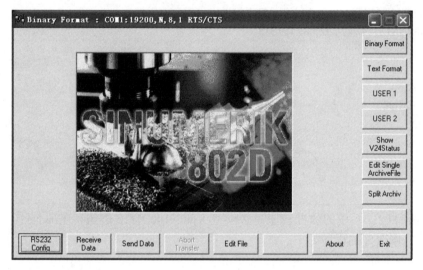

图 2-72　SINUMERIK 802D 传输程序界面

2) 机床端：按下机床 CNC 操作面板的【PROGRAM】程序操作区域键或者【PROGRAM MANAGER】程序管理操作区域键，进入程序管理操作界面，如图 2-73 所示。按下软键【读入】，机床准备接收数据。程序管理操作界面各软键功能见表 2-20。程序控制和程序段搜索功能见表 2-21。

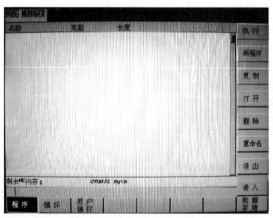

图 2-73　程序管理操作界面

表 2-20　程序管理操作界面各软键功能表

软　键	功　能
程序	显示程序目录
执行	选择待执行的程序，在下次按数控启动键时启动该程序
新程序	新建一个程序
复制	把所选择的程序复制到另一个程序中
打开	打开待加工的程序
删除	删除所选程序
重命名	重命名所选程序
读出	通过 RS-232 接口把程序从机床传回计算机
读入	通过 RS-232 接口把程序从计算机传至机床
循环 / 用户循环	显示 SIEMENS 标准循环目录，可以进行交互式编程

表 2-21　程序控制和程序段搜索功能表

程 序 控 制	显示用于选择程序控制的方式，如程序测试、程序跳跃等
程序测试（PRT）	测试程序，所有轴锁定
空运行进给（DRY）	进给轴以空运行速度运行，此时进给编程参数无效
有条件停止（M01）	程序执行到 M01 时停止运行
跳过（SKP）	跳过有【/】程序段，不执行该段程序
单一程序段（SBL）	程序按单段执行
ROV 有效	快速修调键对快速进给有效
程序段搜索	查找程序中任意一段
计算轮廓	程序段搜索，计算照常进行
启动搜索	程序段搜索，直至程序段终点位置
不带计算	程序段搜索，不进行计算
搜索断点	光标定位到中断点所在的主程序段，在子程序中自动设定搜索目标
搜索	提供【行查找】和【文本查找】
模拟	显示刀具轨迹
程序修正	修改错误程序，所有修改被立即存储。一般用于正在执行的程序
G 功能	显示有效的 G 功能
辅助功能	显示有效的辅助功能和 M 功能
轴进给	显示轴进给窗口
程序顺序	从 7 段程序转到 3 段程序
MCS/WCS 相对坐标	选择机床坐标系、工件坐标系或者相对坐标系
外部程序	通过 RS-232 接口以 DNC 方式加工

3）计算机端：在 SINUMERIK 802D 传输程序对话框里，单击【Send Data】按钮，选择所要传输的程序，如图 2-74 所示，这里选择文件 D10cjg.nc。单击【打开】按钮，程序将会发送至机床。传输完毕后按下软键【停止】，如图 2-75 所示。此时可以在程序管理界面看到该文件，如图 2-76 所示。

图 2-74　选择传输的程序文件

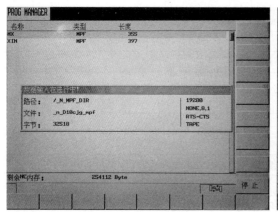

图 2-75　程序传输完毕 图 2-76　程序 D10cjg

2.1.4.6 机床模拟仿真

操作步骤如下：

1）用光标键选择该文件 D10cjg，按下软键【执行】，按下机床 CNC 操作面板的【POSITION】加工操作区域键，切换到加工操作界面，按下机床控制面板的【Auto】自动方式键，进入待自动加工状态。

2）按下屏幕下方软键【程序控制】，分别按下屏幕右侧软键【程序测试】【空运行进给】，屏幕上方的 PRT、DRY 变亮，如图 2-77 所示。

3）按下机床控制面板的【Cycle Start】循环启动键，进入模拟运行，按下屏幕下方的软键【模拟】，此时机床的所有轴均被锁定。可以观看程序的运行状态和刀具路径，如图 2-78 所示。如果想停止，直接按下机床控制面板的【Reset】键复位即可。

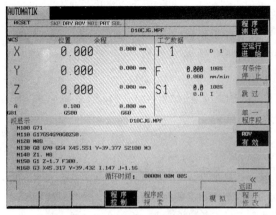

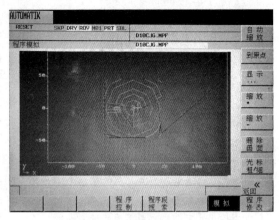

图 2-77　程序测试　　　　　　　图 2-78　模拟运行刀具路径

2.1.4.7　零件的加工

完成零件的装夹、对刀和模拟运行后，就可以正式进行加工了。在模拟仿真的基础上，再次按下【程序控制】软键里面的【程序测试】和【空运行进给】，取消【程序测试】和【空运行进给】。

操作步骤如下：

1）按下软键【单一程序段】，打开【单段】，SBL 灯亮，或者按下机床控制面板【Single Block】键。

2）将机床控制面板的进给速度修调旋钮旋到 10% 以下。

3）按下【Cycle Start】循环启动键，开始加工。首件试切时一定要注意刀具切入工件瞬间的情况，发现异常应立即按下【Cycle Stop】循环停止键，然后用【Reset】键复位。在【jog】方式下用手轮或机床控制面板的【+Z】键抬起 Z 轴，找出问题，重新设定 G54 或重新编程。若没有问题，可以再次按下【Single Block】键取消【单段】，将进给速度修调旋钮旋到正常值 100%，按下【Cycle Start】循环启动键继续加工，如图 2-79 所示。

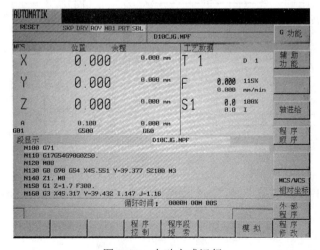

图 2-79　自动方式运行

4）采用刀具集中法划分工序，将每一把刀的粗、精加工工序安排在一起，方便一次对刀后完成该刀具的全部加工，在该刀具的最后一道精加工工序之前安排测量环节，及时调整 X、Y 或 Z 方向的预留量，该预留量对该刀具以后的所有精加工都是一样的；然后换刀，开始第二把刀的加工，直至所有程序加工完毕。

5）机床关机：按下【jog】键，在手动模式下，抬起 Z 轴至安全高度，按下机床控制面板紧急停止按钮，按下控制器断开按钮，关闭机床侧面总电源。

注：

　　细心的读者可以发现，本例有 D10 粗加工、D10 精加工两把刀。这里稍做解释。从刀具管理的角度来说，只用一把 D10 刀具即可。从工艺的角度来讲，由于粗加工的刀具加工余量较大，磨损较快，粗、精刀具分开，可以避免刀具磨损带来的加工误差。在中职学校的教学过程中，相同直径的粗、精加工的刀具也是分开的，这种加工工艺有利于学生理解教学内容。

2.2 经典实例二

2.2.1 零件的工艺分析

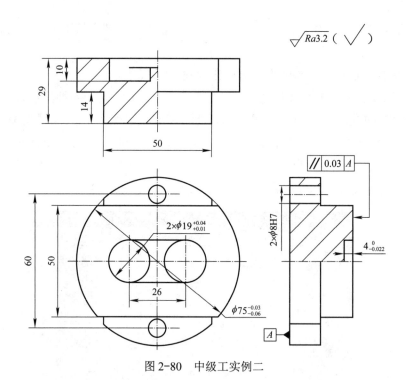

图 2-80 中级工实例二

本例是数控铣中级工常见考题，材料为铝合金，备料尺寸为 $\phi 80\text{mm} \times 30\text{mm}$。
技术要求：
1）以小批量生产条件编程。
2）未注公差均按 ±0.07mm。

3）表面无飞边、毛刺、刮伤等缺陷。

读图 2-80 可知，零件有轮廓、圆孔、通孔等结构，工件两面都需要进行加工。零件形状相对简单，但精度要求高，有平行度要求。该零件没有薄壁、不易变形，加工难度相对不高。加工材料去除量多，需要注意避免切削量过大，而使切削力大，导致加工过程中工件松动，使尺寸及表面粗糙度达不到要求。

材料为铝合金，其中有 4 个尺寸有明确的公差要求，公差在 0.02 ～ 0.03mm 之间；两个 ϕ8H7 孔，需要通过铰孔才能达到要求；表面粗糙度也比较高，达到了 Ra3.2μm；上下两个面有平行度要求，装夹需通过校正才能达到要求。根据备料，切削量也较大。

该零件轮廓图素相对简单，加工后表面都平整。两个面加工先后顺序影响不大，但考虑到 2×ϕ19 面尺寸公差较多，也就要求较高，故作为第二面加工。加工时，按刀具集中法划分工序，在一次装夹中尽可能用一把刀具加工完成所有加工的部位，然后再换刀加工其他部位。具体加工方案：

第一面：

1）选用 ϕ8mm 中心钻定位；

2）选用 ϕ7.8mm 钻头钻孔；

3）选用 ϕ8mm 铰刀铰孔；

4）选用 ϕ16mm 四刃立铣刀进行表面和台阶加工。

第二面：

选用 ϕ16mm 四刃立铣刀进行表面和台阶等加工。

注:

在刀具选择时，尽量减少刀具数量，使同一把刀完成大部分的加工，且尽可能优先选择大的刀具直径，以提高加工效率。

2.2.2　零件的 CAD 建模

操作步骤如下：

1. **第一面**

1）按 Alt+F9，打开 WCS 坐标。

2）依次单击【线框】→【已知点画圆】命令，在对话框中输入直径：75，鼠标移至绘图区中 WCS 坐标系单击左键拾取基点，单击◉按钮完成创建；在对话框中输入直径：8，单击🔒按钮，单击空格键，在绘图区弹出▭▭▭▭，分别输入圆心点坐标：X30Y0 和 X-30Y0，绘出 2 个 ϕ8mm 圆；单击◉按钮完成绘制。

3）单击【矩形】命令，在对话框中输入宽度：80、高度：50，勾选：矩形中心点，鼠标移至绘图区中的 WCS 坐标系单击左键拾取点，单击◉按钮完成创建，如图 2-81 所示。

4）单击【分割】命令，将多余线段修剪掉，修剪完成后结果如图 2-82 所示。

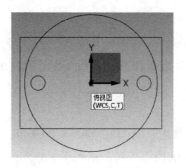

图 2-81　圆、矩形创建结果

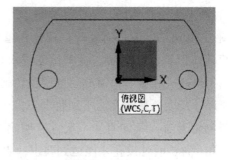

图 2-82　第一面零件 CAD 结果

2. 设置图层

使用图层功能，便于区别不同的图素。相同面或类型放在同一图层，可随时关闭和打开，不至于所有的图素都在同一界面，要选择时分不清楚。编程时，可以将不相关的图层暂时关闭（设置为不可见），打开要编程的层进行编程，可以给工作带来极大的便利，提高工作效率，减轻视觉疲劳。

1）单击操作管理器下方的【层别】选项卡，操作管理器界面切换至层别界面，如图 2-83 所示。如果操作管理器下方没有【层别】这个选项，可以通过依次单击【视图】→【层别】打开层别界面。

2）单击层别界面左上角添加新层别图标 ✚，创建新的图层：2，分别给层 1 和 2 加上名称以便于区分，结果如图 2-84 所示。

图 2-83　层别界面

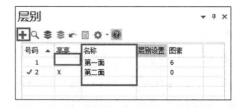

图 2-84　设置图层

3）用鼠标单击图层序号，号码前会显示绿色 ✔ 符号，表示当前正在使用的图层。

4）在【高亮】一栏标出 × 符号的图层，它的图素会显示在软件的绘图区域，否则不会显示。比如要使层 1 的图素显示出来，则在层 1 的【高亮】一栏单击鼠标即可，可以同时打开多个图层。

5）现将层 1 隐藏，将图层切换至层 2，结果如图 2-84 所示，绘制第二面的图形。

3. 第二面

1）单击【已知点画圆】命令，在对话框中输入直径：19，单击 🔒 按钮，单击空格键，在绘图区弹出 ▭，分别输入圆心点坐标：X0Y13 和 X0Y-13，绘出 2 个 ϕ19mm 圆；单击 ⊘ 按钮完成绘制。

2）单击【矩形】命令下拉选项，选择【圆角矩形】命令；点选类型：双 D 形，原点：点选中间点，尺寸宽度：50、高度：75、圆角半径：75，将鼠标移至绘图区中 WCS 坐标系单击左键拾取基点，如图 2-85 所示，单击 ⊕ 按钮完成创建。

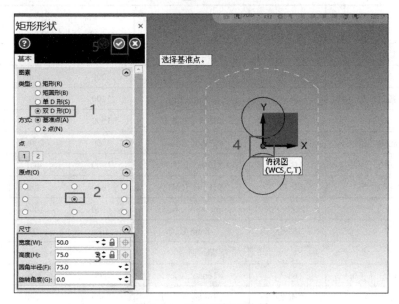

图 2-85 双 D 形矩形绘制

3）单击绘图区下方状态栏设置绘图深度：Z: -4.00000；单击切换绘图平面模式：2D。

4）继续绘制圆角矩形；点选类型：矩圆形，尺寸宽度：19、高度：45，拾取 WCS 基点，单击 ⊘ 按钮完成创建。

4. 绘制毛坯轮廓

1）创建新的图层：3，名称：毛坯轮廓。

2）设置绘图深度：Z: 0.00000。

3）单击【已知点画圆】命令；在对话框中输入直径：80，以 WCS 坐标系基点为圆心画圆，单击 ⊘ 按钮完成绘制。完成图形如图 2-86 所示。

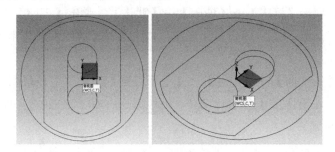

图 2-86 第二面零件 CAD 结果

2.2.3 CAM 刀具路径的设定

2.2.3.1 刀具的选择

加工工序主要采用 φ16mm 立铣刀和钻头等，各工序加工内容及切削参数见表 2-22。

表 2-22　各工序加工内容及切削参数

序号	加工部位	加工方式	刀具	主轴转速 /（r/min）	进给速度 /（mm/min）	下刀速率 /（mm/min）
			第二面			
1	点钻	钻孔	φ8mm 中心钻	3000	500	300
2	钻底孔	钻孔	φ7.8mm 钻头	1200	50	50
3	面铣（粗）	面铣	φ16mm 立铣刀	1500	600	300
4	外形轮廓（粗）	动态铣削	φ16mm 立铣刀	3000	2000	1000
5	面铣（精）	面铣	φ16mm 立铣刀	1900	400	200
6	外形轮廓（精）	区域	φ16mm 立铣刀	1900	400	200
7	倒角	2D 倒角	φ6mm×90° 倒角刀	4500	1000	500
8	铰孔	钻孔	φ8mm 铰刀	100	50	60
			第一面			
1	面铣控总高（粗）	面铣	φ16mm 立铣刀	1500	600	300
2	外形轮廓（粗）	动态铣削	φ16mm 立铣刀	3000	2000	1000
3	键槽（粗）	键槽铣削	φ16mm 立铣刀	1500	600	300
4	圆（粗）	外形	φ16mm 立铣刀	1500	600	300
5	面铣控总高（精）	面铣	φ16mm 立铣刀	1900	400	200
6	外形轮廓（精）	区域	φ16mm 立铣刀	1900	400	200
7	键槽（精）	键槽铣削	φ16mm 立铣刀	1900	400	200
8	圆（精）	外形	φ16mm 立铣刀	1900	400	200
9	倒角	2D 倒角	φ6mm×90° 倒角刀	4500	1000	500

2.2.3.2 工作设定

1）依次单击选项卡【机床】→【铣床】→【默认】，弹出【刀路】选项卡。

2）点选【机床群组 -1】，单击鼠标右键，依次选择【群组】→【重新名称】，输入机床群组名称：第一面。

3）依次单击【第一面】→【属性】→【毛坯设置】；设置毛坯形状：圆柱体、轴向：Z，勾选：显示，输入毛坯尺寸：φ80、Z30，毛坯原点：X0Y0Z-29，如图 2-87 所示，单击 ✅ 按钮完成毛坯设置。

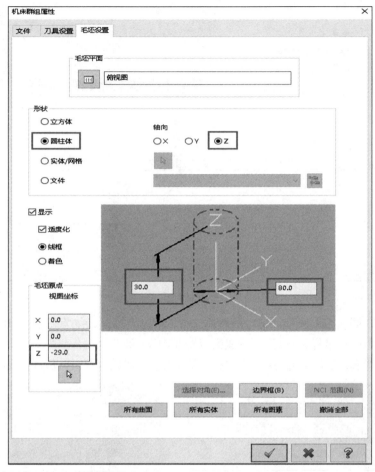

图 2-87　毛坯设置

2.2.3.3　刀具路径编辑

2.2.3.3.1　第一面

单击【层别】选项卡，单击号码【1】切换到 1 号层别，关闭显示第二面图素，仅显示第一面图素。

1. 点钻

点选【刀具群组 -1】，单击鼠标右键，依次选择【群组】→【重新名称】，输入刀具群组名称：D8 点钻。

1）单击 2D 功能区【钻孔】图标 ，弹出【刀路孔定义】对话框，用鼠标拾取两个 ϕ8mm 圆心，拾取到的点呈十字形，单击 按钮完成选择，弹出【2D 刀路 - 钻孔】参数设置对话框。

2）单击【刀具】选项，新建一把类型为【中心钻】的刀具；定义刀具图形：单击【标准尺寸】下拉选项，选择一把尺寸为 8mm 的中心钻，如图 2-88 所示；设置切削参数为进给速率：200、下刀速率：100、提刀速率：2000、主轴转速：3000、名称：D8 中心钻，单击 完成 按钮完成新刀具的创建。

127

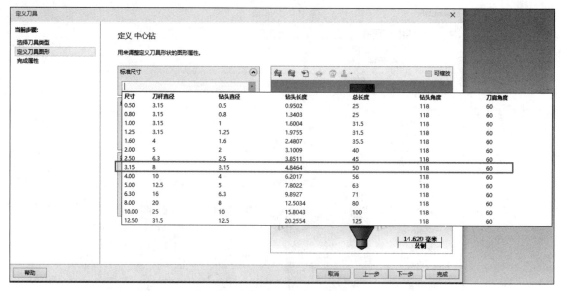

图 2-88 选择标准尺寸中心钻

3）单击【共同参数】选项，安全高度：50.0（绝对坐标），参考高度：3.0（增量坐标），毛坯顶部：0.0（绝对坐标），深度：−3.0（绝对坐标）。

4）设置冷却液开启，单击 ☑ 按钮生成刀具路径。刀具路径及实体仿真结果如图 2-89 所示。

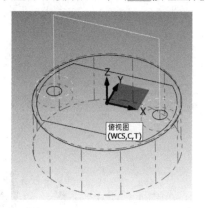

图 2-89 点钻刀具路径及仿真结果

2. 钻底孔

新建刀路群组。点选：第一面；单击鼠标右键，依次选择【群组】→【新建刀路群组】，输入刀具群组名称：D7.8 钻底孔。

1）将点钻刀路复制到钻底孔群组，将点钻刀具路径修改成钻孔刀具路径。

2）单击【刀具】选项，新建一把直径为 7.8mm 的钻头，设置切削参数为进给速率：50、下刀速率：50、提刀速率：2000、主轴转速：1200、名称：D7.8 钻头，单击 完成 按钮完成新刀具的创建。

3）单击【切削参数】选项，循环方式：深孔啄钻（G83）、Peck（啄食量）：2mm。

4）单击【共同参数】选项，修改深度：−20.0（绝对坐标）。

5）单击 ☑ 按钮生成刀具路径，如图 2-90 所示。

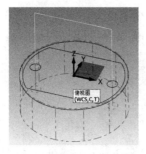

图 2-90   钻底孔刀具路径及实体仿真结果

3. D16 粗加工

（1）新建刀路群组   点选：第一面；单击鼠标右键，依次选择【群组】→【新建刀路群组】，输入刀具群组名称：D16 粗加工。

（2）面铣（粗）

1）单击【面铣】图标，弹出【线框串连】对话框，用鼠标点选 φ80mm 圆作为加工轮廓，单击 按钮，弹出【2D 刀路 - 平面铣削】参数设置对话框。

2）单击【刀具】选项，新建一把直径为 16mm 的平底刀，设置切削参数为进给速率：600、下刀速率：300、提刀速率：2000、主轴转速：1500、名称：D16 粗刀。

3）单击【切削参数】选项，设置切削方式：双向，步进量：85%，底面预留量：0.2，其余默认。

4）单击【共同参数】选项，勾选【安全高度】：50.0（绝对坐标），提刀：1.0（增量坐标），下刀位置：1.0（增量坐标），毛坯顶部：0.0（绝对坐标），深度：0.0（绝对坐标）。

5）设置冷却液开启，单击 按钮生成刀具路径。刀具路径及实体仿真结果如图 2-91 所示。

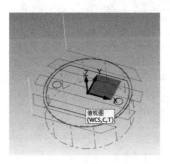

图 2-91   面铣刀具路径及实体仿真结果

（3）外形轮廓（粗）

1）单击【动态铣削】图标，弹出【串连选项】对话框；加工范围：选择 φ80mm 圆；加工区域策略：开放；避让范围：选择图形外轮廓，如图 2-92 所示，单击 按钮确定。

2）单击【刀具】选项，点选：D16 粗刀，点选后直接在刀具页面单独修改切削参数，主轴转速：3000、进给速率：2000、下刀速率：1000，如图 2-93 所示。

3）单击【切削参数】选项，设置步进量：10%（指刀具直径的 10%）、壁边预留量和底面预留量为 0.2，其余默认。

4）单击【共同参数】选项，勾选【安全高度】：50.0（绝对坐标），提刀：1.0（增量坐标），下刀位置：1.0（增量坐标），毛坯顶部：0.0（绝对坐标），深度：-15.0（绝对坐标）。

5）设置开启冷却液；单击 按钮，生成如图 2-94 所示刀具路径。

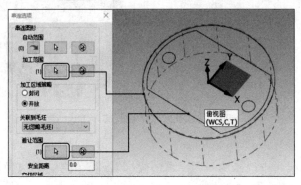

图 2-92　动态外加工轮廓选择

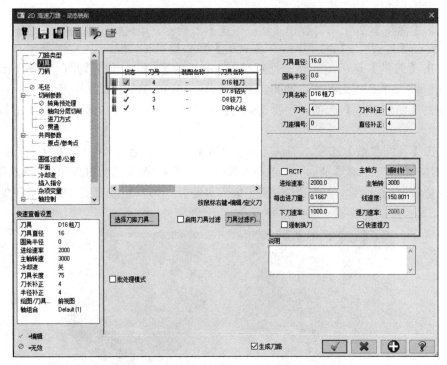

图 2-93　单独修改切削参数

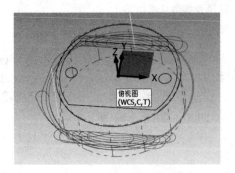

图 2-94　生成动态铣削刀具路径及实体仿真结果

4. D16 精加工

（1）新建刀路群组　点选：第一面；单击鼠标右键，依次选择【群组】→【新建刀路群组】，输入刀具群组名称：D16 精加工。

（2）复制刀路

1）点选【D16 粗加工】刀具群组，单击鼠标右键选择【复制】。

2）点选【D16 精加工】刀具群组，单击鼠标右键选择【粘贴】，将直径为 16mm 的平铣刀粗加工刀路复制到精加工群组下。

（3）修改精加工参数

1）单击修改【5- 平面铣】参数。新建一把直径为 16mm 的平底刀，设置切削参数为进给速率：400、下刀速率：200、提刀速率：2000、主轴转速：1900、名称：D16 精刀，单击 `完成` 按钮完成新刀具的创建。单击：切削参数；底面预留量：0；单击 `√` 按钮完成参数修改并生成新的刀具路径。

2）单击修改【6-2D 高速刀路（2D 动态铣削）】参数。刀具类型：区域，如图 2-95 所示；刀具选择：D16 精刀；切削参数：XY 步进量，直径百分比：85，壁边预留量：0，底面预留量：0；单击 `√` 按钮完成参数修改并生成新的刀具路径。

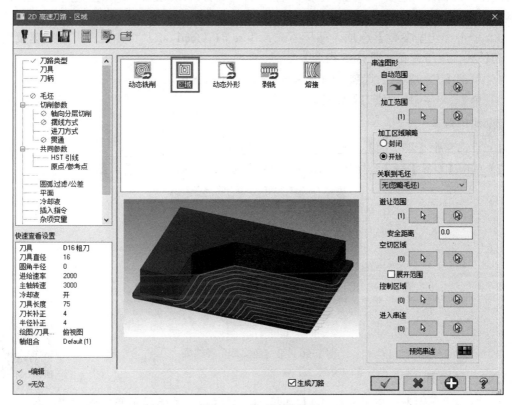

图 2-95　修改刀具类型

5. 倒角

新建倒角刀路群组。点选：第一面；单击鼠标右键，依次选择【群组】→【新建刀路群组】，输入刀具群组名称：D6 倒角，完成新群组的创建。

1）单击【外形】图标▓，弹出【线框串连】对话框，选择第一面全部轮廓，单击 按钮完成选择。

2）单击【刀具】选项，新建一把直径为 6mm 的倒角刀，刀尖直径：0，设置进给速率：1000、下刀速率：500、提刀速率：2000、主轴转速：4500、名称：D6 倒角刀。

3）单击【切削参数】选项，设置外形铣削方式：2D 倒角，倒角宽度：0.5，壁边预留量、底面预留量：0。

4）单击【进 / 退刀设置】选项，不勾选【在封闭轮廓中点位置执行进 / 退刀】，设置进 / 退刀直线：0、圆弧：1。

5）设置开启冷却液；单击 ✔ 按钮生成刀具路径。

6. 铰孔

新建刀路群组。点选：第一面；单击鼠标右键，依次选择【群组】→【新建刀路群组】，输入刀具群组名称：D8 铰孔。

1）将点钻刀路复制到钻底孔群组，将点钻刀具路径修改成铰孔刀具路径。

2）单击【刀具】选项，新建一把直径为 8mm 的铰刀，设置切削参数为进给速率：50、下刀速率：50、提刀速率：2000、主轴转速：100、名称：D8 铰刀，单击 完成 按钮完成新刀具的创建。

3）单击【切削参数】选项，循环方式：Bore #1（feed-out）（含义：用进给速度进刀和退刀钻孔，用于铰孔，即 G85 指令）。

4）单击【共同参数】选项，修改深度：-18（绝对坐标）。

5）单击 ✔ 按钮生成刀具路径。

7. 实体仿真

1）点选整个【第一面】，选中所有的刀具路径。

2）单击【机床】→【实体仿真】进行实体仿真，单击 ▶ 按钮，仿真结果如图 2-96 所示。

图 2-96   第一面实体仿真结果

2.2.3.3.2   第二面

1）单击【层别】；单击号码【2】切换到 2 号层别，关闭显示第一面图素，仅显示第二面图素。

2）将鼠标移至操作管理器【刀路】界面空白位置，单击鼠标右键，依次选择【群组】→【新建机床群组】→【铣床】，弹出【机床群组属性】对话框，如图 2-97 所示。修改群组名称：第二面；单击【毛坯设置】选项卡，修改为与第一面相同的毛坯参数，单击 ✔ 按钮完成操作。

图 2-97 【机床群组属性】对话框

1. D16 粗加工

点选【刀具群组 -1】，单击鼠标右键，依次选择【群组】→【重新名称】，输入刀具群组名称：D16 粗加工（第二面）。

（1）面铣控总高（粗）

1）单击【面铣】图标，弹出【线框串连】对话框，用鼠标点选 ϕ80mm 圆作为加工轮廓，单击 按钮，弹出【2D 刀路 - 平面铣削】参数设置对话框。

2）单击【刀具】选项，新建一把直径为 16mm 的平底刀，设置切削参数为进给速率：600、下刀速率：300、提刀速率：2000、主轴转速：1500、名称：D16 粗刀。

3）单击【切削参数】选项，设置切削方式：双向，步进量：85%，底面预留量：0.2，其余默认。

4）单击【共同参数】选项，勾选【安全高度】：50.0（绝对坐标），提刀：1.0（增量坐标），下刀位置：1.0（增量坐标），毛坯顶部：0.0（绝对坐标），深度：0.0（绝对坐标）。

5）设置冷却液开启，单击 ✅ 按钮生成刀具路径。

（2）外形轮廓（粗）

1）单击【动态铣削】图标 🖼，弹出【串连选项】对话框；加工范围：选择 φ80mm 圆；加工区域策略：开放；避让范围：选择双 D 形轮廓，单击 ✅ 按钮确定。

2）单击【刀具】选项，点选：D16 粗刀，点选后直接在刀具界面单独修改切削参数，主轴转速：3000、进给速率：2000、下刀速率 1000。

3）单击【切削参数】选项，设置步进量：10%（指刀具直径 10%）、壁边预留量和底面预留量为 0.2；其余默认。

4）单击【共同参数】选项，勾选【安全高度】：50.0（绝对坐标），提刀：1.0（增量坐标），下刀位置：1.0（增量坐标），毛坯顶部：0.0（绝对坐标），深度：-14.0（绝对坐标）。

5）设置开启冷却液；单击 ✅ 按钮生成刀具路径，如图 2-98 所示。

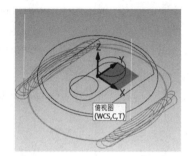

图 2-98　动态铣削刀具路径

（3）键槽（粗）

1）单击【键槽铣削】图标 🖼，弹出【串连选项】对话框；选择键槽作为加工轮廓，单击 ✅ 按钮确定。

2）单击【刀具】选项，点选：D16 粗刀。

3）单击【切削参数】选项，壁边预留量和底面预留量为 0.2；其余默认。

4）单击【粗 / 精修】选项，设置斜插进刀角度：2，精修次数：0，其余默认。

5）单击【共同参数】选项，勾选【安全高度】：50（绝对坐标），提刀：1（增量坐标），下刀位置：1（增量坐标），毛坯顶部：0（绝对坐标），深度：-4（绝对坐标）。

6）设置开启冷却液；单击 ✅ 按钮生成刀具路径，如图 2-99 所示。

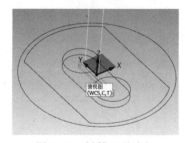

图 2-99　键槽刀具路径

（4）圆（粗）

1）单击【外形】图标 🖼，弹出【线框串连】对话框；选择两个 φ19mm 圆作为加工轮廓，单击 ✅ 按钮完成选择。

2）单击【刀具】选项，点选：D16 粗刀。

3）单击【切削参数】选项，外形铣削方式：斜插，斜插方式：深度，斜插深度：1.0，勾选：在最终深度处补平，设置壁边预留量：0.2、底面预留量：0.2。

4）单击【进 / 退刀设置】选项，不勾选【进 / 退刀设置】。

5）单击【共同参数】选项，勾选【安全高度】：50.0（绝对坐标），提刀：3.0（绝对坐标），下刀位置：1.0（增量坐标），毛坯顶部：-4.0（绝对坐标），深度：-10.0（绝对坐标），

6）设置开启冷却液；单击 ✅ 按钮生成刀具路径，如图 2-100 所示。

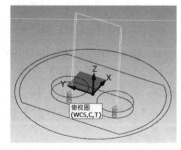

图 2-100　圆刀具路径

2. D16 精加工

（1）新建刀路群组 点选：第二面；单击鼠标右键，依次选择【群组】→【新建刀路群组】，输入刀具群组名称：D16 精加工（第二面）。

（2）复制刀路

1）点选【D16 粗加工（第二面）】刀具群组，单击鼠标右键选择：复制。

2）点选【D16 精加工（第二面）】刀具群组，单击鼠标右键选择：粘贴；将直径为 16mm 的平铣刀粗加工刀路复制到精加工群组下。

（3）修改精加工参数

1）单击修改【13- 平面铣】参数，新建一把直径为 16mm 的平底刀，设置切削参数为进给速率：400、下刀速率：200、提刀速率：2000、主轴转速：1900、名称：D16 精刀，单击 完成 按钮完成新刀具的创建。单击【切削参数】，底面预留量：0；单击 ✓ 按钮完成参数修改并生成新的刀具路径。

2）单击修改【14-2D 高速刀路（2D 动态铣削）】参数。刀具类型：区域；刀具选择：D16 精刀；切削参数：XY 步进量，直径百分比：85，壁边预留量：−0.023，底面预留量：0；单击 ✓ 按钮完成参数修改并生成新的刀具路径。

3）单击修改【15- 键槽铣削】参数。刀具选择：D16 精刀；切削参数中壁边预留量：0、底面预留量：0.011；共同参数中毛坯顶部：−3.0（绝对坐标）；单击 ✓ 按钮完成参数修改并生成新的刀具路径。

4）单击修改【16- 外形铣削（斜插）】参数。刀具选择：D16 精刀；切削参数中壁边预留量：−0.015、底面预留量：0，斜插方式中深度：2.0；单击 ✓ 按钮完成参数修改并生成新的刀具路径。

3. 倒角

新建倒角刀具群组。点选：第二面；单击鼠标右键，依次选择【群组】→【新建刀路群组】，输入刀具群组名称：D6 倒角（第二面），完成新群组的创建。

1）单击【外形】图标 ，弹出【线框串连】对话框，选择双 D 形轮廓、键槽轮廓，单击 ● 按钮完成选择。

2）单击【刀具】选项，新建一把直径为 6mm 的倒角刀，刀尖直径：0，设置进给速率：1000、下刀速率：500、提刀速率：2000、主轴转速：4500、名称：D6 倒角刀。

3）单击【切削参数】选项，设置外形铣削方式：2D 倒角，倒角宽度：0.5，壁边预留量、底面预留量：0。

4）单击【进 / 退刀设置】选项，勾选：进 / 退刀设置，不勾选：在封闭轮廓中点位置执行进 / 退刀，设置进 / 退刀直线：0、圆弧：1。

5）单击【共同参数】选项，毛坯顶部：0.0（绝对坐标）、深度：0.0（绝对坐标）

6）单击 ✓ 按钮生成刀具路径。

4. 实体仿真

1）点选整个【第二面】，选中所有的刀具路径。

2）单击【机床】→【实体仿真】进行实体仿真，单击 ▶ 按钮，仿真结果如图 2-101 所示。

图 2-101　第二面实体仿真结果

5. 保存

依次单击【文件】→【保存】，将本例保存为【中级工实例二 .mcam】文档。

注:

　　在精加工时，切削参数壁边、底面预留量要根据图样上所标注公差进行设置；根据图样公差要求，为避免加工尺寸超差成废品，非配合件加工尺寸误差取中间值。

本 章 小 结

　　本章通过两个简单的例子，介绍了利用 SINUMERIK 802D 数控铣床从编程到加工的全过程，包括 CAD 建模、Mastercam 刀具路径的编辑和零件的加工。

　　刀具路径的编辑从来都没有一个固定的模式，每个人都有自己的思路和方法。本章采取了几个比较有特点的工艺方法，供大家参考。

　　1）采用了二维轮廓编程和实体编程加工方式。

　　2）同一把刀的粗、精加工之间留有余量，保留测量环节，方便精加工时及时补正。

　　Mastercam 的加工方式灵活而多变，有动态铣削、面铣、外形等，还提供渐降斜插、平面多次铣削等方式，能够满足绝大多数情况下零件的加工并保证精度，这是相比于其他 CAM 软件（如 UG）的一大优势和特色。

　　本章还介绍了 SINUMERIK 802D 数控铣床面板的基本操作，如钳口的校正、零件的装夹、对刀和换刀、程序的录入、模拟仿真加工和零件的自动加工等。这些操作都是一个数控加工人员必须熟练掌握的。复杂的对刀、异常情况的处理和零件精度的保证等内容在后续章节中介绍。

第3章

高级工考证经典实例

3.1 经典实例一

本例是数控铣高级工常见考题（见图3-1），材料为铝合金，备料尺寸为160mm×130mm×35mm。

技术要求：

1）以小批量生产条件编程。

2）不准用砂布及锉刀等修饰表面。

3）未注公差尺寸按 GB/T 1804—m。

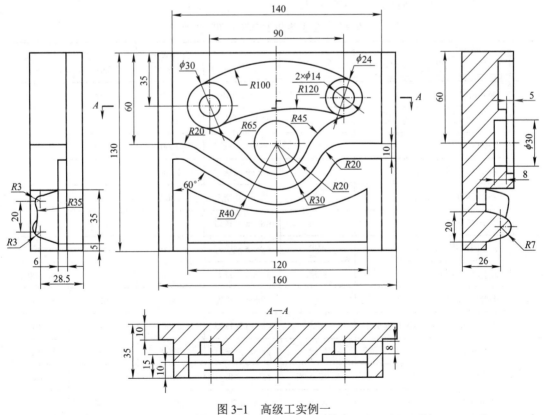

图 3-1　高级工实例一

3.1.1 零件的工艺分析

该零件形状较为复杂，不易读懂，主要特征有二维轮廓、孔及沉孔、扫掠面等，属于典型的用 Mastercam 加工的零件，需进行曲面或实体的建模才能完成加工。

刀具的选择要综合考虑各种情况，一般选择大刀粗加工，小刀清除剩余部分，尽可能用少型号的刀完成所有粗、精加工，刀具的半径一般小于曲面的曲率或圆角的半径，或者略小于最窄通过尺寸。本例最窄的 U 形槽，通过尺寸为 10mm，且最大下刀直径不大于 15mm，否则曲面部分深度无法加工到位，如图 3-2 所示。直径在 10 ～ 16mm 的刀具虽然能够加工曲面到位，但是也无法加工 U 形槽，还得换一次刀。综合考虑效率和换刀次数，粗加工选择 ϕ12mm 立铣刀，再使用 ϕ8mm 立铣刀加工宽度为 10mm 的沟槽，精加工选择 ϕ8mm 立铣刀完成所有加工，曲面部分可以采用 R3mm 球刀加工。

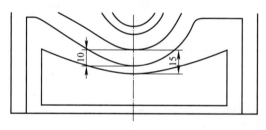

图 3-2 零件工艺分析

各工序加工内容及切削参数见表 3-1。

表 3-1 各工序加工内容及切削参数

序号	加工部位	加工方式	刀具	主轴转速 / (r/min)	进给速度 / (mm/min)	下刀速率 / (mm/min)
1	整体粗加工	优化动态粗切	ϕ12mm 立铣刀	3000	1000	600
2	宽度 10mm 的槽粗加工	外形	ϕ8mm 立铣刀	2800	400	400
3	Z-25 凸台精加工 -1	外形	ϕ8mm 立铣刀	2800	400	400
4	Z-25 凸台精加工 -2	外形	ϕ8mm 立铣刀	2800	400	400
5	Z-25 深度清余量	外形	ϕ8mm 立铣刀	2800	400	400
6	Z-19 平面精加工	外形	ϕ8mm 立铣刀	2800	400	400
7	Z-5 凹槽精加工	挖槽	ϕ8mm 立铣刀	2800	400	400
8	Z-10 凹槽精加工	挖槽	ϕ8mm 立铣刀	2800	400	400
9	ϕ30mm 圆精加工	挖槽	ϕ8mm 立铣刀	2800	400	400
10	Z-15ϕ30mm 与 ϕ24mm 圆精加工	挖槽	ϕ8mm 立铣刀	2800	400	400
11	ϕ14mm 圆精加工	挖槽	ϕ8mm 立铣刀	2800	400	400
12	曲面精加工（清角）	等高	ϕ8mm 立铣刀	3200	1200	600
13	曲面精加工	流线	R3mm 球刀	3500	2000	600

3.1.2 零件的 CAD 建模

3.1.2.1 二维造型

操作步骤如下：

1）按 Alt+F9，打开 WCS 坐标。

2）依次单击【线框】→【矩形】命令，在对话框中输入宽度：140、高度：130，勾选：矩形中心点，根据提示选择基准点，用鼠标拾取 WCS 坐标系基点，单击◉按钮完成创建。

3）单击【已知点画圆】命令，在对话框中输入直径：30，单击空格键，在绘图区弹出 ⬚⬚⬚⬚⬚⬚⬚⬚⬚⬚⬚⬚⬚⬚ ，输入圆心点坐标：X0Y5，绘出圆，单击◉按钮继续创建新操作；使用相同的方式，分别以坐标 X0Y5 为圆心作 ϕ60mm 圆，以 X−45Y30 为圆心作 ϕ30mm、ϕ14mm 圆，以 X45Y35 为圆心作 ϕ24mm、ϕ14mm 圆。最后单击◉按钮完成画圆。

4）单击【切弧】命令，选择模式：两物体切弧，分别设定切弧半径为 R100mm 和 R120mm；分别单击 ϕ30mm、ϕ24mm 的圆，绘制出切弧，拾取要保留圆弧，最后单击◉按钮。

5）绘制与 ϕ60mm 圆相切线，单击【线端点】命令；在对话框中输入长度：100、角度：150，点选 ϕ60mm 圆左下部分线段，生成两条与其相切线段，点选切点上半部分作为保留部分，单击◉按钮创建新操作；单击空格键，分别输入 X−70Y5 和 X70Y5，绘制一条水平线，单击◉按钮完成线绘制。完成后如图 3-3a 所示。

6）单击【分割】命令，将多余线段修剪掉。

7）单击【图素倒圆角】命令；在对话框中输入半径：20，用鼠标依次选择要倒圆的两个角落，单击◉按钮完成倒圆，完成后如图 3-3b 所示。

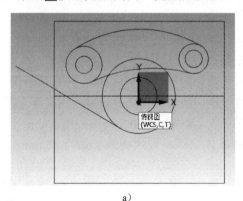

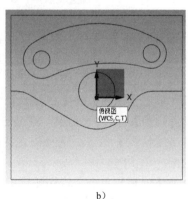

a)　　　　　　　　　　　　　　　　　b)

图 3-3　绘制切线及倒圆结果

8）依次单击【转换】→【串连补正】命令，弹出【串连选项】对话框；选择方式：部分串连（ ✎ ），图形选择如图 3-4a 所示，单击 ✔ 按钮完成线条拾取；根据提示：指示补正方向。，用鼠标点选线条下方作为补正方向，弹出【偏移串连】对话框，输入距离：10，单击◉按钮，完成后图形如图 3-4b 所示。

9）单击【分割】命令，将补正两线条间多余线段修剪掉。

10）依次单击【转换】→【平移】命令，选择图 3-4b 虚线部分，单击 结束选择 按钮，在弹出的对话框中点选：移动，增量项目 Z 处输入：−19，单击◉按钮完成平移。结果如图 3-5 所示。

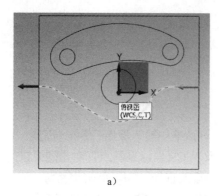
a)

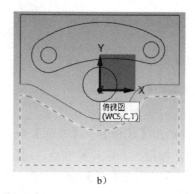
b)

图 3-4　串连补正选择及平移图形

11）单击绘图区下方状态栏设置绘图深度：
Z: -10.00000；单击旁边的 3D 图标将绘图平面模式
切换成 2D。

12）单击【已知点画圆】命令，分别抓取
两个 ϕ14mm 圆心作圆 ϕ30mm 和 ϕ24mm。结
果如图 3-5 所示。

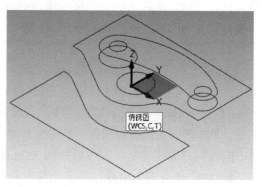

13）单击【平移】命令，选择修剪完成的
R100mm、R120mm、ϕ30mm 和 ϕ24mm 形成的
封闭线段，点选：复制，Z：-5，单击 ◎ 按钮完
成平移。

图 3-5　平移结果

14）设置绘图深度：Z: 0.00000；单击【已知点画圆】命令，抓取图形中部 ϕ30mm 圆
心作 R20mm 圆。

15）单击【切弧】命令，选择模式：两物体切弧，分别设定切弧半径为 R65mm、
R45mm，用鼠标捕捉 R20mm 与 ϕ30mm、R20mm 与 ϕ24mm，完成圆弧绘制。

16）单击【分割】命令，将切弧后多余线段修剪掉，修剪成如图 3-6a 所示图形。

17）依次单击【视图】→【右视图】将屏幕切换到右视图；设置绘图深度：Z: -60.00000；
单击【已知点画圆】命令，分别以 X-52.5Y-6.5、X-32.5Y-6.5 为圆心作 ϕ6mm 圆。

18）单击【切弧】命令，选择模式：两物体切弧，设定切弧半径为 R35mm，分别切两
个 ϕ6mm 的圆，单击 ◎ 按钮完成。

19）单击【分割】命令，将切弧后多余线段修剪掉，修剪成如图 3-6b 所示图形。

20）单击【平移】命令，选择图 3-6b 所示图形，点选：复制，Z：120，单击 ◎ 按钮完成
平移。

21）设置绘图深度：Z: 0.00000；单击【已知点画圆】命令；以 X-50Y-9 为圆心作 R7mm 圆，
使用【线端点】命令，分别输入 X-60Y-19、X-40Y-19 作与 R7mm 圆的切线，单击 ◎ 按钮。
完成后图形如图 3-6c 所示。

22）单击【线端点】命令，单击空格键，输入 X-60Y-19 指定第一端点，第二端点用
鼠标拾取与左边 ϕ6mm 圆相切的点；同样方式输入 X-25Y-19，与另一 ϕ6mm 圆作出切线；
单击 ◎ 按钮，拾取两个输入点，使其成为连接轮廓，单击 ◎ 按钮完成。

23）依次单击【视图】→【俯视图】将屏幕视图切换到俯视图；设置绘图深度：

，单击【矩形】命令，输入宽度：160、高度：130，用鼠标拾取绘图区中的 WCS 坐标系中的点，单击 ✅ 按钮完成创建。

24）依次单击【视图】→【等视图】，完成后的图形如图 3-7 所示。

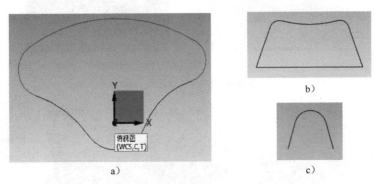

图 3-6 步骤 16）～ 22）图形

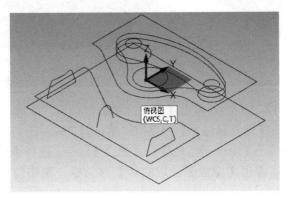

图 3-7 完成图形

3.1.2.2 实体及曲面建模

操作步骤如下：

1）依次单击【实体】→【拉伸】，弹出【串连选项】对话框，选择 160mm×130mm 矩形，单击 ☑ 按钮，输入距离：10，注意拉伸方向为向上，单击 🔘 按钮完成拉伸并创建新操作；选择图 3-4b 上半部分的外轮廓部分，单击 ☑ 按钮，点选：添加凸台，输入距离：25，注意方向向下；单击 🔘 按钮，选择图 3-4b 虚线部分的轮廓，输入距离：6，方向向下，单击 🔘 按钮。

2）选择 $\phi30mm$ 的圆，如图 3-8a 所示，点选：切割主体，切换拉伸方向：↔，输入距离：13，单击 🔘；选择图 3-6a 所示图形，输入距离：5，单击 🔘；选择 Z=-5 平面的 $\phi30mm$、$\phi24mm$、$R100mm$、$R120mm$ 圆弧线段，如图 3-8b 所示，输入距离：5，单击 🔘；选择 $\phi30mm$、$\phi24mm$ 的圆，输入距离：5，单击 🔘；选择 2 个 $\phi14mm$ 的圆，输入距离：23，单击 🔘 完成创建，拉伸建模效果如图 3-9 所示。

3）依次单击【曲面】→ 🖉扫描，弹出【串连选项】对话框，点选：部分串连（✂），绘图区左上角提示：定义界面外形，依次选择图 3-10a 所示图形，图形选择方向统一由左向右，单击 ☑；绘图区左上角提示：定义引导方式的外形，点选：单体（╱），选择图 3-10b 所示图形，单击 ☑，弹出【扫描曲面】对话框，直接单击 🔘 完成扫描面的绘制。

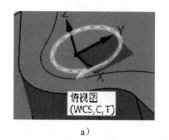 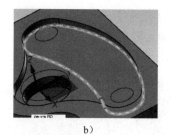

a)   b)

图 3-8　切割实体线段选择

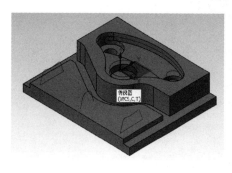 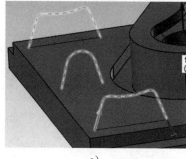 

a)   b)

图 3-9　拉伸建模效果　　　　　　　　　图 3-10　扫描的图形选择

4）单击【平面修剪】图标，弹出【串连选项】对话框，点选：串连，选择图 3-6b 所示图形，单击，弹出【恢复到边界】对话框，单击完成封闭平面。

5）依次单击【实体】→【由曲面生成实体（　　）】命令，选择步骤3）、4）生成的曲面，单击，操作管理器弹出【由曲面生成实体】对话框，单击完成实体生成。最终效果如图 3-11 所示。

图 3-11　最终效果图

3.1.3　零件的 CAM 刀具路径编辑

操作步骤如下：

1. 工作设定

1）依次单击选项卡【机床】→【铣床】→【默认】，弹出【刀路】选项卡。

2）单击【毛坯设置】，设置毛坯参数 X：160、Y：130、Z：35，设置毛坯原点 Z：0。

2. D12 粗加工

点选【刀具群组-1】，单击鼠标右键，依次选择【群组】→【重新名称】，输入刀具群组名称：D12 粗加工。

1）单击 3D 功能区【优化动态粗切】图标 ，弹出【3D 高速曲面刀路 - 优化动态粗切】对话框。

2）单击【模型图形】选项，单击【加工图形】下的 按钮，框选整个图形作为加工图素，如图 3-12 所示，选择完成后单击【结束选择】，继续回到参数设置对话框。

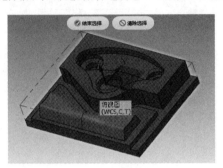

图 3-12 加工图素选择

3）设置壁边预留量：0.2、底面预留量：0.2。

4）单击【刀路控制】选项，单击 按钮，选择 160mm×130mm 四边形作为切削范围，测量点选：开放，如图 3-13 所示。

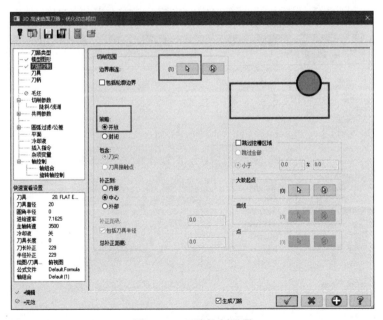

图 3-13 刀路控制设置

5）单击【刀具】选项，新建一把直径为 12mm 的平底刀，设置切削参数为进给速率：1000、下刀速率：600、提刀速率：2000、主轴转速：3000、名称：D12 粗刀。

6）单击【切削参数】选项，设置步进量距离：10%，分层深度：25mm，勾选：步进量，最小刀路半径：5%，其余默认，如图 3-14 所示。

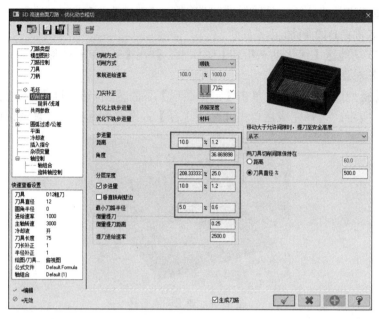

图 3-14　设置切削参数

7）单击【陡斜 / 浅滩】选项，勾选：调整毛坯预留量、最高位置、最低位置，设置最高位置：0.0、最低位置：−25.0。

8）单击【共同参数】选项，设置提刀安全高度：15.0，其余默认，如图 3-15 所示。

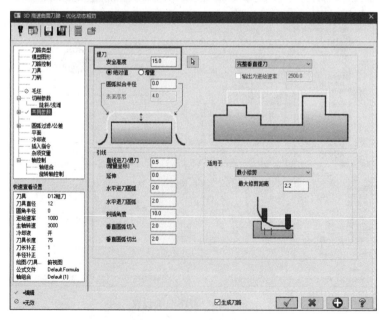

图 3-15　设置安全高度

9）单击【圆弧过滤 / 公差】选项，勾选：线 / 圆弧过滤设置，修改线 / 圆弧公差为：50%，其余默认，如图 3-16 所示。

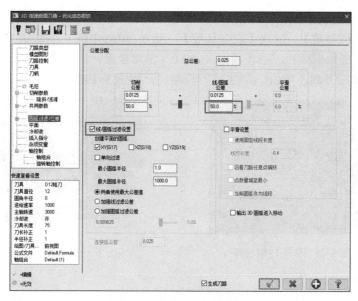

图 3-16 设置线 / 圆弧过滤

10）设置冷却液开启，单击 ✓ 生成刀具路径。刀具路径及实体仿真结果如图 3-17 所示。

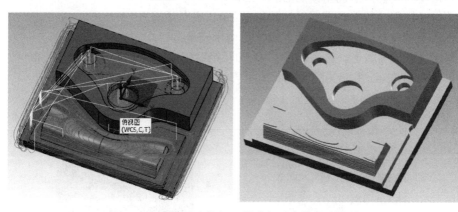

图 3-17 优化动态粗切刀具路径及实体仿真结果

3. D8 加工

新建刀具群组，输入刀具群组名称：D8 加工。

（1）宽度 10mm 的槽粗加工

1）单击 2D 功能区【外形】图标 ▦，弹出【线框串连】对话框，选择方式点选： ⌁（部分串连），选择如图 3-18 所示轮廓，单击 ⊘ 完成选择，弹出【2D 刀路 - 外形铣削】参数设置对话框。

2）单击【刀具】，新建一把直径为 8mm 的立铣刀，设置切削参数为进给速率：400、下刀速率：400、提刀速率：2000、主轴转速：2800、名称：D8 平刀。

3）单击【切削参数】，壁边预留量 0.2，底面预留量 0.2，其余默认。

4）单击【轴向分层切削】，勾选：轴向分层切削，输入最大粗切步进量：2.0。

5）单击【进 / 退刀设置】，不勾选：在封闭轮廓中点位置执行进 / 退刀，进 / 退刀直线长度：8、圆弧：0；其余默认。

6）单击【共同参数】，勾选【安全高度】：50.0（绝对坐标），提刀：5.0（绝对坐标），下刀位置：1.0（增量坐标），毛坯顶部：−19.0（绝对坐标），深度：−25.0（绝对坐标），

7）设置冷却液开启；单击 ✅ 生成刀具路径，如图 3-19 所示。

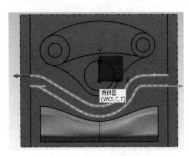 

图 3-18　加工轮廓选择　　　　　　　图 3-19　生成刀具路径

（2）Z−25 凸台精加工 −1

1）单击【外形】图标，弹出【串连选项】对话框；选择如图 3-20a 所示轮廓，单击 ⊘ 完成选择。

2）单击【刀具】，点选创建的 D8 平刀。

3）单击【切削参数】，设置壁边预留量：0、底面预留量：0。

4）单击【轴向分层切削】，输入最大粗切步进量：13.0。

5）单击【共同参数】，设置深度：−25.0（绝对坐标）。

6）单击右下角 ✅ 生成如图 3-20b 所示刀具路径。

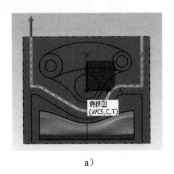 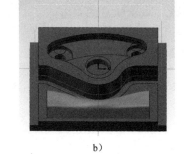

a)　　　　　　　　　　　　　　　b)

图 3-20　生成外形刀具路径

（3）Z−25 凸台精加工 −2

1）单击【外形】图标，弹出【串连选项】对话框；选择如图 3-21a 所示轮廓，单击 ⊘ 完成选择。

2）单击【轴向分层切削】，不勾选【深度分层切削】。

3）单击【共同参数】，设置深度：−25.0（绝对坐标）。

4）单击右下角 ✅，生成如图 3-21b 所示刀具路径。

（4）Z−25 深度清余量

1）单击【外形】图标，弹出【串连选项】对话框，模式点选：实体（▣），选择方式：边缘（▱），选择如图 3-22a 所示轮廓（选择时注意轮廓箭头的方向为顺时针，可通过

单击 [↔] 切换方向），单击 [✓] 完成选择。

2）单击【切削参数】，设置补正方式：关（补正方式 [关 ⌄] ）。

3）单击右下角 [✓] 确定，生成如图 3-22b 所示刀具路径。

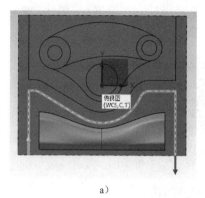
a)

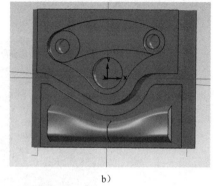
b)

图 3-21　生成外形刀具路径

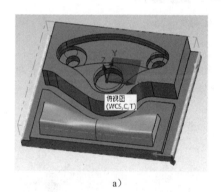
a)

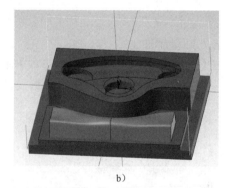
b)

图 3-22　生成外形刀具路径

（5）Z-19 平面精加工

1）单击【区域】图标 [■]，弹出【串连选项】对话框；模式点选：线框，选择方式：串连，选择如图 3-23a 所示轮廓作为加工范围；单击避让范围，模式点选：实体，点选：绘图平面，选择方式：边缘，选择如图 3-23b 所示轮廓；点选加工区域策略：开放；单击 [✓]，弹出【2D 高速刀路 - 区域】参数设置对话框。

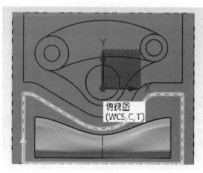
a）加工范围

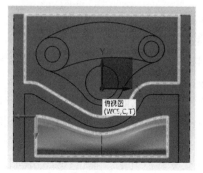
b）避让范围

图 3-23　轮廓选择

2）单击【刀具】，点选创建的 D8 平刀。

3）单击【切削参数】，设置 XY 步进量直径百分比：85%，壁边预留量 0，底面预留量 0。

4）单击【共同参数】，勾选【安全高度】：50.0（绝对坐标），提刀：5.0（绝对坐标），下刀位置：1.0（增量坐标），毛坯顶部：–19.0（绝对坐标），深度：–19.0（绝对坐标）。

5）设置冷却液开启，单击 √ 生成如图 3-24 所示刀具路径。

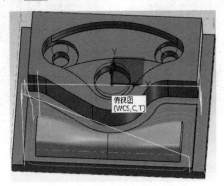

图 3-24　生成区域刀具路径

（6）Z–5 凹槽精加工

1）单击【挖槽】图标，弹出【串连选项】对话框，选择如图 3-25a 所示图形作为加工范围，单击 √ ，弹出【2D 刀路 -2D 挖槽】参数设置对话框。

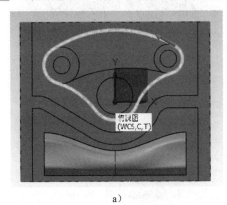
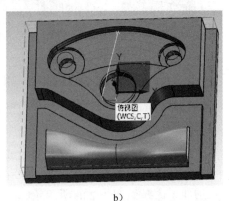

a）　　　　　　　　　　　　　　　　b）

图 3-25　加工轮廓选择及生成刀具路径

2）单击【刀具】，点选创建的 D8 平刀。

3）单击【切削参数】，壁边预留量 0，底面预留量 0。

4）单击【粗切】，点选：等距环切，设置切削行距：80%。

5）单击【精修】，修改间距：0。

6）单击【进 / 退刀设置】，设置进 / 退刀直线：0，圆弧：1。

7）单击【共同参数】，勾选【安全高度】：50.0（绝对坐标），提刀：3.0（绝对坐标），下刀位置：1.0（增量坐标），毛坯顶部：–5.0（绝对坐标），深度：–5.0（绝对坐标）。

8）设置冷却液开启，单击 √ 生成如图 3-25b 所示刀具路径。

（7）Z–10 凹槽精加工

1）单击【挖槽】图标；模式：线框，选择如图 3-26a 所示图形作为加工范围，单击，弹出【2D 刀路 -2D 挖槽】加工参数设置对话框。

2）单击【共同参数】，毛坯顶部：-10.0（绝对坐标），深度：-10.0（绝对坐标）。

3）单击右下角 ✓ 确定，生成如图 3-26b 所示刀具路径。

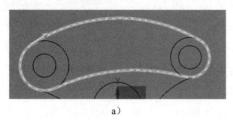 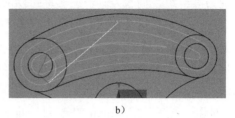

a)　　　　　　　　　　　　　　　　　b)

图 3-26　加工轮廓选择及生成刀具路径

（8）φ30mm 圆精加工

1）单击【挖槽】图标，选择 φ30mm 圆作为加工范围，单击 ✓ 。

2）单击【共同参数】，毛坯顶部：-13.0（绝对坐标），深度：-13.0（绝对坐标）。

3）单击右下角 ✓ 确定，生成刀具路径。

（9）Z-15φ30mm 与 φ24mm 圆精加工

1）单击【挖槽】图标，选择 φ30mm 与 φ25mm 圆作为加工范围，单击 ✓ 。

2）单击【共同参数】，毛坯顶部：-15.0（绝对坐标），深度：-15.0（绝对坐标）。

3）单击右下角 ✓ 确定，生成刀具路径。

（10）φ14mm 圆精加工

1）单击【挖槽】图标，选择 φ14mm 圆作为加工范围，单击 ✓ 。

2）单击【共同参数】，毛坯顶部：-23.0（绝对坐标），深度：-23.0（绝对坐标）。

3）单击右下角 ✓ 确定，生成刀具路径。

（11）曲面精加工（清角）

1）单击 3D 功能区【等高】图标 ，弹出【3D 高速曲面刀路 - 等高】对话框。

2）单击【模型图形】，单击【加工图形】下的 按钮，选择如图 3-27a 所示曲面作为加工图素，单击【结束选择】，继续回到参数设置对话框，设置壁边预留量：0、底面预留量：0。

 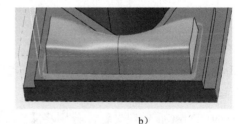

a)　　　　　　　　　　　　　　　　　b)

图 3-27　加工曲面选择及清角刀具路径

3）单击【刀具】，点选创建的 D8 平刀。直接在刀具页面单独修改切削参数，主轴转速：3200、进给速率：1200、下刀速率：600。

4）单击【切削参数】，下切：0.2，其余默认。

5）单击【陡斜 / 浅滩】，勾选：调整毛坯预留量、最高位置、最低位置，设置最高位置：-16.0、最低位置：-19.0，其余默认。

6）设置冷却液开启，单击 ✓ 生成如图 3-27b 所示刀具路径。

4. D6R3 曲面精加工

新建刀具群组，输入刀具群组名称：D6R3 曲面精加工。

1）单击 3D 功能区【流线】图标 ✎，选择如图 3-27a 所示曲面，单击【结束选择】，弹出【刀路曲面选择】对话框；单击干涉面 ◎，选择曲面底部平面作为干涉面；单击【曲面流线】图标 ◎，弹出【曲面流线设置】对话框，可对补正方向、切削方式等进行修改，单击 ✓ 完成设置，继续单击 ✓ 完成曲面选择，弹出【曲面精修流线】对话框。

2）创建一把直径为 6mm 的球刀，设置刀具属性，名称：D6R3 球刀，进给速率：2000，主轴转速：3500，下刀速率：600。

3）单击【曲面流线精修参数】，设置截断方向控制点选【距离】，输入 0.2，其余默认。

4）单击 ✓ ，弹出【刀路/曲面】警告对话框，点选【不再显示此警告信息】，单击 ✓ ，生成如图 3-28 所示刀具路径。

5. 实体仿真

1）点选整个【机床群组 -1】，选中所有的刀具路径。

2）单击【机床】→【实体仿真】进行实体仿真，单击 ▶ 播放，仿真加工结果如图 3-29 所示。

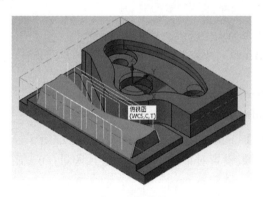 

图 3-28　曲面流线精修刀具路径　　　　　图 3-29　实体仿真结果

6. 保存

单击选项卡上【文件】→【保存】，将本例保存为【高级工实例一 .mcam】文档。

7. 后处理程序

选择 802D.pst 后处理文件，分别将【D12 粗加工】【D8 加工】【D6R3 曲面精加工】群组处理成 CX-D12.NC、JX-D8.NC、QM-D6R3.NC 文件。

> **注：**
>
> 本例采用了粗—精的加工顺序，通过一个优化动态粗切完成大部分的粗加工，减少刀具路径的数量。在编写宽度 10mm 槽粗加工的程序时，没有将精粗加工刀具分开，主要原因是加工量不大，没有必要分开，可将粗、精加工放在一个群组内。

3.1.4 SINUMERIK 802D 数控铣床加工操作技巧

3.1.4.1 对刀技巧

第 2 章介绍了一种常用的对刀方法——试切法，对刀方式采用的是双边对刀。根据对刀方式的不同和对刀工具的不同，可以分为单边对刀、双边对刀、刀具对刀和仪器对刀等。组合方式有 4 种，即单边刀具对刀、双边刀具对刀、单边仪器对刀和双边仪器对刀。所用到的仪器主要有机械式寻边器、光电式寻边器和 Z 轴设定器，如图 3-30 所示。

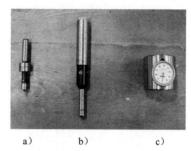

a)   b)   c)

图 3-30 对刀仪器

机械式寻边器又称为分中棒，如图 3-30a 所示，其工作原理是：将机械式寻边器安装在主轴上，主轴以 500r/min 速度旋转，然后移动工作台和主轴，使寻边器靠近工件上需要测量的部位，轻微进给趋近工件，当旋转的寻边器测头碰到工件时，寻边器测头会产生偏心，根据偏心情况和此时的各轴坐标值，即可判断和计算工件的位置和工件坐标系。

一般情况下，机械式寻边器的对刀精度可达到 0.01mm。机械式寻边器的最大缺点是测头接触到工件后不能迅速直观地显示，需要操作者用肉眼反复观察偏心情况。

光电式寻边器如图 3-30b 所示，其原理是：当寻边器上的测头接触到工件时，工件、机床本体、装夹装置导通形成回路，此时寻边器上的氖光灯点亮。光电式寻边器最大的优点是灵敏度高，寻边器只要碰触工件，电路接通，氖光灯就会点亮。还有一种光电鸣音式寻边器，工作原理与光电式一样，在氖光灯点亮的同时会发出鸣音，适合于加工深孔不便观察时使用。从应用情况来看，目前使用最普遍的就是光电式寻边器。光电式寻边器的对刀精度可达到 0.002mm。

一般情况下，光电式寻边器的对刀精度较机械式寻边器的对刀精度高，但是实际情况是：使用过一段时间后，特别是光电式寻边器的球心触头反复碰触后无法回位时，精度会慢慢降低，甚至不如机械式寻边器对刀精度高。

Z 轴设定器如图 3-30c 所示，它有光电式和指针式等类型，通过光电指示或指针判断刀具与对刀器是否接触，对刀精度一般可达 0.01mm。Z 轴设定器带有磁性表座，可以牢固地吸附在工件或夹具上，其高度一般为 50mm 或 100mm。

机械式寻边器、光电式寻边器和 Z 轴设定器的最大优点是对刀时不损伤零件表面，在某些精加工或修模情况下尤其适合。

➤ **例 3-1：单边法和 Z 轴设定器对刀**

操作步骤如下：

1）用游标卡尺测量出工件长度 L=91.48mm，计算出 $L/2$=45.74mm，如图 3-31 所示。

2）将工件夹紧在平口钳上，换上寻边器，测得寻边器测头直径 D=10mm，则半径 R=5mm，$R+L/2$=50.74mm。

3）若是机械式寻边器，将主轴以 500r/min 的速度正转，缓慢靠近工件左边，反复观察偏心情况，直到合适位置，如图 3-32a 所示；若是光电式寻边器，则主轴不动，直接用寻边器的球心碰触工件左边，小心操作，直到氖光灯刚刚点亮，如图 3-32b 所示。

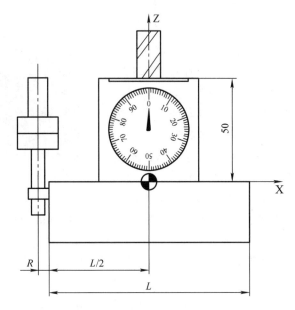

图 3-31　对刀示意图

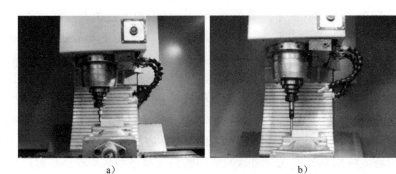

a)　　　　　　　　　　　　b)

图 3-32　机械式寻边器和光电式寻边器对刀

4）按下软键【测量工件】，按下【SELECT】键切换到 G54，按下光标键下移到半径，用【SELECT】键切换到【+】，在距离处输入 50.74，按下屏幕右侧软键【计算】即可，如图 3-33 所示。

5）Y 方向同理操作，注意切换屏幕右侧上方软键【Y】方向。

6）Z 方向设定：换上第一把刀（直径为 12mm 的立铣刀），将 Z 轴设定器置于工件表面，用校正棒校正表盘，使指针指到【0】处，用手轮缓慢下刀，使刀尖轻轻碰触到 Z 轴设定

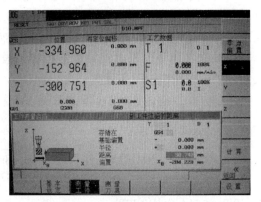

图 3-33　X 轴对刀设定

器上表面的活动块，继续下移 Z 轴，使得指针指到【0】处，如图 3-34 所示。

7）按下软键【测量工件】【Z】，切换到 G54，长度【-】，在距离处输入 50，按下【计算】即可，如图 3-35 所示。

图 3-34　Z 轴设定器对刀

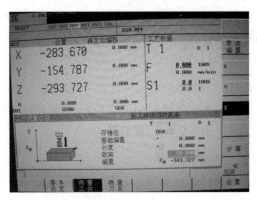

图 3-35　Z 轴设定器对刀设定

3.1.4.2　DNC 方式加工

SINUMERIK 802D 数控铣床自带的内存为 256KB。如果程序过大，超过机床内存，就必须外接存储器如 CF 卡或者采用 DNC 方式加工，也就是一边传送程序一边加工。采用 DNC 方式加工的操作步骤如下：

1）按下机床控制面板【Auto】键，进入自动加工状态，按下屏幕下方软键【外部程序】。

2）计算机方发送所要加工的程序，具体步骤参见第 2 章相关内容。

3）按下机床控制面板【Single Block】键，打开【单段】，将进给速度修调旋钮旋到 10% 以下，按下【Cycle Start】循环启动键，开始加工。首件试切时，一定要注意刀具切入工件瞬间的情况，发现异常应立即按下【Cycle Stop】循环停止键，然后用【Reset】键复位。在【jog】方式下，用手轮或机床控制面板的【+Z】键抬起 Z 轴，找出问题，重新设定 G54 或重新编程。若没有问题，可以再次按下【Single Block】键，取消【单段】，将进给速度修调旋钮旋到正常值 100%，按下【Cycle Start】循环启动键继续加工，如图 3-36 所示。

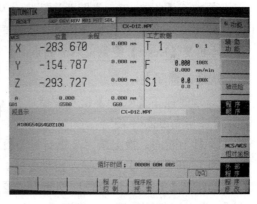

图 3-36　DNC 方式加工

3.1.4.3　常见问题及处理

1. 断刀

加工过程中，经常会有一些异常情况出现，最常见的就是断刀。由于主轴转速或进给量选择不合理，或者工件、刀具材料存在瑕疵，在选用直径较小的刀具加工时，最容易出现断刀现象。

出现断刀以后不必惊慌，先按下【Cycle Stop】，观察断刀时机床的加工情况。这里分为两种：第一种情况是断刀被及时发现，断刀时正在执行的语句就是实际加工执行的语句，这时可以记下该条语句，然后停机，抬起 Z 轴，重新换刀和对刀；第二种情况是断刀未被及时发现，等发现时已经执行了大段语句，这种情况就需要大致估计断刀时的坐标位置，等重新对刀后验证。

2. 通信中断

在 SIEMENS 机床以外部程序（DNC）方式运行时，偶尔会出现通信中断的情况，表现为机床运行到某条语句后停止执行下面语句，主轴仍在转动，无进给运动。处理方法与断刀一样，记下该条语句，然后停机。

3. 中断后的处理

在中途停机、断刀、通信中断等情况下，需要重新在断点处开始加工，根据加工方式的不同，大致可以分为 3 种情况：

1）程序已经存放在机床内存，加工时由于测量或者中途休息等情况需要停机，采用程序段断点加工。

操作步骤如下：

① 程序按下【Reset】键复位后，系统能够自动保存断点坐标。在【jog】方式下用手轮或手动从轮廓退出刀具，抬起 Z 轴至安全高度，开始测量或者停机休息。

② 继续加工，按下【Auto】键，进入自动方式，按下屏幕下方软键【程序段搜索】，选择屏幕右边软键【搜索断点】，装入断点坐标，按下【计算轮廓】，启动断点搜索。

③ 按下【Cycle Start】键两次，启动从断点的继续加工。

2）程序已经存放在机床内存，加工时由于断刀未被及时发现，已运行多条程序，此时断点不再是【Reset】键复位后的断点。

操作步骤如下：

① 程序按下【Reset】键复位后，在【jog】方式下用手轮或手动从轮廓退出刀具，抬起 Z 轴至安全高度。

② 拆下断刀，换上新刀，重新对刀设定 G54 的 Z 值。

③ 按下【Auto】键，进入自动方式，按下屏幕下方软键【程序段搜索】，系统会让光标自动停在【Reset】键复位后的断点位置，用翻页键【Page Up】往前翻，找到断刀的大致位置，移动光标到该语句，按下【计算轮廓】，启动断点搜索。

④ 按下【Cycle Start】键两次，启动从断点的继续加工。若发现该点与断刀位置相差太多，重复步骤①和③。

注：

> 上述两种方法在程序重新启动时是由此时刀具所在的位置空间下刀到断点坐标，一定要注意防止空间下刀时碰到工件或平口钳等障碍物，造成撞刀。操作时一定要小心谨慎，将进给速度修调旋钮数值调小，发现不对应及时按下【Cycle Stop】键停止。

3）以 DNC 方式加工时，程序搜索失去作用，适用于中途停机、断刀、通信中断等多种情况。

操作步骤如下：

① 抄下断点处运行程序的整条语句，包括行号。

② 用记事本打开加工的 NC 文件，查找到该条语句。

③ 将光标移动到该条语句的上一条语句处，逐次向上查找离该条语句最近的 G、X、Y、Z、F、S 值并记下。

④ 若最近的 G 代码为 G1 或 G0，则该条语句有效；若为 G2 或 G3 代码，则继续向上查找 G 代码，直到最近的 G1 或 G0 为止，并设此处为新的断点，记下该处整条语句作为新的断点。

⑤ 删除 N106 至该断点上一条语句之间的所有语句，将断点语句写完整（包含 G、X、Y、Z、F 等代码），然后另存为其他文件。

⑥ 将该文件重新传送至机床并加工。

> **例 3-2：在【D6R3 曲面精加工】的工序中，程序在 N9490 X-53.57 Y-60.908 Z-15.41 处中断**

D6R3.NC 文件部分代码如下：

```
%_N_D6R3_MPF
;$PATH=/_N_MPF_DIR
N100 G71
N110 G17 G54 G90 G0 Z100.
N120 M08
N130 G0 G90 G54 X-60. Y-62.118 S3500 M3
N140 Z-13.946
N150 G1 Z-18.946 F600.
N160 X-57.857 Y-62.119 Z-18.948 F2000.
    ⋮
N9460 X-47.144 Y-60.977 Z-15.531
N9470 X-49.282 Y-60.951 Z-15.483
N9480 X-51.425 Y-60.928 Z-15.443    //断点的上一条语句
N9490 X-53.57 Y-60.908 Z-15.41      //断点
    ⋮
```

将光标移到断点的上一条语句，向上查找该语句的最近的 G 代码，发现是 G1，然后查找 X、Y、Z、F、S 值，分别是 X-51.425、Y-60.928、Z-15.443、F2000、S3500，那么该条语句应该是 N9480 G1 X-51.425 Y-60.928 Z-15.443 F2000，删除 N140 ～ N9470 所有语句，将 N130 语句中的 X-60. Y-62.118 替换为 X-51.425 Y-60.928，其余不变；在 N9480 前面加 G1，后面加 F2000，修改后的程序如下：

```
%_N_D6R3_MPF
;$PATH=/_N_MPF_DIR
N100 G71
N110 G17 G54 G90 G0 Z100.
N120 M08
N130 G0 G90 G54 X-51.425 Y-60.928 S3500 M3
N9480 G1 Z-15.443 F2000
N9490 X-53.57 Y-60.908 Z-15.41
    ⋮
```

有几点需要说明：

1）将查找起始点设在断点的上一条语句是因为不确定断点的语句是否执行完，在执行断点语句中途断刀的情况下尤其如此。

2）避开 G2、G3 等圆弧指令，主要原因是不知道此时刀具确定的空间位置。SIEMENS 圆弧指令有多种格式，在并不确定此时到底用哪种指令格式时，最好避开，继续向上查找最近的 G1 或 G0，并设为新的断点，哪怕多走一点刀具路径都无妨。

3）若断刀多时才发现机床已经走了许多空刀，这时需要大致估算断点语句的位置，修正程序并开机验证，验证后发现不对，应及时更新断点。

4）断点位置的 G、X、Y、Z、F、S 均是从断点上一条语句开始向上查找最近的 G、X、Y、Z、F、S 代码，这一点尤其需要强调。

5）新的 NC 文件代码的意思是：在 Z100 安全高度上快速定位到断点前一条语句的 X、Y 处，然后缓慢下刀，进给到 Z 值处，从断点开始执行后续语句。

6）机床开机运行时，必须打开【单步】，进给速度调低，缓慢下刀，加工一段时间确认无误后方可以取消【单步】，将进给速度调为正常。若出现异常情况，应及时停机，重新检查程序。

> **注：**
>
> 记下断点处运行的程序整条语句（包括行号），这是因为行号是重复使用的，超过 10000 就重新由 100 开始。

3.2 经典实例二

3.2.1 零件的工艺分析

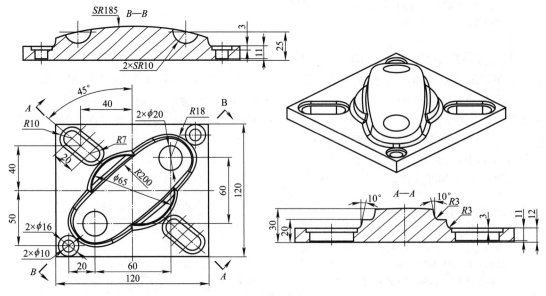

图 3-37　高级工实例二

本例是数控铣高级工常见考题，材料为铝合金，备料尺寸为 120mm×120mm×30mm。

技术要求：

1）以小批量生产条件编程。

2）不准用砂布及锉刀等修饰表面。

3）未注公差尺寸按 GB/T 1804—m。

该零件形状较为复杂，主要特征有二维轮廓、斜面、旋转面、球面等，需进行实体的建模。

刀具的选择要综合考虑各种情况。由于凸出位置余留较多，为提高加工效率，选用 ϕ12mm 铣刀进行粗加工，精加工选择 ϕ12mm 立铣刀完成大部分加工，再使用同一把 ϕ8mm 立铣刀精粗加工 2×ϕ10mm 圆，曲面部分采用 ϕ6R3mm 球刀加工。

各工序加工内容及切削参数见表 3-2。

表 3-2　各工序加工内容及切削参数

序号	加工部位	加工方式	刀　具	主轴转速 /（r/min）	进给速度 /（mm/min）	下刀速率 /（mm/min）
1	整体粗加工	优化动态粗切	ϕ12mm 立铣刀	3000	1000	600
2	Z–18 平面精加工	区域	ϕ12mm 立铣刀	2100	600	400
3	4×R10mm 凹槽、ϕ16mm 圆精加工	外形	ϕ12mm 立铣刀	2100	600	400
4	4×R7mm 凹槽精加工	外形	ϕ12mm 立铣刀	2100	600	400
5	ϕ10mm 圆粗加工	外形	ϕ8mm 立铣刀	2800	400	400
6	ϕ10mm 圆精加工	外形	ϕ8mm 立铣刀	2800	400	400
7	曲面精加工	等距环绕	R3mm 球刀	3500	2000	600

3.2.2　零件的 CAD 建模

3.2.2.1　二维造型

操作步骤如下：

1）按 Alt+F9，打开 WCS 坐标。

2）单击绘图区下方状态栏设置绘图深度：Z: -18.00000 ；单击旁边的 3D 图标将绘图平面模式切换成 2D 。

3）依次单击【线框】→【矩形】命令，在对话框中输入宽度：120、高度：120，勾选：矩形中心点，将鼠标移至绘图区中的 WCS 坐标系拾取基点，单击 确定并创建新操作。输入宽度：20、高度：20，用鼠标继续拾取 WCS 坐标系点，绘出 20mm×20mm 矩形，单击 完成创建。

4）单击【已知点画圆】命令，在对话框中输入直径：20，用鼠标捕捉 20mm×20mm 矩形上下两条边的中点作为圆心绘制整圆，完成结果如图 3-38a 所示

5）单击【分割】命令，将 ϕ20mm 圆和 20mm×20mm 矩形多余的线段剪掉，单击 ，如图 3-38b 所示。

6）依次单击【转换】→【串连补正】命令，图形拾取如图 3-38b 所示，单击 ✓ 完成图形拾取；绘图区提示：指示补正方向，单击图形内部任意位置，指示向内补正，激活【偏移串连】对话框，输入距离：3，单击 ⊙ 完成补正。完成后图形如图 3-38c 所示。

7）依次单击【转换】→【旋转】命令，选择图 3-38c 的图形，单击 🔘继续选择，激活【旋转】对话框；点选：移动，输入旋转角度：45，单击 ⊙ 完成旋转。结果如图 3-38d 所示。

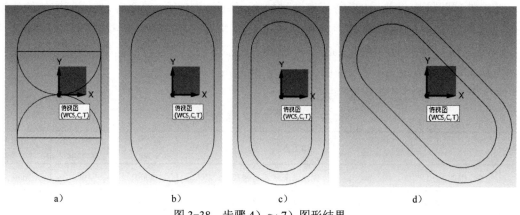

图 3-38　步骤 4）～ 7）图形结果

8）单击【平移】命令，选择图 3-38d 的图形，单击 🔘继续选择，激活【平移】对话框，增量项目输入：X-40、Y40，单击 ⊙ 确定并创建新操作；继续选择图 3-38d 的图形，点选：移动，输入：X40、Y-40，单击 ⊙ 完成平移。

9）单击【已知点画圆】命令，以 WCS 坐标系点分别绘 ϕ16mm、ϕ10mm 圆。

10）单击【平移】命令，选择 ϕ16mm、ϕ10mm 圆，点选：复制，输入：X50、Y50，单击 ⊙；继续选择 ϕ16mm、ϕ10mm 圆，点选：移动，输入：X-50、Y-50，单击 ⊙ 完成平移；结果如图 3-39 所示。

11）单击【已知点画圆】命令，分别以圆心（30，30）、（-30，-30）作 R18mm 的圆。

12）单击【切弧】命令，选择模式：两物体切弧，设定切弧半径为 R200mm；用鼠标依次单击两个 R18mm 的圆，拾取要保留圆弧；以同样的方式绘制另一边圆弧，单击 ⊙ 完成切弧。

13）单击【分割】命令，将两个 R18mm 多余的线段剪掉，单击 ⊙ 完成；结果如图 3-40 所示。

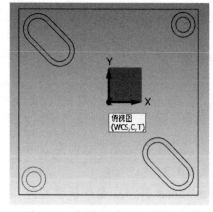

图 3-39　步骤 8）～ 10）图形结果

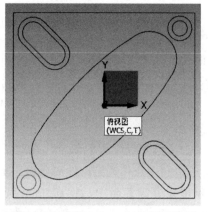

图 3-40　步骤 11）～ 13）图形结果

14）单击【已知点画圆】命令，以 WCS 坐标系点绘 ϕ65mm 圆。

15）设置绘图深度：`Z: -5.00000`。

16）单击【已知点画圆】命令，输入直径 20，依次捕捉两个 R18mm 圆心绘 ϕ20mm 圆，单击⊘完成。

17）单击【线端点】命令，分别以 ϕ20mm 圆心作为第一个端点，向上绘制一条超过圆的直线，如图 3-41a 所示。

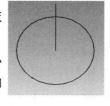

a)   b)

图 3-41　步骤 17）、18）图形结果

18）单击【修剪到图素】命令，方式：修剪两物体，将两组 ϕ20mm 圆与直线修剪成如图 3-41b 所示形状。

19）设置绘图深度：`Z: 0.00000`。依次单击【视图】→【前视图】将屏幕视图切换到前视图。

20）单击【矩形】命令，输入宽度：60，高度：20，不勾选：矩形中心点；用鼠标拾取 WCS 坐标系点，单击⊘完成绘制。

21）单击【切弧】命令，选择模式：单一物体切弧，设定切弧半径为 R185mm，绘图区左上角提示：`选择一个圆弧将要与其相切的图形`，用鼠标左键点选 60mm×20mm 矩形下边线；绘图左上角提示：`指定相切点位置`，用鼠标左键拾取 WCS 坐标系点，提示：`选择圆弧`，选择需要保留的圆弧，单击⊘完成绘制。完成后图形如图 3-42 所示。

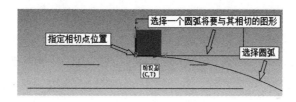

图 3-42　单一物体切弧

22）单击【修剪到图素】命令，方式：修剪两物体，依次选择矩形右边线和 R185mm，使其成为封闭轮廓，单击⊘完成绘制。

23）依次单击【主页】→【删除图形】，选择删除矩形下边线。

24）依次单击【视图】→【俯视图】→【等视图】，完成后的图形如图 3-43 所示。

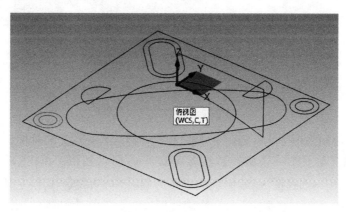

图 3-43　完成图形

3.2.2.2　实体建模

操作步骤如下:

1) 依次单击【实体】→【拉伸】, 选择 120mm×120mm 矩形, 单击 ✓; 输入距离: 12, 注意拉伸方向为向下, 如图 3-44a 所示, 单击⊙。选择 2×ϕ16mm 圆、4×R10mm 形成的沟槽轮廓, 单击 ✓; 点选: 切割主体, 输入距离: 3, 注意方向向下, 如图 3-44b 所示, 单击⊙。选择 2×ϕ10mm 圆、4×R7mm 形成的沟槽轮廓, 单击 ✓; 输入距离: 11, 单击⊙。

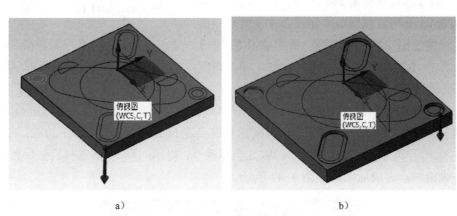

a)　　　　　　　　　　　　　　　b)

图 3-44　实体拉伸

2) 选择 ϕ65mm 圆, 单击 ✓; 点选: 增加凸台, 输入距离: 8, 单击↔切换方向为向上; 单击【高级】项目, 勾选: 拔模, 输入角度: 10, 如图 3-45 所示, 单击⊙。

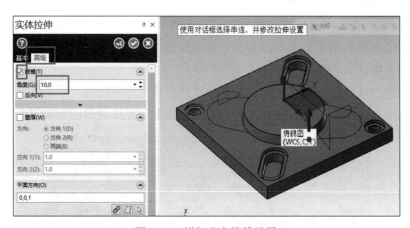

图 3-45　增加凸台拔模设置

3) 选择图 3-40 所示图形, 单击 ✓; 输入距离: 18, 单击⊙完成拉伸。

4) 依次单击【实体】→【旋转】, 选择图 3-46 所示图形, 单击 ✓; 绘图区左上角提示: 选择作为旋转轴的线, 选择图 3-46 所示线段作为旋转轴; 点选: 切割主体, 单击⊙。选择图 3-41b 所示图形 (一个封闭半圆为一次旋转操作), 选择旋转轴的轴线, 单击⊙。继续重复动作旋转切割另一个半球; 单击⊙完成创建, 完成结果图 3-46 所示。

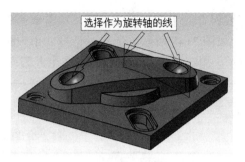

图 3-46 旋转轴及旋转结果

5）单击【固定半倒圆角】命令，选择图 3-47a 所示实体边界，单击 ；输入半径：3，单击 完成；完成结果如图 3-47b 所示。

6）依次单击【文件】→【保存】，将本例保存为【高级工实例二 .mcam】文档。

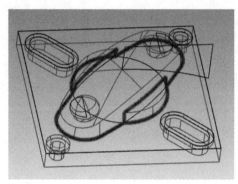
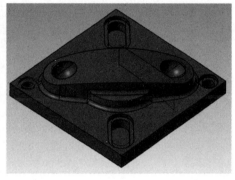

a)   b)

图 3-47 圆角边界选择及结果

3.2.3 零件的 CAM 刀具路径编辑

操作步骤如下：

1. 工作设定

1）依次单击选项卡【机床】→【铣床】→【默认】，弹出【刀路】选项卡。

2）单击【毛坯设置】，设置毛坯参数 X：120、Y：120、Z：30。

2. 刀库调入

本例的各工序刀具及切削参数与高级工实例一基本一致，之前刀具要么是从软件自带刀库中选择，要么每次根据需要单独建立刀具。建立个人的刀具库可以提高编程效率，对数控加工起积极作用。下面通过实际操作介绍如何将【高级工实例一】建立的刀具保存成个人刀库，并调用到本例中。

1）用软件打开【高级工实例一】图档。

2）依次单击【刀路】→【刀具管理】，弹出【刀具管理】对话框，如图 3-48 所示，从对话框中看出共建立了 3 把刀具。此时，用户可根据自身需求在 3 把刀具下方空白处单击鼠标右键继续新建刀具，也可在后期需要时添加。

3）完成后，首先选择要保存到个人刀库的刀具，接着单击将选择的刀具复制到刀库，最后单击【创建新刀库】，如图 3-48 所示，弹出对话框；用户根据个人需要选择保存路径和输入名称，如图 3-49 所示。单击【保存】按钮，完成个人刀库建立。

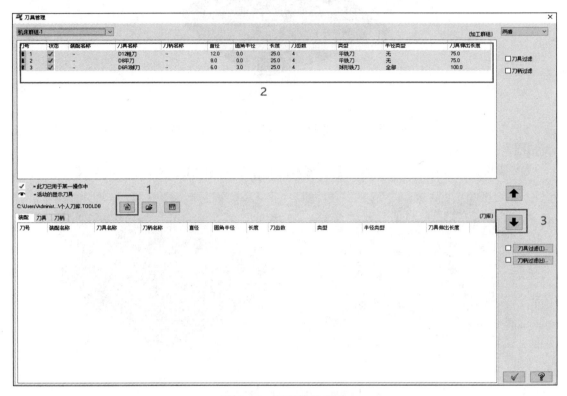

图 3-48　刀具管理界面

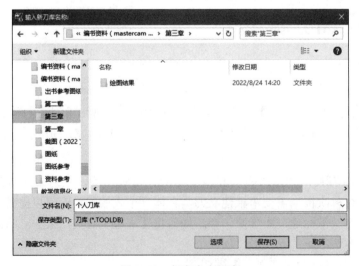

图 3-49　保存个人刀库

4）用软件打开【高级工实例二】图档。单击【机床群组 -1】属性项目下的【文件】，弹出【机床群组属性】对话，单击【刀库】栏目，打开上一步保存的个人刀库，如图 3-50 所示，单击，完成刀库的调用。

图 3-50 个人刀库调用

3．D12 粗加工

点选【刀具群组 -1】，单击鼠标右键，依次选择【群组】→【重新名称】，输入刀具群组名称：D12 粗加工。

1）单击 3D 功能区【优化动态粗切】图标 ，弹出【3D 高速曲面刀路 - 优化动态粗切】对话框。框选整个图形作为加工图素，选择完成后单击【结束选择】，继续回到参数设置对话框，设置壁边预留量：0.2、底面预留量：0.2。

2）单击【刀路控制】，选择 120mm×120mm 四边形作为切削范围。

3）单击【刀具】，单击 选择刀库刀具... ，弹出【刀库】对话框，从刀库中选择：D12 粗刀。

4）单击【切削参数】，设置步进量距离：10%、分层深度：29mm，勾选：步进量，最小刀路半径：5%；其余默认。

5）单击【陡斜 / 浅滩】，勾选：调整毛坯预留量、最高位置、最低位置，设置最高位置：0、最低位置：-29。

6）单击【共同参数】，设置提刀安全高度：15，其余默认。

7）单击【圆弧过滤 / 公差】，勾选：线 / 圆弧过滤设置，修改线 / 圆弧公差为：50%，其余默认。

8）设置冷却液开启，单击 生成刀具路径。刀具路径以及实体仿真结果如图 3-51 所示。

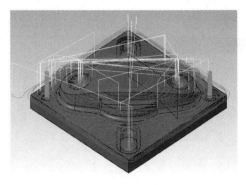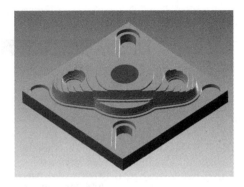

图 3-51　优化动态粗切刀具路径与模拟结果

4．D12 *精加工*

新建刀具群组，输入刀具群组名称：D12 精加工。

（1）Z-18 平面精加工

1）单击【区域】图标，弹出【串连选项】对话框；选择 120mm×120mm 四边形作为加工范围；点选加工区域策略：开放；单击避让范围，模式点选：实体，选择方式：边缘，选择如图 3-52 所示轮廓；单击 ✓ ，弹出【2D 高速刀路 - 区域】参数设置对话框。

2）单击【刀具】，新建一把直径为 12mm 的平底刀，设置切削参数为进给速率：600、下刀速率：400、提刀速率：2000、主轴转速：2100、名称：D12 精刀。

注：

新建完成后，也可以按照之前介绍，将刀具保存到个人刀库中。

3）单击【切削参数】，设置 XY 步进量直径百分比：85%，壁边预留量 0，底面预留量 0。

4）单击【共同参数】，勾选【安全高度】：50（绝对坐标），提刀：3（绝对坐标），下刀位置：1（增量坐标），毛坯顶部：-18（绝对坐标），深度：-18（绝对坐标）。

5）设置冷却液开启，单击 ✓ 生成如图 3-53 所示刀具路径。

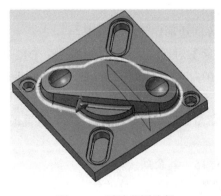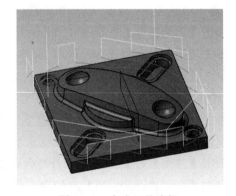

图 3-52　避让范围选择　　　　　图 3-53　生成刀具路径

（2）4×R10mm 凹槽、φ16mm 圆精加工

1）单击【外形】图标，弹出【串连选项】对话框；模式点选：线框，选择如图 3-54a

所示轮廓，单击 完成选择。

2）单击【刀具】，点选创建的 D12 精刀。

3）单击【切削参数】，设置壁边预留量：0、底面预留量：0。

4）单击【进 / 退刀设置】，不勾选：在封闭轮廓中点位置执行进 / 退刀，进 / 退刀直线长度：0、圆弧：0.5；其余默认。

5）单击【共同参数】，勾选【安全高度】：50（绝对坐标），提刀：3（绝对坐标），下刀位置：1（增量坐标），毛坯顶部：−21（绝对坐标），深度：−21（绝对坐标）。

6）单击右下角 ✓ 确定，生成如图 3-54b 所示刀具路径。

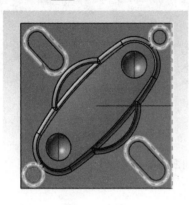
a）

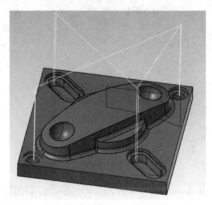
b）

图 3-54 加工轮廓选择及生成刀具路径

（3）4×R7mm 凹槽精加工

1）单击【外形】图标，选择 4×R7mm 形成凹槽轮廓，单击 完成选择。

2）单击【共同参数】，设置毛坯顶部：−29（绝对坐标），深度：−29（绝对坐标）。

3）单击右下角 ✓ 确定，生成刀具路径。

5. D8 加工

新建刀具群组，输入刀具群组名称：D8 加工。

（1）φ10mm 圆粗加工

1）单击【外形】图标，选择两个 φ10mm 圆，单击 完成选择。

2）单击【刀具】，从刀库中选择：D8 平刀。

3）单击【切削参数】，外形铣削方式：斜插，斜插深度：1mm，勾选：在最终深度处补平，设置壁边预留量：0.2、底面预留量：0.2。

4）单击【进 / 退刀设置】，不勾选：进 / 退刀设置。

5）单击【共同参数】，设置毛坯顶部：−21（绝对坐标），深度：−29（绝对坐标）。

6）单击右下角 ✓ 确定；生成刀具路径。

（2）φ10mm 圆精加工

复制 φ10mm 圆粗加工刀路到【D8 加工】刀具群组下。

1）点选【D10 粗加工】刀具群组，单击鼠标右键选择：复制。

2）单击修改参数。修改切削参数，斜插深度：3，壁边预留量：0，底面预留量：0。

3）单击右下角 ☑ 确定，生成刀具路径。

6. D6R3 曲面精加工

新建刀具群组，输入刀具群组名称：D6R3 曲面精加工。

1）单击 3D 功能区【等距环绕】图标 🥄 ，选择如图 3-55 所示曲面，单击【结束选择】，回到参数设置对话框，设置壁边预留量：0、底面预留量：0。

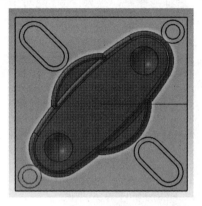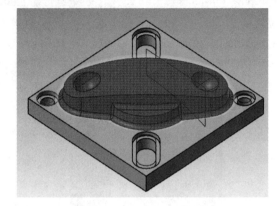

图 3-55　加工曲面选择

2）单击【刀具】，从刀库中选择：D6R3 球刀。

3）单击【切削参数】，设置径向切削间距：0.2，其余默认，如图 3-56 所示。

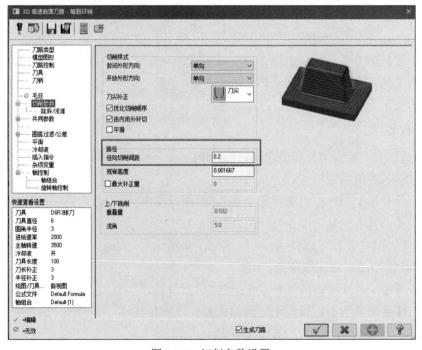

图 3-56　切削参数设置

4）单击【陡斜/浅滩】，勾选：最高位置、最低位置，设置最高位置：0、最低位置：-18。

5）单击【共同参数】，设置提刀安全平面：15，其余默认。

6）设置冷却液开启，单击 ✅ 生成如图 3-57 所示刀具路径。

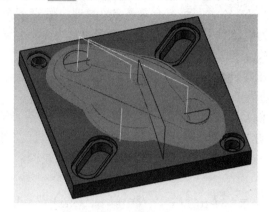

图 3-57　生成等距环绕刀具路径

7. 实体仿真

1）点选整个【机床群组 -1】，选中所有的刀具路径。

2）单击【机床】→【实体仿真】进行实体仿真，单击 ▶ 播放，仿真加工结果如图 3-58 所示。

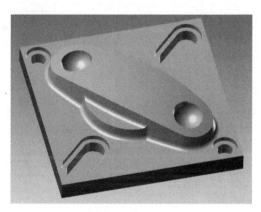

图 3-58　实体仿真结果

8. 保存

单击选项卡上【文件】→【保存】。

3.2.4　零件精度的分析与处理方法

在 Mastercam 2022 中，通过合理选择刀具补正方法及设置相应的加工参数来控制零件尺寸的加工精度。一般有【电脑】、【控制器】和【磨损】三种补正方法来保证精度。

1. 电脑补正

电脑补正适用于除钻孔以外的全部加工类型，包括外形铣削、挖槽、曲面粗加工和精加工等。

假设某个 X、Y 方向尺寸要求为 $L_{XY}\pm\delta$，L_{XY} 为基本尺寸，$\pm\delta$ 为对称偏差。在最后一道工序（精加工）之前，X、Y 方向留有余量 Δ_{XY}；同理，假设某个 Z 方向尺寸要求为 $L_Z\pm\delta$，L_Z 为基本尺寸，$\pm\delta$ 为对称偏差，Z 方向留有余量 Δ_Z，Δ_{XY}、Δ_Z 均大于 0，则该尺寸在精加工前的理论值分别为 L_{XYT} 和 L_{ZT}。

情况 1：如果通过加工零件形状的外部轮廓得到该尺寸，则该尺寸 X、Y 方向理论值 $L_{XYT}=L_{XY}+2\Delta_{XY}$，Z 方向理论值为 $L_{ZT}=L_Z-\Delta_Z$。

假设测量值为 L_{XYP} 和 L_{ZP}，在此情况下，对应 X、Y 方向尺寸变化规律为从大到小。若 $L_{XYP}>L_{XYT}>L_{ZP}>L_{ZT}$，表明 X、Y 方向尺寸还没有加工到位，精加工时的余量就不再是 0 了，必须在 0 的基础上再深一点；Z 方向则正好相反，表明切削较深，必须浅一点，则精加工时的余量计算公式为

X、Y 方向余量：$B_{XY}=-\left(L_{XYP}-L_{XYT}\right)/2=\left(L_{XY}-L_{XYP}\right)/2+\Delta_{XY}$

Z 方向余量：$B_Z=L_{ZP}-L_{ZT}=L_{ZP}-L_Z+\Delta_Z$

可知此时 $B_{XY}<0$、$B_Z>0$。

若 $L_{XYP}<L_{XYT}$、$L_{ZP}<L_{ZT}$，表明该尺寸 X、Y 方向加工过量而 Z 方向深度不够，精加工时 X、Y 方向的余量 B_{XY} 就不再是 0 了，必须在 0 的基础上再浅一点；Z 方向则正好相反，表明切削较浅，还需要深一点，精加工的余量计算公式为

X、Y 方向余量：

$$B_{XY}=-\left(L_{XYP}-L_{XYT}\right)/2=\left(L_{XY}-L_{XYP}\right)/2+\Delta_{XY}$$

Z 方向余量：

$$B_Z=L_{ZP}-L_{ZT}=L_{ZP}-L_Z+\Delta_Z$$

同理，可知此时 $B_{XY}>0$、$B_Z<0$。

➤ **例 3-3：情况 1 的电脑补正**

例如，通过 $\phi8$mm 立铣刀的加工，半精铣外轮廓，X、Y 方向留有 0.2mm 的余量，Z 方向也留有 0.2mm 的余量，深度为 25mm。执行完程序后停机，测量尺寸 140mm 的实际值为 $L_{XYP}=140.46$mm，深度为 $L_{ZP}=24.84$mm。

计算可得

$$B_{XY}=\left(L_{XY}-L_{XYP}\right)/2+\Delta_{XY}=\left(140-140.46\right)\text{mm}/2+0.2\text{mm}=-0.03\text{mm}$$

$$B_Z=L_{ZP}-L_Z+\Delta_Z=\left(24.84-25+0.2\right)\text{mm}=0.04\text{mm}$$

在 3.1.3 节零件的 CAM 刀具路径编辑步骤 3，用 $\phi8$mm 立铣刀精加工外形轮廓时，此时 X、Y 方向余量不再是 0，而设定为 -0.03mm，Z 方向余量也不再是 0，而设定为 0.04mm，重新计算后传入机床加工即可，如图 3-59 所示。

情况 2：如果通过加工零件形状的内轮廓得到该尺寸，则该尺寸 X、Y 方向理论值：$L_{XYT}=L_{XY}-2\Delta_{XY}$，假设测量值为 L_{XYP}。

在此情况下，X、Y 方向尺寸变化规律为从小到大，若 $L_{XYP}>L_{XYT}$，表明该尺寸 X、Y 方向加工过量，精加工时 X、Y 方向的余量 B_{XY} 就不再是 0 了，必须在 0 的基础上再浅一点。精加工的 X、Y 方向余量计算公式为

$$B_{XY}=\left(L_{XYP}-L_{XYT}\right)/2=\left(L_{XYP}-L_{XY}\right)/2+\Delta_{XY}$$

可知 $B_{XY}>0$。

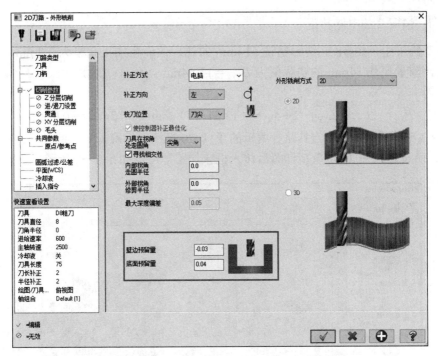

图 3-59　情况 1 的电脑补正精度控制

若 $L_{XYP}>L_{XYT}$，表明该尺寸还没有加工到位，精加工时的余量就不再是 0 了，必须在 0 的基础上再深一点。精加工时的 X、Y 方向余量计算公式为

$$B_{XY}=(L_{XYP}-L_{XYT})/2=(L_{XYP}-L_{XY})/2+\Delta_{XY}$$

可知 $B_{XY}<0$。

Z 方向余量的计算不受情况 2 的影响，与情况 1 一致。

综合上述公式可得：

当 X、Y 方向尺寸变化规律为从大到小时：

$$B_{XY}=(L_{XY}-L_{XYP})/2+\Delta_{XY} \tag{3-1}$$

当 X、Y 方向尺寸变化规律为从小到大时：

$$B_{XY}=(L_{XYP}-L_{XY})/2+\Delta_{XY} \tag{3-2}$$

当 Z 方向尺寸变化规律为从小到大时：

$$B_Z=L_{ZP}-L_Z+\Delta_Z \tag{3-3}$$

上述式（3-1）和式（3-2）不容易记住，必须提前判断 X、Y 方向尺寸变化规律。有一种简单的方法便于理解，由于有加工余量 Δ_{XY} 的存在（$\Delta_{XY}>0$），X、Y 方向尺寸变化规律为从大到小时，$L_{XYP}>L_{XY}$；X、Y 方向尺寸变化规律为从小到大时，$L_{XYP}<L_{XY}$，计算 B_{XY} 前，先判断 L_{XYP} 和 L_{XY} 的大小，由此得出结论：

若 $L_{XYP}>L_{XY}$，则

$$B_{XY}=(L_{XY}-L_{XYP})/2+\Delta_{XY} \tag{3-4}$$

若 $L_{XYP}<L_{XY}$，则

$$B_{XY}=(L_{XYP}-L_{XY})/2+\Delta_{XY} \tag{3-5}$$

➥ 例 3-4：情况 2 的电脑补正

在本章例子中，用 $\phi 8$ 立铣刀精铣 $\phi 14mm$ 的孔，假设粗加工余量为 0.2mm，执行完程序后停机，测量尺寸 14mm 的实际值为 $L_{XYP}=13.54mm$。$L_{XYP}<L_{XY}$，由式（3-5）得 X、Y 方向余量为

$$B_{XY}=(L_{XYP}-L_{XY})/2+\Delta_{XY}=(13.54-14)\ mm/2+0.2mm=-0.03mm$$

在 3.1.3 节零件的 CAM 刀具路径编辑的【11-20 挖槽（标准）】，此时 X、Y 方向余量不再是 0，而设定为 -0.03，重新计算后传入机床加工即可，如图 3-60 所示。

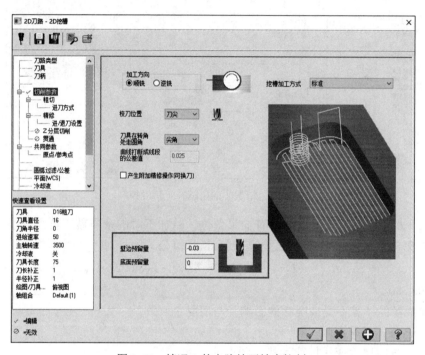

图 3-60 情况 2 的电脑补正精度控制

对于 3.1.3 节零件的 CAM 刀具路径编辑中曲面粗加工和精加工，由于曲面加工的半精加工不便于测量，而最后一道工序【精加工】往往可实现很高的精度和表面质量，只能靠球刀的精确对刀来实现加工精度，一般可以控制在 0.01mm 左右。

2. 控制器补正

控制器补正方式仅适用于二维轮廓，包括 2D 外形铣削和挖槽方式。控制器补正方式与手工编程的 G41、G42、G43、G44 相同，通过调整刀具半径补偿和长度补偿来达到精度要求，一般多用于精加工工序。

➥ 例 3-5：控制器补正

在 3.1.3 节零件的 CAM 刀具路径编辑的步骤 3 中，X、Y 方向预留量：0.0，Z 方向预留量：0.0，补正方式：电脑，外形铣削参数如图 3-61 所示；以 802D.pst 作为后处理程序，文件名 003.NC，如图 3-62a 所示；同理，将补正方式改为：控制器，其余参数不变，如图 3-63 所示；后处理程序文件名为 003A.NC，如图 3-62b 所示。

通过对比可以发现，采用【控制器】补正方式与手工编程方法一样，程序中会带有刀具补偿号 D1，通过在机床刀具补偿里面设置相应的数值来保证精度的要求。

值得一提的是，SINUMERIK 802D 的刀具长度补偿是通过 T× 来实现的，刀具调用后，刀具长度补偿立即生效，不需要用到 G43 和 G44，如果编程时没有指定刀具半径补偿值的编号，则默认使用 D1 的刀具半径补偿值。半径补偿则配合 G41/G42 来实现，而且一把刀最多有 9 个刀沿号，也就是说，可以匹配 9 个不同的半径补偿值和长度补偿值，这是 SINUMERIK 802D 的一大特色。举例如下：

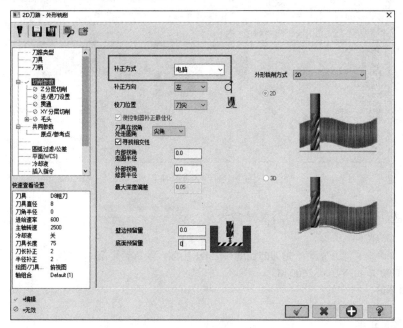

图 3-61 电脑补正

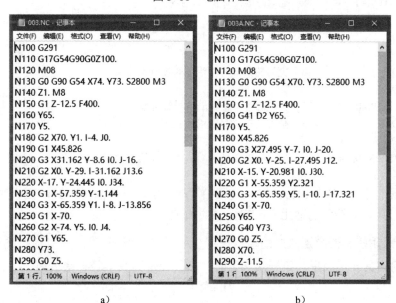

a) b)

图 3-62 电脑补正和控制器补正的程序对比

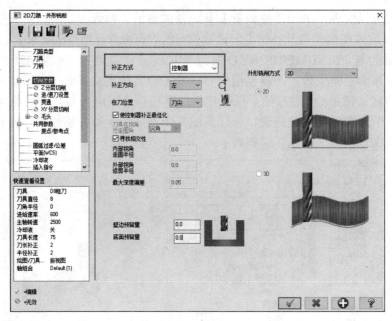

图 3-63　控制器补正

例 3-6：SINUMERIK 802D 的刀具补偿号 D

```
N100 G17 G54 G64
N102 T1                  // 第一把刀的长度补偿 D1 生效，默认调用第 1 号刀沿
N104 G0 G90 X-40. Y-30. S2500 M3
N106 Z30. M8
N108 Z3.
N110 G1 Z-9. F200.
N112 G42 D1 X40. F400 // 第一把刀的半径补偿 D1 生效
N114 Y30.
N116 X-40.
N118 G40 Y-30.
N120 T1 D2               // 第一把刀的第 2 号刀沿值长度补偿生效
N122 X-40.
N124 G42 D2 X40. F400 // 第一把刀的第 2 号刀沿值半径补偿生效
N126 T2 D2               // 第二把刀的第 2 号刀沿值长度补偿生效
N128 X-40.
N130 G42 D2 X40. F400 // 第二把刀的第 2 号刀沿值半径补偿生效
    ⋮
```

由此可见，打开文件 013A.NC，需要在程序的第一句 N100 G71 G54 G64 后面加上 T1，来保证刀具长度补偿的调用不影响程序的加工。

例 3-7：采用控制器补正方式的精度控制

在机床的刀具补偿表里，第一次加工时，一般设定刀具半径补偿值为

$$D_1 = D + \Delta_{XY}$$

其中，D 为刀具实际半径值；Δ_{XY} 为 X、Y 方向单边余量值。不难推算出公式：

若 $L_{XYP}>L_{XY}$，则

$$D_1' = D_1 + (L_{XY} - L_{XYP})/2 \qquad (3\text{-}6)$$

若 $L_{XYP}<L_{XY}$，则

$$D_1' = D_1 + (L_{XYP} - L_{XY})/2 \qquad (3\text{-}7)$$

$$H_1' = H_1 + (L_{ZP} - L_Z) \qquad (3\text{-}8)$$

其中，D_1' 为修正后的半径补偿值；H_1 为第一次的长度补偿值；H_1' 为修正后的长度补偿值。

假设在 3.1.3 节零件的 CAM 刀具路径编辑的步骤 3 中，通过 $\phi 8$ 立铣刀的加工，采用控制器补正方式，X、Y 方向预留量和 Z 方向预留量均设为 0。在机床的刀具补偿表里，设定第一次半径 D_1=4.2mm，长度补偿值 H_1=0.2mm，加工完后测量尺寸 140mm 的实际值为 140.46mm，深度为 24.84mm，则

$$D_1' = D_1 + (L_{XY} - L_{XYP})/2 = 4.2\text{mm} + (140 - 140.46)\,\text{mm}/2 = 3.97\text{mm}$$

$$H_1' = H_1 + (L_{ZP} - L_Z) = 0.2\text{mm} + (24.84 - 25)\,\text{mm} = 0.04\text{mm}$$

在 3.1.3 节零件的 CAM 刀具路径编辑的【3- 外形铣削（2D）】精铣加工时，采用控制器补正方式，X、Y 方向预留量和 Z 方向预留量均设为 0。在机床的刀具补偿表里，设定最后精铣的补偿值 D_1，半径为 3.97mm，长度为 0.04mm。

注:

3.1.3 节零件的 CAM 刀具路径编辑的【3- 外形铣削（2D）】和【4- 外形铣削（2D）】虽然都采用控制器补正方式，而且 X、Y 方向预留量和 Z 方向预留量均设为 0，但要区分【分层铣深】深度是否相同。如果相同，则两个程序是一样的；如果不同，则两个程序是不一样的。

控制器补正方式的优点是程序不用修改，只改动刀具补偿量，重新运行程序即可获得零件精度。值得指出的是，无论是电脑补正还是控制器补正，式（3-3）～式（3-8）对于绝大多数需要双边加工的封闭尺寸均适用；对于部分开放式尺寸，比如半圆、开放式槽等，由于加工时只加工单边，L_{XYP} 和 L_{XY} 比较计算后就不必除以 2，其他思路和方法都是一样的。

3. 磨损或反向磨损

磨损或反向磨损仅适用于二维轮廓，包括 2D 外形铣削和挖槽方式，它是控制器补正方式与电脑补正方式的综合。从后处理的代码来看，磨损或反向磨损方式补正与电脑补正的代码几乎是一样的，唯一不同的就是多了一个 D 值，相当于用一把直径很小（只有零点零几毫米）的小刀来加工，而且该 D 值可正可负。同样以步骤 3 为例：在图 3-64 中，图 a 是电脑补正，图 b 是磨损补正，图 c 是反向磨损补正。

对于有公差要求的尺寸，可以将尺寸公差带的中心值补偿在 X、Y 方向预留量和 Z 方向预留量上面，通过调整 D 的磨损量来控制精度，通过调整刀具半径补偿和长度补偿量来达到精度要求。

例如：假设步骤 3 的 X、Y 方向尺寸为 $140_{-0.1}^{0}$mm，Z 向深度尺寸为 $25_{-0.06}^{0}$mm，那么 X、Y 方向的公差带中心值为 139.95mm，Z 向公差带中心值为 24.97mm。在步骤 3 中，设定补正方式：磨损，壁边预留量：-0.025，底面预留量：0.03，然后通过修改 D 值来控制尺寸公差，如图 3-65 所示。

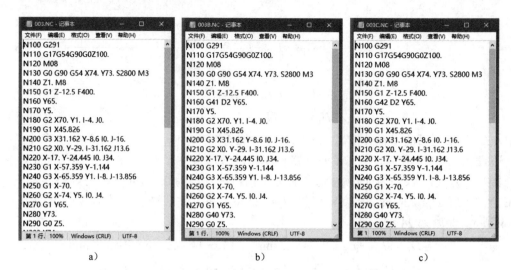

图 3-64　电脑补正、磨损补正和反向磨损补正

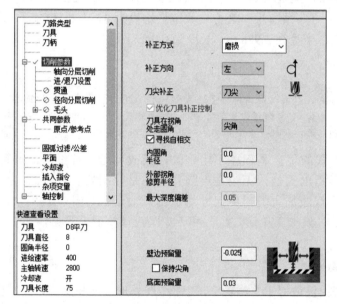

图 3-65　有尺寸公差要求的磨损补正

4. 非对称偏差尺寸的精度控制

一般来说，零件的尺寸偏差大多是对称的。假设某个尺寸要求为非对称偏差，即 $L_{\delta_2}^{\delta_1}$，L 为基本尺寸，δ_1、δ_2 分别为上、下偏差，$|\delta_1| \neq |\delta_2|$。

对于非对称尺寸偏差，用二维外形铣削时，X、Y 方向为关联尺寸，也就是说，加工的时候，X 和 Y 方向的切削量是一样的。在保证 X 方向尺寸公差的同时，并不能保证 Y 方向的尺寸公差，特别是如果 X 方向尺寸为 $L_0^{\delta_1}$、Y 方向的尺寸为 $L_{\delta_2}^0$ 时，此时 X 和 Y 方向尺寸公差的交集只有基本尺寸 L，这在加工时几乎是无法实现的。

同理，在某些曲面加工中，有可能 X、Y、Z 三个方向均为关联尺寸，由于切削在整个空间方向上是均匀的。此时，要同时保证三个方向上的非对称偏差尺寸要求，显然是不可能甚至是相互矛盾的。

解决非对称偏差尺寸的唯一办法，就是在 CAD 建模阶段直接以尺寸 L 与公差带中心值之和为基本尺寸建模，让其公差变为正负对称偏差，然后以该基本尺寸编辑刀具路径，这样可以有效地保证尺寸精度。

假如尺寸要求为 $L_{\delta_2}^{\delta_1}$，其公差带中心值为 $(\delta_1+\delta_2)/2$，将基本尺寸改为 $L+(\delta_1+\delta_2)/2$，则上、下偏差分别为 $(\delta_1-\delta_2)/2$ 和 $-(\delta_1-\delta_2)/2$，尺寸可改写为 $[L+(\delta_1+\delta_2)/2]\pm(\delta_1-\delta_2)/2$。

➥ 例 3-8：非对称偏差尺寸的精度控制

以加工 80mm×60mm 的矩形为例，假设尺寸分别为 $80_0^{+0.06}$mm 和 $60_{-0.05}^0$mm。

操作步骤如下：

1）将尺寸 $80_0^{+0.06}$mm 和 $60_{-0.05}^0$mm 化为对称偏差形式（80.03±0.03）mm 和（59.975±0.025）mm。

2）在建模阶段，直接以 80.03mm 和 59.975mm 为尺寸作矩形。

3）刀具路径编辑与 3.1.3 节相同。

4）精度控制可以用电脑补正，也可以用控制器补正或者磨损补正。

对于某些非对称偏差，可以不按此例，而直接采用电脑补正或控制器补正。比如，加工 $\phi14_0^{+0.03}$mm 孔时，就不必化为对称偏差，而直接补正就可以了，前提条件就是必须判断出该尺寸与其他尺寸之间是否关联，判断该尺寸的精度是否影响到其他尺寸的精度。如果没有，则可以不必化为对称偏差；如果有，必须化为对称偏差。

本 章 小 结

本章是两个典型的用 Mastercam 加工的例子，在 CAD 建模方面，介绍了包括二维轮廓建模、实体建模和曲面建模等方法；在 CAM 加工方面，介绍了优化动态粗切、流线、等距环绕等加工方式；在实际操作方面，介绍了 SINUMERIK 802D 数控铣床加工的一些技巧和常见问题的处理；最后则介绍了 Mastercam 常见的零件精度控制方法等。

本章实例有以下特点：

1）整个零件先采用优化动态粗切，去除大部分材料。

2）半精加工和精加工中，能采用二维方式就尽量采用二维方式加工。

3）扫描曲面的建模有一定的难度，曲面粗加工多采用等高轮廓、精加工多采用流线铣削或等高等方式。

4）本章实例基本上都是自由公差，假设某个尺寸有较高的精度要求，在 CAD 建模前一定要仔细分析，区分出非对称偏差尺寸是否关联。如果是，则一定要化为对称偏差的基本尺寸来建模；或者在工艺上保证为独立加工尺寸，加工该尺寸的精度不会关联到其他尺寸。

第4章

技师考证经典实例

本例是加工中心技师考题（见图4-1），材料为铝合金，备料尺寸为120mm×80mm×30mm。

技术要求：

1）椭圆长短轴尺寸公差为 ±0.03mm。

2）不准用砂布及锉刀等修饰表面。

3）未注公差尺寸按 GB/T 1804—m。

4）几何曲面和 CAD 模型的几何平均偏差为 ±0.05mm。

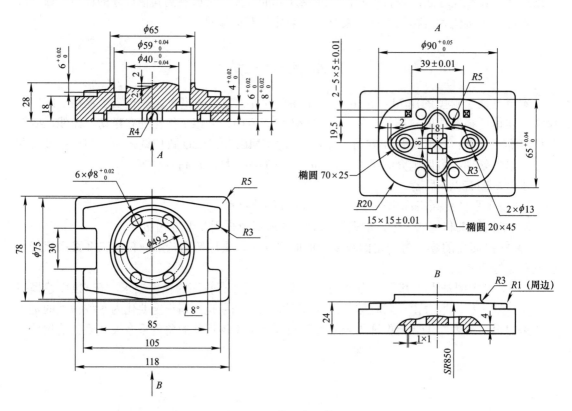

图4-1　技师考证经典实例

4.1 双面零件加工的工艺分析

读图 4-1 可知，零件正反双面均需加工，形状有二维轮廓、球面、圆柱面等结构，部分尺寸有公差要求。

刀具的选择要综合考虑各种情况，一般选择大刀粗加工，小刀精加工，刀具的半径一般小于曲面的曲率或圆角的半径，或者略小于最窄通过尺寸。本例的特点是：综合考虑正面加工和反面加工的刀具需求，尽量做到统一，以方便对刀和换刀。从工艺角度考虑，先加工反面，反面加工完后卸下工件，再加工正面。加工时注意对刀的高度，防止过切。

分析有公差要求的尺寸可知，部分尺寸公差需要通过工艺来保证精度。最窄处是 $\phi 59$mm 和 $\phi 40$mm 之间形成的沟槽，理论值为 9.5mm。$R3$mm 的圆角加工只能用 $\phi 6$mm 的立铣刀。综合考虑，本例加工采用 $\phi 16$mm、$\phi 6$mm 立铣刀，$\phi 6 R3$mm 球刀和 $\phi 7.5$mm 麻花钻头。反面加工和正面加工各工序加工内容及切削参数见表 4-1 和表 4-2。

本例采用 FANUC 加工中心加工，单件生产，相比于数控铣床，加工中心的加工工艺会有所不同，但总体思路有两点：

1）在精加工之前保留测量环节，正面采用"磨损"方式控制尺寸精度，反面采用"电脑"方式控制尺寸精度。

2）尽量少换刀，减少因换刀产生的重复定位误差。

表 4-1 反面加工各工序加工内容及切削参数

刀　号	加 工 部 位	刀　具	主轴转速 /（r/min）	进给速度 /（mm/min）
1	二维轮廓的面铣和外形铣	$\phi 16$mm 立铣刀	2000	粗：600，精：400
2	钻 6×$\phi 7.5$ 孔	$\phi 7.5$mm 麻花钻头	1200	100
3	二维轮廓的粗、精加工	$\phi 6$mm 立铣刀	3000	粗：600，精：400
4	铰 6×$\phi 8$mm 孔	$\phi 8$mm 铰刀	100	50
5	曲面的粗、精加工	$\phi 6 R3$mm 球刀	3000	600
6	倒角加工	$\phi 10$mm 倒角刀	2500	600

表 4-2 正面加工各工序加工内容及切削参数

刀　号	加 工 部 位	刀　具	主轴转速 /（r/min）	进给速度 /（mm/min）
1	曲面挖槽粗加工，平面铣	$\phi 16$mm 立铣刀	2000	粗：600，精：400
3	曲面挖槽半精加工和二维轮廓精加工	$\phi 6$mm 立铣刀	3000	粗：600，精：400
5	曲面的精加工	$\phi 6 R3$mm 球刀	3000	600

4.2 反面 CAD 建模

操作步骤如下：

反面线框

反面实体

1）单击主菜单栏【线框】→【矩形】，在下拉菜单中选择【圆角矩形】。输入宽度：118，高度：78，圆角半径：5，点选固定位置为【中心】，鼠标移至原点单击确认，绘出 118mm×78mm 矩形，单击应用图标，确定并创建新的操作；输入宽度：15，高度：15，圆角半径：3，鼠标移至原点单击确认，单击应用图标，输入宽度：5，高度：5，圆角半径：0，单击回车键，弹出对话框，分别输入X-22Y22、X22Y22作为矩形中心；单击◎完成矩形的绘制，结果如图4-2所示。

2）单击【已知点画圆】命令，输入直径：90，用鼠标拾取原点作为圆心，单击◎完成圆的绘制。

3）单击【线端点】命令，类型点选：水平线，方式选择：两端点，在屏幕上拉出一条任意长度的水平线，轴向偏移输入：32.5，单击应用图标◎，确定并创建新的操作。同理拉出一条任意长度的水平线，轴向偏移输入：-32.5，单击◎完成绘制，得出两条水平线分别与圆相交，如图4-3所示。

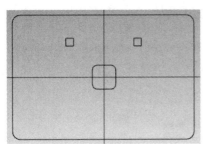

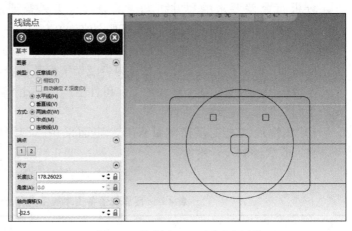

图4-2　矩形绘制结果图　　　　　　　图4-3　绘制φ90mm圆及水平线

4）单击【两点打断】，将φ90mm圆在与X轴交点处打断。单击【图素倒圆角】命令，输入半径：20，勾选【修剪图形】，用鼠标依次选择要倒圆角的角落，单击◎完成倒圆角，结果如图4-4a所示。

5）单击【矩形】命令下方黑色三角符号，单击【椭圆】命令，分别作70mm×25mm、20mm×45mm的椭圆，长短轴的半径分别输入35、12.5和22.5、10，用鼠标分别拾取原点作为中心，扫描角度：默认，旋转角度分别为0°、90°，单击◎完成椭圆绘制，如图4-4b所示。

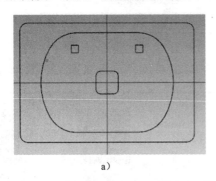
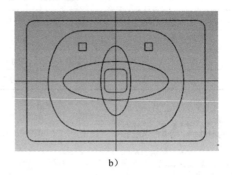

a)　　　　　　　　　　　　　　b)

图4-4　倒圆角及椭圆绘图

6）单击【两点打断】命令，分别将两个椭圆在X、Y轴交点处打断。

7）单击【倒圆角】命令，输入半径：5，用鼠标依次选择两个椭圆外形要倒圆角的轮廓线，单击◎完成倒圆角。

8）单击主菜单【转换】，选择【串连补正】，弹出【串连选项】对话框；图形选择上一步绘制的椭圆图形，单击◎完成线条拾取，弹出【串连补正】对话框，输入距离：2，点选：复制，移动鼠标到已选择要补正图形的外侧，单击鼠标左键，产生补正后的图形，单击◎确定，完成后图形如图 4-5 所示。

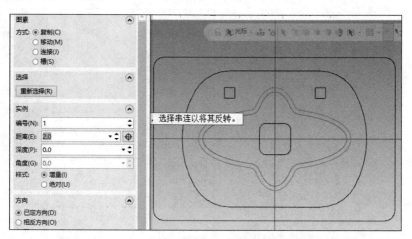

图 4-5　椭圆倒圆角及串连补正后的图形

9）单击【已知点画圆】命令，输入直径 8，单击回车键，输入圆心坐标值 X24.75Y0，单击回车键确定；单击◎完成圆绘制。

10）单击主菜单【转换】，选择【旋转】，单击鼠标左键拾取 ϕ8mm 圆，单击【结束选择】，弹出对话框；以原点为旋转中心，点选：复制，次数：5，角度：60，单击◎确定，如图 4-6 所示。

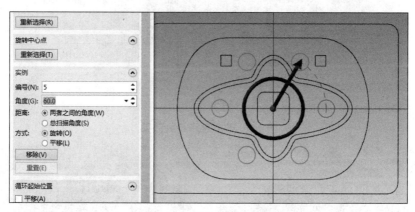

图 4-6　【旋转】对话框及图形

11）单击【已知点画圆】命令，输入直径 13，用鼠标分别拾取两个 ϕ8mm 圆心作圆，单击◎完成圆绘制。单击主菜单【主页】→【属性】，清除颜色，结果如图 4-7 所示。

12）按下快捷键 Alt+2，将视图切换到前视图。单击主菜单【线框】→【矩形】，在下拉菜单中选择【圆角矩形】命令，点选类型：矩圆形，输入宽度：8，高度：16，用鼠标拾取原点为基准点，单击◎完成绘制，结果如图 4-8 所示。

13）按下快捷键 Alt+5，将视图切换到右视图。重复步骤 12），完成矩圆形绘制。按下Alt+7，将视图切换到等角视图，完成后的图案如图 4-9 所示。

14）单击主菜单【实体】→【拉伸】命令，串连选择 118mm×78mm 矩形，方向：向下，距离：28.0，单击⊙继续创建操作；选择 φ90mm×65mm 的矩圆形，方向：向下，距离：6.0，点选【切割主体】，单击⊙继续创建操作，如图 4-10a 所示。串连选择椭圆形成的外框图形，方向：向下，距离：6.0，点选【添加凸台】，如图 4-10b 所示。

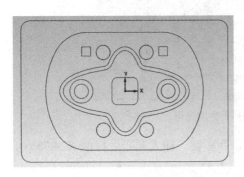

图 4-7　φ13mm 圆绘制

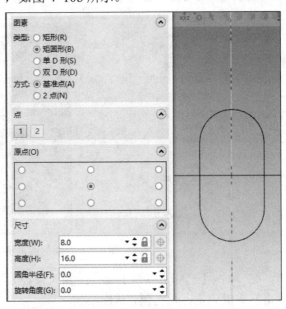

图 4-8　步骤 12）绘图结果

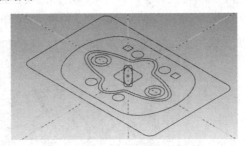

图 4-9　线框绘图最终效果

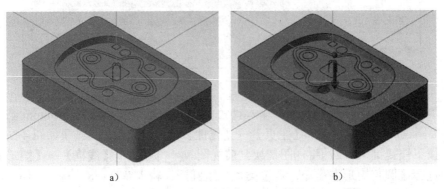

a)　　　　　　　　　　　　　　　b)

图 4-10　实体建模步骤 14）效果

15）串连选择椭圆形成的内框图形，方向：向下，距离：8.0，点选【切割主体】，如图 4-11a 所示。串连选择 15mm×15mm 矩形，方向：向下，距离：8.0，点选【添加凸台】，如图 4-11b 所示。

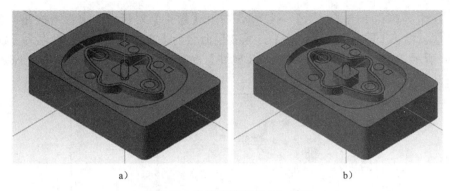

图 4-11 实体建模步骤 15）效果

16）串连选择 5mm×5mm 矩形两处，方向：向下，距离：8.0，点选【添加凸台】，单击 ◉ 继续创建操作，如图 4-12a 所示。选择 6×φ8mm 的圆，点选【切割主体】【全部贯通】，单击 ◉ 继续创建操作，点选【切割主体】，选择 2×φ13mm 的圆，距离：12.0，单击 ◉ 继续创建操作，如图 4-12b 所示。

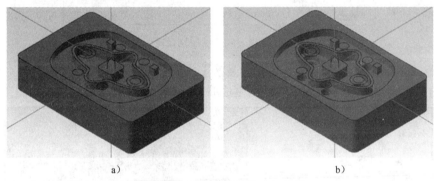

图 4-12 实体建模步骤 16）效果

17）单击【单一距离倒角命令】 ✎，弹出【实体选择】对话框，点选【面】 ◼ ，选择两个 5mm×5mm 矩形上表面，单击 ◉ 确定，弹出【单一距离倒角】对话框，设置距离：2，单击 ◉ 完成倒角，如图 4-13a 所示。串连选择前视图的 8mm×16mm 矩形，点选【切割主体】，距离：8.0，两端同时延伸，单击 ◉ 继续创建操作，串连选择左视图的 8mm×16mm 矩形，点选【切割主体】，距离：8.0，两端同时延伸，单击 ◉ 完成操作，最终建模效果如图 4-13b 所示。

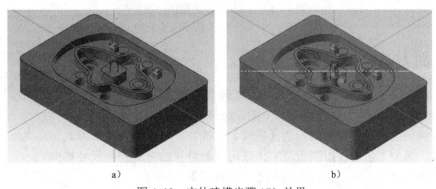

图 4-13 实体建模步骤 17）效果

18）在主菜单栏单击【视图】→图层别，打开【层别】对话框，单击＋按钮，新建第2层和第3层，将第1层命名为【线框】，第2层命名为【实体】，第3层命名为【曲面】。如图4-14所示。单击主菜单【主页】→【属性】→ （设置全部）图标，单击刚才建好的实体，将其层别改为2，如图4-14所示。

图4-14　实体的层别设定

19）将第3层设定为当前层，单击主菜单【曲面】→【由实体生成曲面】，用鼠标左键连续单击三下，选择刚才建好的实体，生成曲面，关闭第2层，最终效果如图4-15所示。

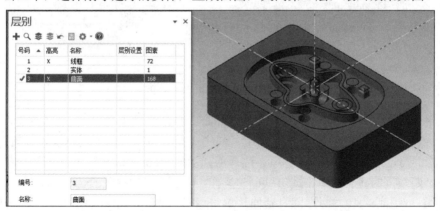

图4-15　反面CAD建模最终效果

4.3　反面刀具路径编辑

本例采用FANUC加工中心加工，相比于数控铣床，加工中心的加工工艺和编程思路会有所不同，总体原则为：

反面粗铣

反面精铣

1）粗铣外形和一般挖槽均勾选【精修】一次，作为半精铣加工方式。

2）粗、精加工之前保留测量环节，采用电脑补正的方式控制尺寸精度。

3）精加工尺寸一步到位，不勾选【分层铣深】。

4）尽量少换刀，减少因换刀产生的重复定位误差。

基本设置：

1）单击主菜单【机床】→【铣床】→【默认】，弹出【刀路管理】对话框。

2）在【机床群组-1】上单击鼠标右键，在弹出的菜单中选择【群组】→【重新名称】，将机床群组改为 MILL。单击【属性】→【毛坯设置】，弹出对话框，设置毛坯参数 X：120、Y：80、Z：30，设置毛坯原点 Z：1.0，如图 4-16 所示。

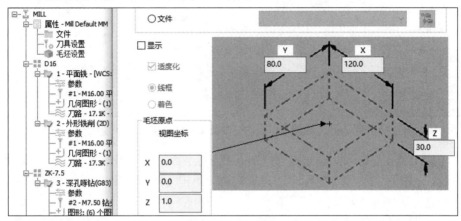

图 4-16　基本设置

刀路编辑步骤如下：

1. 118mm×78mm 面铣

在【刀具群组-1】上单击鼠标右键，将刀具群组名称改为【CX-BJX】。在【刀路管理】对话框空白处单击右键，在弹出的菜单中选择【铣床刀路】→【平面铣】，弹出【线框串连】对话框，选择方式点选 ⟨ 🔗 ⟩，选择 118mm×78mm 矩形，单击 ✅ 确定，弹出【平面铣】参数设置对话框。单击【刀具】→【选择刀库刀具】，选择一把 FLAT END MILL - 16 的平底刀。将刀号改为 1，设置进给速率：600，主轴转速：2000，下刀速率：300，提刀速率：2000，如图 4-17 所示。

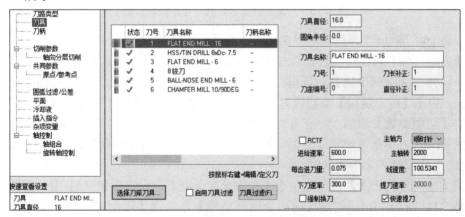

图 4-17　步骤 1 面铣刀具参数设置

单击【切削参数】选项，切削方式选择：双向，设定底面预留量：0，单击【轴向分层切削】选项，勾选：轴向分层切削，设定最大粗切步进量：1.0，精修切削次数：1，步进：0.3，改写进给速率：400，其余默认，如图 4-18 所示。

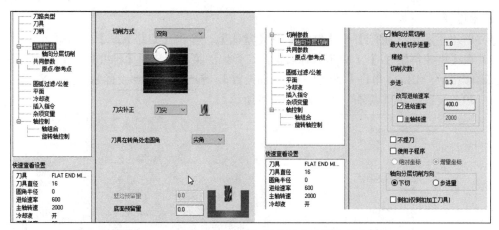

图 4-18 步骤 1 面铣切削参数及轴向分层铣削参数

单击【共同参数】选项，设定提刀：30.0（绝对坐标），下刀位置：3.0（增量坐标），毛坯顶部：1，深度：0（绝对坐标），其余默认。单击【冷却液】选项，设定 Flood：On，单击 ✔ 确定，如图 4-19 所示。

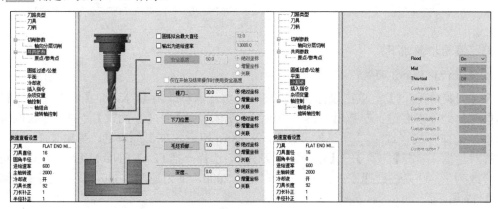

图 4-19 步骤 1 面铣共同参数及冷却液设定

2. 118mm×78mm 外形铣削粗加工

在【刀路管理】对话框空白处单击鼠标右键，在弹出的菜单中选择【铣床刀路】→【外形铣削】，弹出【线框串连】对话框，选择方式点选 🔗 ，选择 118mm×78mm 矩形，单击 ✅ 确定，弹出【外形铣削】参数设置对话框，刀具仍然选择 FLAT END MILL - 16 平底刀。

单击【切削参数】选项，补正方式选择：电脑，补正方向：右，设定底面预留量：0，壁边预留量：0.2，单击【轴向分层切削】选项，勾选【轴向分层切削】，设定最大粗切步进量：20.0，其余默认，如图 4-20 所示。

单击【径向分层切削】选项，勾选【径向分层切削】，设定粗切次数：1，间距：5.0，精修次数：1，间距：0.5，勾选【应用于所有精修】，勾选【进给速率】，设定为：400，其余默认，如图 4-21 所示。

单击【共同参数】选项，设定提刀：30.0（绝对坐标），下刀位置：3.0（增量坐标），毛坯顶部：0，深度：-19.0（绝对坐标），其余默认。单击【冷却液】选项，设定 Flood：On，单击 ✔ 确定，如图 4-22 所示。

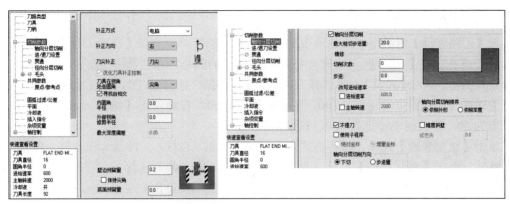

图 4-20　步骤 2 外形铣削切削参数及轴向分层切削参数

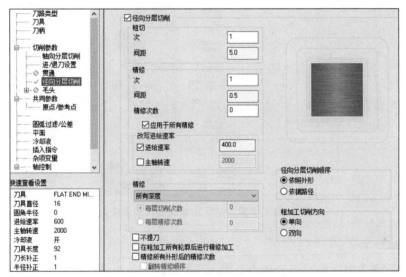

图 4-21　步骤 2 外形铣削径向分层切削参数

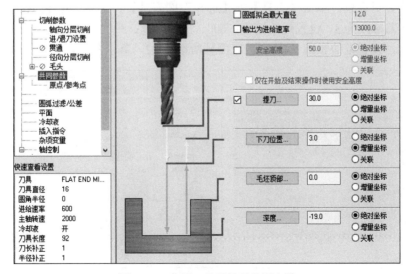

图 4-22　步骤 2 外形铣削共同参数

3. 钻孔 6×ϕ7.5mm

在【刀路管理】对话框空白处单击右键，在弹出的菜单中选择【铣床刀路】→【钻孔】，弹出【刀路孔定义】对话框，依次选择 6×ϕ8mm 圆的圆心，单击●确定，弹出【钻孔】参数设置对话框。单击【刀具】→【选择刀库刀具】，选择一把 HSS/TIN DRILL 8xDc- 7.5 钻头。将刀号改为 2，设置进给速率：100、主轴转速：1200。右键单击【编辑刀具】，将下刀速率设定为 50，提刀速率设定为 100，其余默认。

单击【切削参数】选项，循环方式选择：深孔啄钻（G83），Peck（啄食量）设置：5，其余默认。单击【共同参数】选项，设定参考高度：30.0（绝对坐标），毛坯顶部：0.0（绝对坐标），深度：−33（绝对坐标）。单击【冷却液】选项，设定 Flood：On，单击 ✓ 确定，如图 4-23 所示。

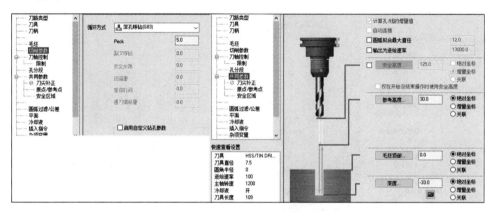

图 4-23   步骤 3 钻孔切削参数和共同参数

4. 挖槽粗加工一

在【刀路管理】对话框空白处单击右键，在弹出的菜单中选择【铣床刀路】→【挖槽】，弹出【串连选项】对话框，依次选择图 4-24 所示图形作为加工轮廓，单击●确定，弹出【2D挖槽】参数设置对话框。单击【刀具】→【选择刀库刀具】，选择一把 FLAT END MILL - 6 的平底刀。将刀号改为 3，设置进给速率：600、主轴转速：3000、下刀速率：300。单击【切削参数】选项，设置壁边预留量：0.2，底面预留量：0.2，其余默认，如图 4-24 所示。

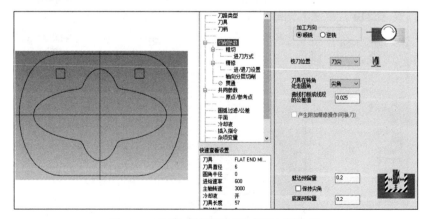

图 4-24   步骤 4 挖槽图形选择及切削参数

单击【粗切】选项，选择：等距环切，设置切削间距（直径%）：75，勾选：刀路最佳化（避免插刀）、由内而外环切，其余默认，如图 4-25 界面上方所示。单击【进刀方式】选项，选择：关。单击【精修】选项，勾选：精修，次数：1，间距：0.2，勾选：精修外边界、只在最后深度才执行一次精修、进给速率，将进给速率改为：400，其余默认，如图 4-25 界面下方所示。

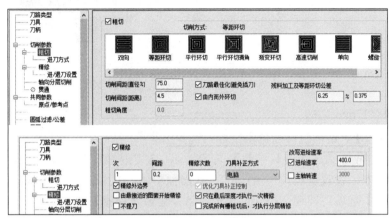

图 4-25　步骤 4 挖槽粗切参数及精修参数

单击【轴向分层切削】，勾选：轴向分层切削，设置最大粗切步进量：0.6，精修切削次数：1，步进：0.2，勾选：进给速率，改为：400，其余默认，如图 4-26 界面左侧所示。单击【共同参数】选项，设定提刀：30.0（绝对坐标），下刀位置：3.0（增量坐标），毛坯顶部：0（绝对坐标），深度：-6（绝对坐标）。单击【冷却液】选项，设定 Flood：On，单击 ✓ 确定，生成刀具路径，如图 4-26 界面右侧所示。

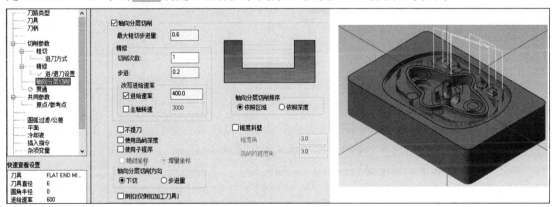

图 4-26　步骤 4 轴向分层切削参数及刀具路径

5. 挖槽粗加工二

在【刀路管理】对话框空白处单击右键弹出菜单，选择【铣床刀路】→【挖槽】，继续挖槽加工，弹出【串连选项】对话框，依次选择图 4-27a 所示图形作为加工轮廓。【刀具】【切削参数】【粗切】【进刀方式】【精修】【轴向分层切削】选项与步骤 4 的设置相同。在【共同参数】选项，将深度改为：-8.0（绝对坐标），其余参数和步骤 4 相同。生成的刀具路径如图 4-27b 所示。

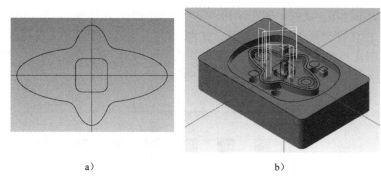

a)   b)

图 4-27　步骤 5 挖槽图形选择及生成刀具路径

6. 粗铣 2×ϕ13mm 沉孔

在【刀路管理】对话框空白处单击鼠标右键弹出菜单，选择【铣床刀路】→【全圆铣削】，图形选择 2 个 ϕ13mm 圆。【刀具参数】同步骤 4，【切削参数】的补正方式选择：电脑，补正方向选择：左，设置壁边预留量：0.2、底面预留量：0.2，其余参数默认。

单击【粗切】选项，勾选：粗切，参数默认；单击【精修】选项，勾选：精修，次数：1，间距：0.2，勾选：进给速率，设定进给速率：400，点选：最后深度，如图 4-28 所示。

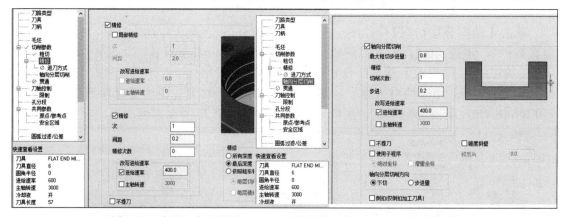

图 4-28　步骤 6 全圆铣削 2×ϕ13mm 圆精修参数和轴向分层切削参数

单击【轴向分层切削】，勾选：轴向分层铣削，设定最大粗切步进量：0.8，精修次数：1，步进：0.2，改写进给速率：400，其余默认，如图 4-28 所示。

单击【共同参数】，设定提刀：30.0（绝对坐标），下刀位置：3.0（增量坐标），毛坯顶部：−8.0（绝对坐标），深度：−12.0（绝对坐标）；单击【冷却液】选项，设定 Flood：On，单击 ✔ 确定，生成刀具路径。

7. 精修 ϕ90mm×65mm 外轮廓

单击机床群组 MILL，右击鼠标弹出菜单，选择【群组】→【新建刀路群组】，设定刀具群组名称为：JX。在【刀路管理】对话框空白处单击鼠标右键弹出菜单，选择【铣床刀路】→【外形铣削】，图形选择 ϕ90mm×65mm，单击 ✅ 确定，弹出【外形铣削】参数设置对话框。单击【刀具】选项，将进给速率改为：400，下刀速率改为 200，其余刀具参数同步骤 6。

单击【切削参数】选项，补正方式选择：电脑，补正方向选择：左，设置壁边预留量：−0.01、底面预留量：−0.01。单击【轴向分层切削】选项，不勾选：轴向分层铣削。单击

【径向分层切削】选项，不勾选：径向分层切削。单击【进 / 退刀设置】选项，设置进刀与退刀直线长度：0，其余默认，如图 4-29 所示。

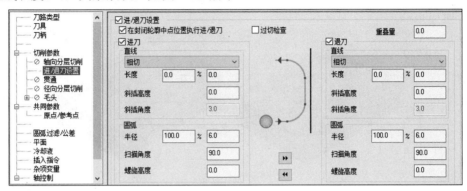

图 4-29 步骤 7 外形铣削进 / 退刀参数

单击【共同参数】选项，设定提刀：30.0（绝对坐标），进给下刀位置：3.0（增量坐标），毛坯顶部：0（绝对坐标），深度：-6.0（绝对坐标）。单击【冷却液】选项，设定 Flood：On，单击 ✔ 确定，生成如图 4-30 所示刀具路径。若发现进 / 退刀的位置与其他地方产生干涉的情况，可以单击步骤 7 的几何图形，在弹出的【串连管理】对话框中，单击【串连 1】，单击鼠标右键选择：起始点，单击 图标，通过动态移动起始点，更改起始点位置，重新生成操作，如图 4-30 所示。

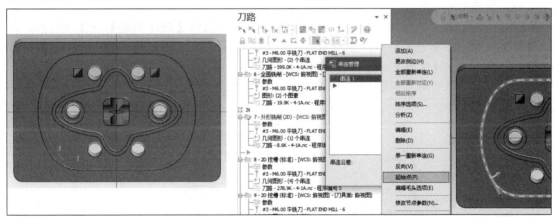

图 4-30 步骤 7 外形铣削刀具路径及进 / 退刀起始点的更改

8. 挖槽精加工一

复制步骤 4，精修步骤 4 图形。在【刀具】选项，将进给速率改为：400，下刀速率改为：200，其余不变。在【切削参数】选项，将壁边预留量改为：0，底边预留量改为：-0.01。在【精修】选项，不勾选：精修；【轴向分层切削】选项，不勾选：轴向分层切削。其余【粗切】【进刀方式】【共同参数】【冷却液】选项均与步骤 4 相同。单击 ✔ 确定，生成刀具路径，如图 4-31a 所示。

9. 挖槽精加工二

复制步骤 5，精修步骤 5 图形。在【刀具】选项，将进给速率改为：400，下刀速率改为：200，其余不变。在【切削参数】选项，将壁边预留量改为：0，底边预留量改为：-0.01。在

【精修】选项，不勾选：精修；【轴向分层切削】选项，不勾选：轴向分层切削。其余【粗切】【进刀方式】【共同参数】【冷却液】选项均与步骤5相同。单击 ✔ 确定，生成刀具路径，如图4-31b所示。

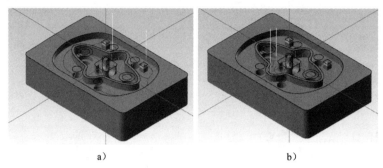

a)　　　　　　　　　　　　　　b)

图4-31　步骤8和步骤9挖槽精修刀具路径

10. **精铣2×ϕ13mm沉孔**

复制步骤6，精修步骤6图形。在【刀具】选项，将进给速率改为：400，下刀速率改为：200，其余不变。在【切削参数】选项，将壁边预留量改为：0，底边预留量改为：-0.01。在【精修】选项，不勾选：精修；【轴向分层切削】选项，不勾选：轴向分层切削。其余【粗切】【进刀方式】【共同参数】【冷却液】选项均与步骤6相同。单击 ✔ 确定，生成刀具路径。

11. **精铰6×ϕ8mm孔**

在【刀路管理】对话框空白处单击右键弹出菜单，选择【铣床刀路】→【钻孔】，弹出【刀路孔定义】对话框，依次选择6×ϕ8mm圆的圆心，单击 ✔ 确定，弹出【钻孔】参数设置对话框。单击【刀具】→【创建刀具】，创建一把直径为8mm的铰刀，设定直径：8，刀齿长度：50。将刀号改为4，设置进给速率：50，主轴转速：100，下刀速率：20，材料：HSS，其余参数默认，如图4-32所示。

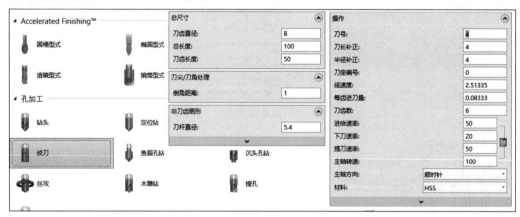

图4-32　步骤11铰刀的创建

单击【切削参数】选项，循环方式选择：深孔啄钻（G83），Peck（啄食量）设置：10，其余默认。单击【共同参数】选项，设定参考高度：10.0（绝对坐标），毛坯顶部：0.0（绝对坐标），深度：-33.0（绝对坐标）。单击【冷却液】选项，设定Flood：On，单击 ✔ 确定。

12. 曲面粗加工：直纹加工

单击主菜单【转换】→【平移】，选择前视图的 8mm×16mm 圆角矩形，方式点选：复制，方向点选：双向，增量 Y：11，复制 8mm×16mm 的圆角矩形两处，距离 11mm。将两处圆角矩形于两边的中点处打断，删除上半部分图形。返回主菜单，单击【线框】→【修剪】→【修改长度】，类型点选：加长，距离：3。完成后的图形如图 4-33a 所示。

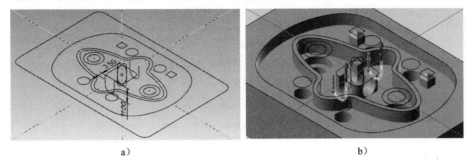

a)   b)

图 4-33　步骤 12 直纹加工图形的创建和选取

在【刀路管理】对话框空白处单击鼠标右键弹出菜单，选择【铣床刀路】→【线框】→【直纹】，选择如图 4-33b 所示的图形，单击 ✓确定，弹出【直纹】参数设置对话框。单击【刀具】→【选择刀库刀具】，选择一把 BALL-NOSE END MILL - 6 球刀。将刀号改为 5，设置进给速率：600、主轴转速：3000、下刀速率：300，单击【Coolant】选项，选择 Flood：On，开启冷却液，如图 4-34 界面左侧所示。

单击【直纹加工参数】选项，设置截断方向切削量：0.2，预留量：0.15，安全高度（绝对坐标）：10，电脑补正位置：右，校刀位置：中心，其余默认，如图 4-34 界面右侧所示。

图 4-34　步骤 12 刀具参数及直纹加工参数

13. 曲面粗加工：直纹加工（路径转换方式）

在【刀路管理】对话框空白处单击鼠标右键弹出菜单，选择【铣床刀路】→【路径转换】，弹出【转换操作参数】对话框，刀路转换类型与方式，点选：旋转，方式点选：坐标，其余默认，如图 4-35 所示。单击【旋转】选项卡，设定实例：1 次，角度：90，其余默认，如图 4-36 界面左侧所示。步骤 12、13 的刀具路径如图 4-36 界面右侧所示。

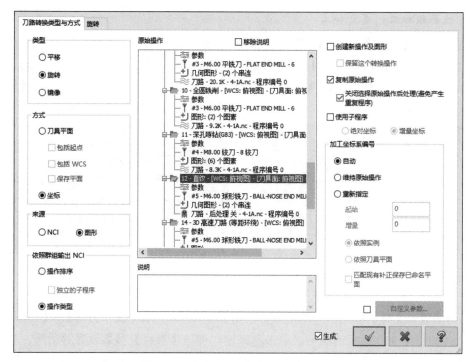

图 4-35　步骤 13 刀路转换类型及方式

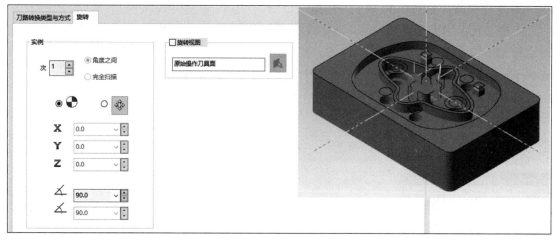

图 4-36　步骤 13 旋转参数及步骤 12、13 的刀具路径

14. 曲面精加工：3D 高速曲面刀路 - 等距环绕

在【刀路管理】对话框空白处单击鼠标右键弹出菜单，选择【铣床刀路】→【3D 高速刀路】→【环绕】，刀具仍然选择刀号为 5 的 BALL-NOSE END MILL - 6 球刀，设定进给速率：400、主轴转速：3000、下刀速率：200，其余参数默认。

单击【刀路类型】选项，选择：精修、等距环绕，如图 4-37 上方所示；单击【模型图形】选项，选择加工面如图 4-37 左下方所示，干涉面如图 4-37 右下方所示。加工面的壁边和底面预留量：0，干涉面的壁边预留量：0.2，底面预留量：0，如图 4-38 上方所示。

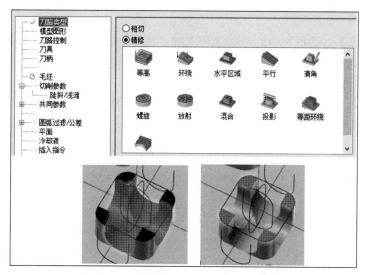

图 4-37　步骤 14 刀路类型、加工面和干涉面的选取

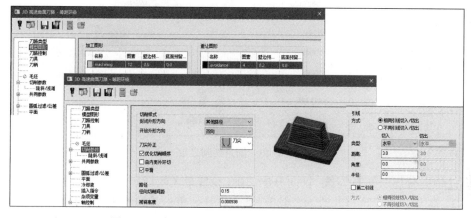

图 4-38　步骤 14 模型图形、切削参数和共同参数

单击【切削参数】选项，设定径向切削间距：0.15，其余默认，如图4-38左下方所示。【共同参数】选项，设定安全平面：30.0（绝对值），引线方式：相同引线切入/切出，设定距离：3.0，角度：0，半径：0，如图4-38右下方所示；其余【刀路控制】【陡斜/浅滩】等均默认。单击【冷却液】选项，设定 Flood：On，单击 ✓ 确定，刀具路径如图 4-39a 所示。

a)　　　　　　　　　　　　　b)

图 4-39　步骤 14、15 的刀具路径

15. **倒角加工**

在【刀路管理】对话框空白处单击鼠标右键，在弹出的菜单中选择【铣床刀路】→【外形铣削】，图形选择两个 5mm×5mm 的正方形，单击✅确定，弹出【外形铣削】参数设置对话框。

单击【刀具】→【选择刀库刀具】，选择一把 CHAMFER MILL 10/90DEG 的倒角刀。将刀号改为 6，设置进给速率：600、主轴转速：2500、下刀速率：300、提刀速率：2000，其余参数默认。

单击【切削参数】选项，设定补正方式：电脑，补正方向：左，外形铣削方式：2D 倒角。倒角宽度：2，底部偏移：1.5，设置壁边预留量：0、底面预留量：0，如图 4-40 所示。

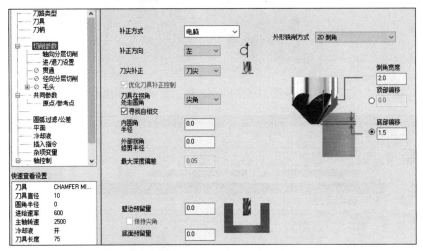

图 4-40　倒角切削参数

单击【轴向分层切削】，勾选：轴向分层切削，设置最大粗切步进量：0.8，精修切削次数：1，步进：0.3，勾选：进给速率，改为：400，其余默认。单击【进／退刀设置】选项，不勾选：在封闭轮廓中点位置执行进／退刀。设置进刀与退刀直线长度：0%、圆弧半径：20%。其余默认，如图 4-41 所示。单击【共同参数】，设定提刀：30.0（绝对坐标），下刀位置：3.0（增量坐标），毛坯顶部：0.0（绝对坐标），深度：0.0（绝对坐标）；单击【冷却液】选项，设定 Flood：On，单击✅确定，生成如图 4-39b 所示刀具路径。

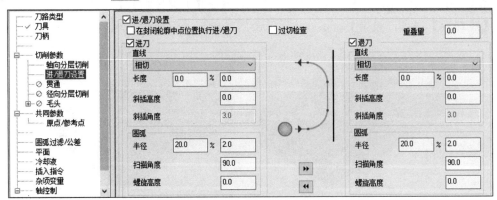

图 4-41　步骤 15 进／退刀参数

16.　118mm×78mm 外形精修

复制步骤 2，在【刀具参数】中将进给速率改为：400，下刀速率改为：200，其余不变。在【切削参数】选项中，将壁边预留量改为：0，其余不变。单击【径向分层切削】选项，不勾选：径向分层切削，其余各参数同步骤 2。

在【刀路管理】对话框中单击 全选所有操作，单击 验证，实体切削验证效果如图 4-42 所示。将本例保存为【4-1A.mcam】文档。

图 4-42　实体切削验证效果

> **注：**
>
> 　　本例的特点是图样尺寸要求中既有对称偏差，也有非对称偏差。尺寸公差主要通过电脑补正来实现。先在轮廓方向预留 0.2mm 余量，Z 向深度尺寸公差加工到位。非对称偏差比如步骤 7 的 ϕ90mm×65mm 外轮廓精修，需单独采用电脑补正；对称公偏比如步骤 8、9 的挖槽精修，可以采用电脑补正一步到位。
>
> 　　在步骤 7 和步骤 12、15 均要考虑进刀和退刀位置是否有干涉，特别是步骤 12 的直纹加工，为了避免下刀过切和实现加工范围外下刀，有必要重新设计串连线框。如果有干涉，就要重新设定进退刀的参数。
>
> 　　本例的孔加工采用的是钻孔 - 铰孔的方式，主要是考虑到常见的 ϕ6mm 立铣刀刃口长度一般在 15mm 左右，不适用于深孔的精加工，改用 ϕ8mm 铰刀比较合适。

本例是单件生产的工艺过程，它与批量生产的工艺是不同的。通过测量和补偿预留量，批量生产的工艺可以大大简化。

4.4　正面 CAD 建模

操作步骤如下：

1）单击绘图区下方状态栏的【Z】，输入新的作图深度：-10。单击主菜单栏【线框】→【矩形】，在下拉菜单中选择【圆角矩形】。输入宽度：118、高度：78、圆角半径：5，点选固定位置为【中心】，鼠标移至原点单击确认，绘出 118mm×78mm 矩形，单击应用图标 。

单击【线端点】命令，类型点选【水平线】、方式选择【两端点】，在屏幕上拉出一条任意长度的水平线，轴向偏移输入：0，单击应用图标 ，确定并创建新的操作；同理拉出一条任意长度的水平线，轴向偏移输入：-15，单击 完成绘制。点选【垂直线】，按照相同方法画出三条垂直线，轴向偏移分别为：0、42.5、52.5，如图 4-43a 所示。

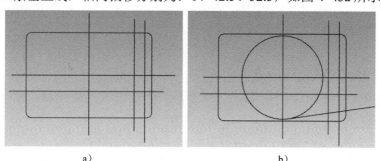

a)　　　　　　　　　　　　　b)

图 4-43　步骤 1）、2）的绘图原始图形

2）单击【已知点画圆】命令，输入直径：75，用鼠标拾取原点作为圆心，单击 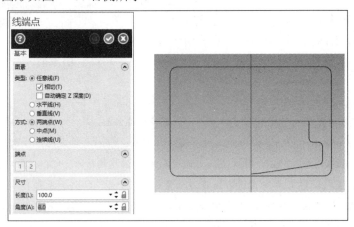完成圆的绘制。单击【线端点】命令，类型：任意线，勾选【相切】，方式：两端点，长度：100，角度：8.0，如图 4-44 左侧所示。选择 ϕ75mm 的圆右下方为切点，在屏幕上画出切线，鼠标点选右端保存，如图 4-43b 所示。修剪并圆角 R3mm 各处，删除 X、Y 轴的水平线和垂直线，完成的图形如图 4-44 右侧所示。

图 4-44 步骤 2）切线参数和修剪后图形

3）单击主菜单【转换】，选择【镜像】，以串连方式选择图 4-44 右侧矩形内的图形，先点选 X 轴，以复制的方式镜像 1 次。然后串连选择镜像后的图形，点选 Y 轴，再以复制的方式镜像 1 次，最后的效果如图 4-45a 所示。单击【已知点画圆】命令，输入直径：40，用鼠标拾取原点作为圆心，单击 ✅完成圆的绘制。

单击绘图区下方状态栏的【Z】，输入新的作图深度：0。单击【已知点画圆】命令，分别输入直径：65、59，用鼠标拾取原点作为圆心，完成圆的绘制，如图 4-45b 所示。

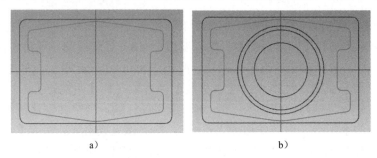

a)　　　　　　　　　　　　　　b)

图 4-45 步骤 3）完成后的图形

4）单击主页【隐藏 / 取消隐藏】，选择 ϕ40mm 的圆，单击【结束选择】。按下快捷键 Alt+5，将视图切换到右视图。单击【线框】→【线端点】，点选【垂直线】，分别以 ϕ40mm 圆的左右四分点绘制垂直线，长度任意。

单击【线框】→【画弧】→【三点画弧】，分别输入三点坐标：X0Y-2、X10Y0、X20Y-2，画出圆弧一；同理输入三点坐标：X0Y-2、X-10Y-4、X-20Y-2，画出圆弧二，如图 4-46a 所示。单击【线框】→【线端点】，点选【水平线】，轴向偏移输入：10，长度任意。修剪多余线段，完成后的图形如图 4-46b 所示。单击主页【隐藏 / 取消隐藏】，按下快捷键 Alt+7，将视图切换到等角视图，整体效果如图 4-47 所示。

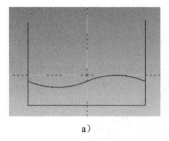
a)

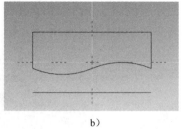
b)

图 4-46 步骤 4）完成后的图形

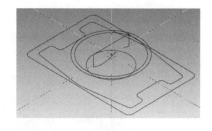

图 4-47 线框绘图整体效果

5）单击主菜单【实体】→【拉伸】命令，串连选择 118mm×78mm 矩形，方向：向下，距离：18.0，单击◎完成；继续创建操作，选择图 4-45a 矩形，方向【向上】，距离：12，点选【增加凸台】，单击◎完成，如图 4-48a 所示。

按下快捷键 Alt+2，将视图切换到前视图，单击主菜单【线框】→【绘点】，输入坐标：X0Y-854，在图上绘出一点。单击【实体】→【基本实体】→【球体】，输入半径：850，选取刚才的点为球心，绘出球体，单击◎完成，如图 4-48b 所示。

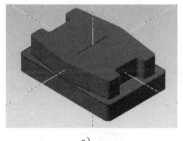
a)

b)

图 4-48 实体建模步骤 5）效果

6）单击主菜单【实体】→【布尔运算】，目标实体选择图 4-48a 所示实体，工具实体选择：球体，类型点选：交集，产生如图 4-49a 所示实体。单击主菜单【实体】→【拉伸】，选择 ϕ65mm 圆，方向：向下，距离：10.0，点选【添加凸台】，单击◎完成；选择 ϕ59mm 圆，方向【向下】，距离：6.0，点选【切割主体】，单击◎完成。

按下快捷键 Alt+S，将实体显示模式切换到：线框模式，选择 ϕ40mm 圆，方向：向上，距离：12.0，点选【添加凸台】，单击◎完成；再次按下快捷键 Alt+S，切换到着色模式，按下快捷键 Alt+7，切换到等角视图，如图 4-49b 所示。

7）单击主菜单【实体】→【拉伸】，选择图 4-46b 所示图形，方向：向右，距离：21.0，点选：两端同时延伸，点选：切割主体，单击◎完成，如图 4-50a 所示。

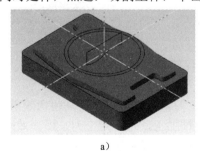
a)

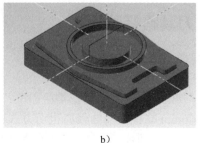
b)

图 4-49 实体建模步骤 6）效果

单击主菜单【实体】→【固定半径圆角】，选择 ϕ65mm 圆拉伸后与主体的交线，输入半径：3.0，单击◎完成；选择球体与主体交集后生成的球面，输入半径：1.0，单击◎完成，如图 4-50b 所示。

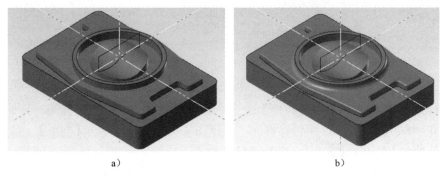

图 4-50 实体建模步骤 7）效果

8）在主菜单栏单击【视图】→ 圖层别，打开【层别】对话框，单击【+】，新建第 2 层和第 3 层，将第 1 层命名为【线框】，第 2 层命名为【实体】，第 3 层命名为【曲面】，如图 4-51 左所示。单击主菜单【主页】→【属性】→ 蒜（设置全部）图标，单击刚才建好的实体，将其层别改为【第 2 层】。

将第 3 层设定为当前层，单击主菜单【曲面】→【由实体生成曲面】，用鼠标左键连续单击三下，选择刚才建好的实体，生成曲面，关闭第 2 层，结果如图 4-51 所示。

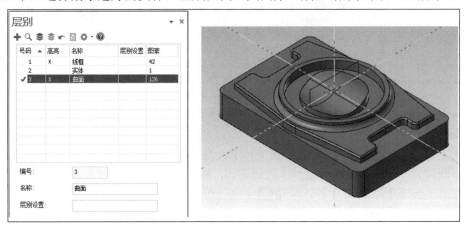

图 4-51 正面 CAD 建模最终效果

4.5 正面刀具路径编辑

正面粗铣　　正面精铣

正面也同样采用 FANUC 加工中心加工，保持与反面的刀具相同，刀号一致。

1）采用 ϕ16mm 立铣刀曲面挖槽粗加工，吃刀量给大一点，提高粗切效率。

2）采用 ϕ6mm 立铣刀曲面残料粗切方式半精加工，避免走空刀，提高效率。

3）带有公差的外形铣削尺寸采用【磨损】补正方式精加工，加工时设定磨损量。

4）采用 ϕ6R3mm 球刀进行平行铣削曲面精加工。

基本设置：

1）单击主菜单【机床】→【铣床】→【默认】，弹出【刀路管理】对话框。

2）单击【机床群组 -1】，单击鼠标右键弹出菜单，选择【群组】→【重新名称】，将机床群组改为 MILL。单击【属性】→【毛坯设置】，弹出对话框，设置毛坯参数 X：120、Y：80、Z：30，设置毛坯原点 Z：1.0，其余参数默认。

刀路编辑步骤如下：

1. 曲面粗切挖槽

单击【刀具群组 -1】，单击鼠标右键将刀具群组名称改为 "CX"。在【刀路管理】对话框空白处单击右键，在弹出的菜单中选择【铣床刀路】→【曲面粗切】→【挖槽】，按住鼠标左键用矩形框选择图 4-51 所示的全部曲面，单击【结束选择】，弹出【刀路曲面选择】对话框，单击【切削范围】，选择 118mm×78mm 矩形，单击 ✓ 确定，如图 4-52 左侧所示，弹出【曲面粗切挖槽】参数设置对话框。单击【刀具参数】→【选择刀库刀具】，选择一把 FLAT END MILL - 16 平底刀，将刀号改为 1，设置进给速率：600、主轴转速：2000、下刀速率：300，单击【Coolant】，选择 Flood：On，开启冷却液，如图 4-52 右侧所示。

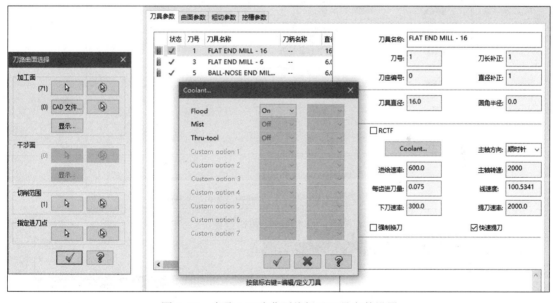

图 4-52　步骤 1 刀路曲面选择及刀具参数设置

单击【曲面参数】选项卡，设定提刀：30.0（绝对坐标），下刀位置：3.0（增量坐标），加工面毛坯预留量：0.4，刀具位置点选：外，其余默认，如图 4-53 所示。

单击【粗切参数】选项卡，设定 Z 轴最大步进量：2.0，勾选：斜插进刀、由切削范围外下刀，如图 4-54 所示。单击【斜插进刀】，参数默认，单击 ✓ 确定，如图 4-55 左侧所示。

单击【切削深度】，点选：绝对坐标，设定最高位置：-0.5，最低位置：-10.0。勾选：自动调整加工面预留量，单击 ✓ 确定，如图 4-55 右侧所示。

单击【挖槽参数】选项卡，选择：等距环切，勾选：由内而外环切，其余参数默认，如图 4-56 左侧所示。步骤 1 和步骤 2 的刀具路径如图 4-56 右侧所示。

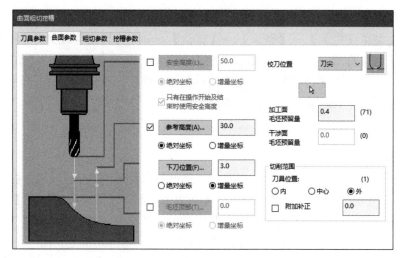

图 4-53 步骤 1 曲面参数

图 4-54 步骤 1 粗切参数

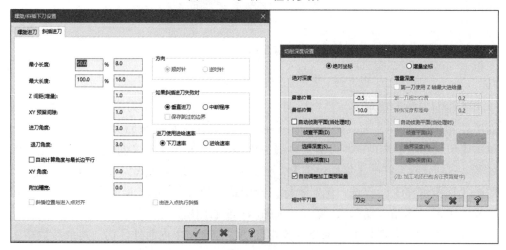

图 4-55 步骤 1 斜插进刀参数和切削深度设置

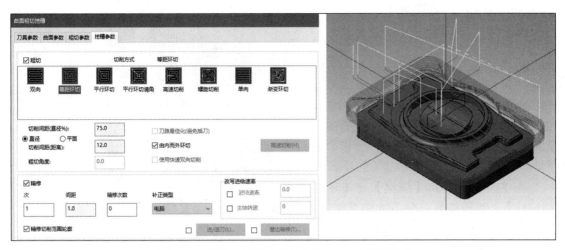

图 4-56 步骤 1 挖槽参数和步骤 1、2 的刀具路径

2. 平面铣

在【刀路管理】对话框空白处单击右键，在弹出的菜单中选择【铣床刀路】→【平面铣】，弹出【线框串连】对话框，选择方式点选 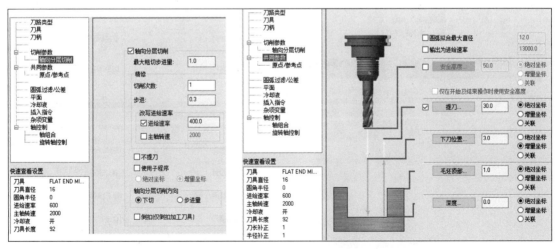，选择 ϕ65mm 圆，单击 ✔ 确定，弹出【平面铣】参数设置对话框。仍然选择 FLAT END MILL - 16 的平底刀。设置进给速率：600，主轴转速：2000，下刀速率：300，提刀速率：2000，其余参数默认。

单击【切削参数】选项，切削方式选择【双向】，设定【底面预留量】：0，其余参数默认。单击【轴向分层切削】选项，勾选：轴向分层切削，设定最大粗切步进量：1.0，精修切削次数：1，步进：0.3，改写进给速率：400，其余默认，如图 4-57 左侧所示。

单击【共同参数】选项，设定提刀：30.0（绝对坐标），下刀位置：3.0（增量坐标），毛坯顶部：1，深度：0（绝对坐标），其余默认。单击【冷却液】选项，设定 Flood：On，单击 ✔ 确定，如图 4-57 右侧所示。

图 4-57 步骤 2 平面铣的轴向分层切削参数和共同参数

3. 曲面残料粗切加工一（球面部分）

当步骤 1 用 ϕ16mm 的立铣刀进行大刀粗加工后，需要换 ϕ6mm 的立铣刀在步骤 1 的残料

基础上进行半精加工。从零件的特征可以
看出，零件的上半部分是一个球面和圆角
面，最低点位于图 4-58 左下方箭头所指
的端点处，ϕ6mm 的立铣刀半精加工时 Z
向步距可以适当给得小一些，精修的余量
也比较均匀；零件的下半部分是垂直面，
Z 向步距可以适当给得大一些，分别给予
不同的步距，可以提高半精加工的效率。

在主菜单栏单击【线框】→【单边
缘曲线】，选择如图 4-58 左上方的平面，
将鼠标移动到左边缘，单击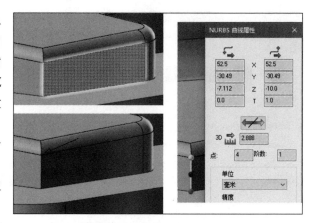确定，产生
如图 4-58 左下方的直线。单击【主页】→

图 4-58　步骤 3 直线参数分析

【图素分析】，得到图 4-58 左下方箭头所指端点的 Z 向坐标：-7.112。

按下 Alt+O，返回【刀路管理】对话框，在【刀路管理】对话框空白处单击右键，在
弹出的菜单中选择【铣床刀路】→【曲面粗切】→【残料】，按住鼠标左键用矩形框选择
图 4-51 所示的全部曲面，单击【结束选择】，弹出【刀路曲面选择】对话框，单击【切
削范围】，选择 118mm×78mm 矩形，单击 ✔ 确定，弹出【曲面残料粗切】参数设置对
话框。单击【刀具参数】→【选择刀库刀具】，选择一把 FLAT END MILL - 6 平底刀，
将刀号改为 3，设置进给速率：600、主轴转速：3000、下刀速率：300，单击【Coolant】，
选择 Flood：On，如图 4-59 所示。

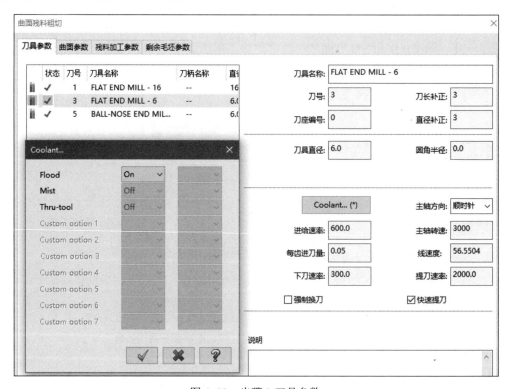

图 4-59　步骤 3 刀具参数

　　单击【曲面参数】选项卡，设定提刀：30.0（绝对坐标），下刀位置：3.0（增量坐标），加工面毛坯预留量：0.2，刀具位置点选：外，其余默认，如图 4-60 所示。

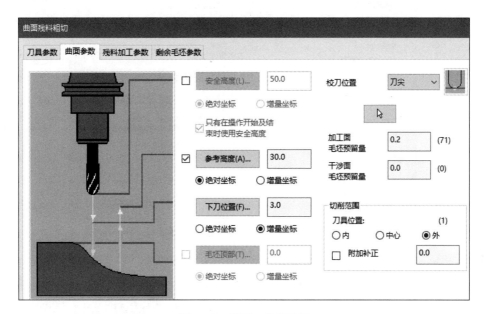

图 4-60　步骤 3 曲面参数

　　单击【残料加工参数】选项卡，设定 Z 最大步进量：0.3，勾选：切削顺序最佳化、降低刀具负载，其余参数默认。单击【切削深度】，点选：绝对坐标，设定最高位置：-0.5，最低位置：-7.1。勾选：自动调整加工面预留量，单击 ✓ 确定，如图 4-61 所示。

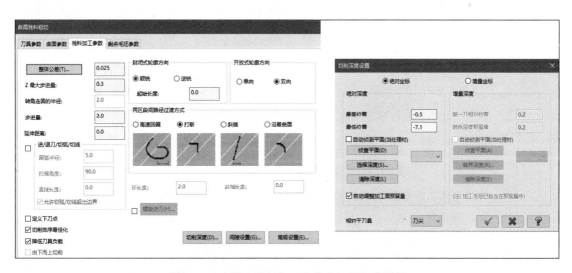

图 4-61　步骤 3 残料加工参数和切削深度设置

　　单击【剩余毛坯参数】选项卡，点选：指定操作，选择步骤 1 的曲面粗切挖槽，点选：直接使用剩余毛坯范围，其余参数默认，如图 4-62 所示。

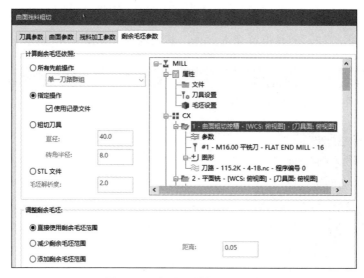

图 4-62　步骤 3 剩余毛坯参数

4．曲面残料粗切加工二（直壁部分）

复制步骤 3，在【残料加工参数】选项卡中，Z 最大步进量改为：0.8；在【切削深度】选项，将最高位置改为：-7.1，最低位置改为：-10.0，其余各参数与步骤 3 相同，如图 4-63 所示。步骤 3 和步骤 4 的刀具路径如图 4-64 所示。

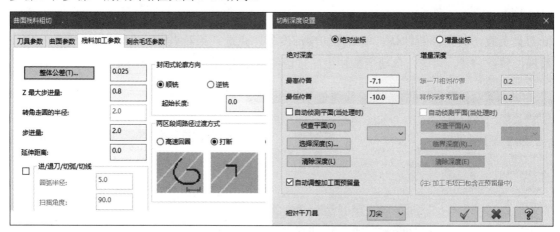

图 4-63　步骤 4 残料加工参数和切削深度设置

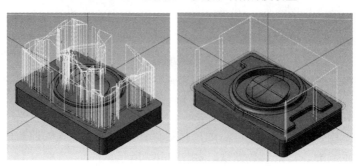

图 4-64　步骤 3 和步骤 4 的刀具路径

5. 外形铣削精加工（双凹形）

单击机床群组【MILL】，单击鼠标右键弹出菜单，选择【群组】→【新建刀路群组】，将刀路群组名称改为"JX"。在【刀路管理】对话框空白处单击鼠标右键弹出菜单，选择【铣床刀路】→【外形铣削】，弹出【线框串连】对话框，选择方式点选 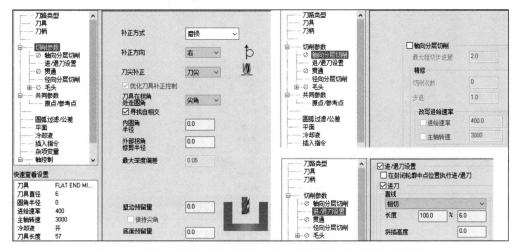，选择图4-45a所示的凹形件，单击 ✅ 确定。弹出【外形铣削】参数设置对话框，刀具仍然选择3# FLAT END MILL - 6平底刀。设置进给速率：400，主轴转速：3000，下刀速率：200，提刀速率：2000，其余参数默认。

单击【切削参数】选项，补正方式选择：磨损，补正方向：右，设定底面预留量：0，壁边预留量：0，单击【轴向分层切削】选项，不勾选：轴向分层切削，在【进/退刀设置】中，不勾选：在封闭轮廓中点位置执行进/退刀，其余参数默认，如图4-65所示。

图4-65　步骤5切削参数、轴向分层切削参数和进/退刀设置参数

单击【径向分层切削】选项，勾选：径向分层切削，设定粗切次数：4，间距：4.5，精修次数：0，其余参数默认，如图4-66左侧所示。单击【共同参数】选项，设定提刀：30.0（绝对坐标），下刀位置：3.0（增量坐标），毛坯顶部：-10.0（绝对坐标），深度：-10.0（绝对坐标），其余默认。单击【冷却液】选项，设定Flood：On，单击 ✅ 确定，如图4-66右侧所示。

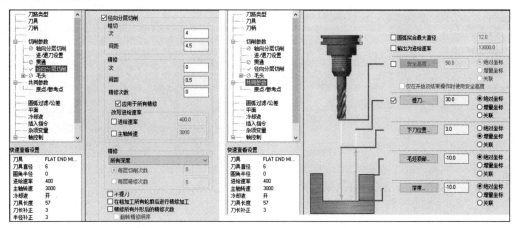

图4-66　步骤5径向分层切削参数和共同参数

6. 精修 $\phi 59_0^{+0.04}$ mm 圆

在【刀路管理】对话框空白处单击鼠标右键，在弹出的菜单中选择【铣床刀路】→【外形铣削】，弹出【线框串连】对话框，选择方式点选 🔗 ，选择 ϕ59mm 的圆，单击 ✅ 确定，弹出【外形铣削】参数设置对话框，刀具仍然选择 3# FLAT END MILL - 6 平底刀。设置进给速率：400，主轴转速：3000，下刀速率：200，提刀速率：2000，其余参数默认。

单击【切削参数】选项，补正方式选择：磨损，补正方向：左，设定底面预留量：-0.01，壁边预留量：-0.01。在【轴向分层切削】选项中，不勾选：轴向分层切削；在【进 / 退刀设置】选项中，不勾选：在封闭轮廓中点位置执行进 / 退刀，设定进刀和退刀的直线长度：0%，圆弧半径：30%，其余参数默认，如图 4-67 所示。

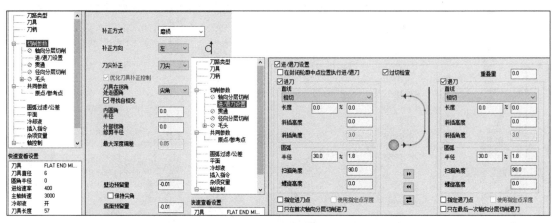

图 4-67　步骤 6 切削参数和进 / 退刀设置参数

单击【径向分层切削】选项，不勾选：径向分层切削。单击【共同参数】选项，设定提刀：30.0（绝对坐标），下刀位置：3.0（增量坐标），毛坯顶部：-6.0（绝对坐标），深度：-6.0（绝对坐标），其余默认。单击【冷却液】选项，设定 Flood：On，单击 ✅ 确定，如图 4-68 左侧所示。步骤 5、6 的刀具路径如图 4-68 右侧所示。

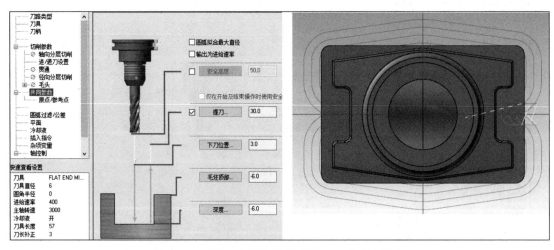

图 4-68　步骤 6 共同参数和步骤 5、6 的刀具路径

7. 精修 $\phi 40^{\ 0}_{-0.04}\,\text{mm}$ 圆

复制步骤 6，单击【几何图形 -（1）个串连】，打开【串连管理】对话框，单击【串连 1】，单击鼠标右键选择删除，单击【添加】，选择 $\phi 40\text{mm}$ 的圆，单击 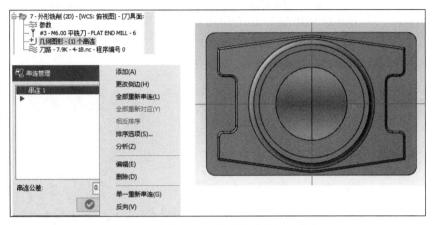确定。

单击【参数】选项，打开【2D 刀路 - 外形铣削】对话框，单击【切削参数】，将补正方向改为：右，其余参数默认。单击 ▶重新生成操作，如图 4-69 所示。

图 4-69　步骤 7 几何图形的更改和刀具路径

8. 精修 $\phi 65\text{mm}$ 圆

在主菜单栏单击【线框】→【单边缘曲线】，选择如图 4-70 左上方所示的圆角面，将鼠标移动到左边缘，单击 确定，产生如图 4-70 左下方所示的圆弧。单击【主页】→【图素分析】，得到圆弧的 Z 向坐标：−1.739，如图 4-70 所示。

图 4-70　步骤 8 圆弧参数分析

在【刀路管理】对话框空白处单击鼠标右键弹出菜单，选择【铣床刀路】→【外形铣削】，弹出【线框串连】对话框，选择方式点选 ，选择 $\phi 65\text{mm}$ 圆，单击 确定，弹出【外形铣削】参数设置对话框，刀具仍然选择 3# FLAT END MILL - 6 平底刀。设置进给速率：400，主轴转速：3000，下刀速率：200，提刀速率：2000，其余参数默认。

单击【切削参数】选项，补正方式选择：磨损，补正方向：右，设定底面预留量：0，壁边预留量：0，单击【轴向分层切削】选项，不勾选：轴向分层切削，单击【进/退刀设置】选项，不勾选：在封闭轮廓中点位置执行进/退刀，其余参数默认。

单击【径向分层切削】选项，不勾选：径向分层切削。单击【共同参数】选项，设定提刀：30.0（绝对坐标），下刀位置：3.0（增量坐标），毛坯顶部：-1.739（绝对坐标），深度：-1.739（绝对坐标），其余默认。单击【冷却液】选项，设定 Flood：On，单击 ✓ 确定，如图 4-71 左侧所示，刀具路径如图 4-71 右侧所示。

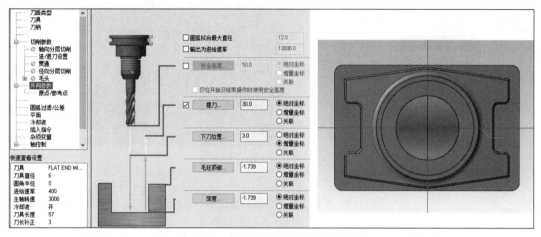

图 4-71　步骤 8 共同参数及刀具路径

9. 曲面精修一（起伏面）

在【刀路管理】对话框空白处单击鼠标右键，在弹出的菜单中选择【铣床刀路】→【曲面精修】→【平行】，选择图 4-72 左侧所示的曲面，单击【结束选择】，弹出【刀路曲面选择】对话框，单击【切削范围】，选择 ϕ40mm 圆，单击 ✓ 确定，弹出【曲面精修平行】参数设置对话框。单击【刀具参数】→【选择刀库刀具】，选择一把 BALL-NOSE END MILL - 6 的球刀。将刀号改为 5，设置进给速率：600，主轴转速：3000，下刀速率：300，单击【Coolant】选项，选择 Flood：On，开启冷却液，如图 4-72 右侧所示。

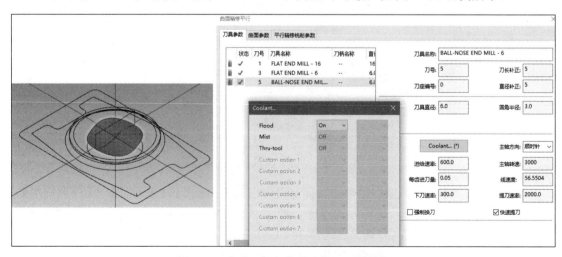

图 4-72　步骤 9 加工曲面选择及刀具参数

单击【曲面参数】选项卡，单击【曲面参数】选项卡，设定提刀：30.0（绝对坐标），下刀位置：3.0（增量坐标），加工面毛坯预留量：0，刀具位置点选：中心，其余参数默认，如图 4-73a 所示。

单击【平行精修铣削参数】选项卡，设定切削方向：双向，设定最大切削间距：0.2，加工角度：0。单击【间隙设置】，在【刀路间隙设置】对话框中，允许间隙大小点选：距离，设定为：3.6，勾选：切削排序最佳化，其余参数默认，如图 4-73b 所示。

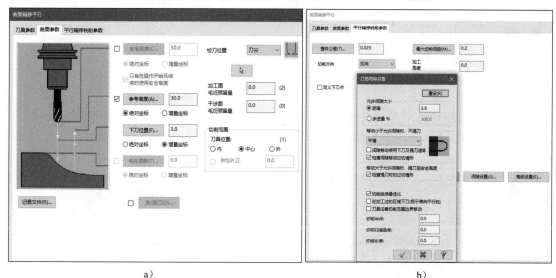

a)   b)

图 4-73 步骤 9 曲面参数和平行精修铣削参数

10. 曲面精修二（球面及周边 $R1$ 圆角面）

在【刀路管理】对话框空白处单击鼠标右键，在弹出的菜单中选择【铣床刀路】→【曲面精修】→【平行】，加工面选择图 4-74a 所示的曲面，单击【结束选择】，弹出【刀路曲面选择】对话框，单击【干涉面】，选择图 4-74b 所示的曲面，单击 ✓ 确定，弹出【曲面精修平行】参数设置对话框。仍然选择 5# BALL-NOSE END MILL - 6 的球刀。设置进给速率：600，主轴转速：3000，下刀速率：300，单击【Coolant】选项，选择 Flood：On，开启冷却液。

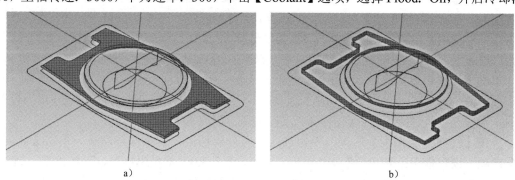

a)   b)

图 4-74 步骤 10 加工曲面和干涉面的选择

单击【曲面参数】选项卡，设定提刀：30.0（绝对坐标），下刀位置：3.0（增量坐标），加工面毛坯预留量：0，干涉面毛坯预留量：0.1，其余参数默认，如图 4-75 左侧所示。

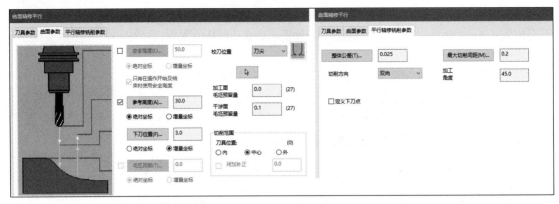

图 4-75　步骤 10 曲面参数和平行精修铣削参数

单击【平行精修铣削参数】选项卡，设定切削方向：双向，设定最大切削间距：0.2，加工角度：45.0。【间隙设置】参数同步骤 9，其余参数默认，如图 4-75 右侧所示，刀具路径如图 4-76a 所示。

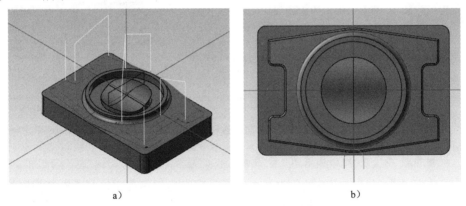

a)　　　　　　　　　　　　　　b)

图 4-76　步骤 10、11 的刀具路径

11. 曲面精修三（R3 圆角面）

在【刀路管理】对话框空白处单击鼠标右键，在弹出的菜单中选择【铣床刀路】→【外形铣削】，弹出【线框串连】对话框，选择方式点选 🔗，选择 φ65mm 圆，单击 ✓ 确定。弹出【外形铣削】参数设置对话框，刀具仍然选择 5# BALL-NOSE END MILL - 6 的球刀。设置进给速率：400，主轴转速：3000，下刀速率：200，提刀速率：2000，其余参数默认。

单击【切削参数】选项，补正方式选择：电脑，补正方向：左，设定底面预留量：0，壁边预留量：0，单击【轴向分层切削】选项，不勾选：轴向分层切削，单击【进/退刀设置】选项，不勾选：在封闭轮廓中点位置执行进/退刀，其余参数默认。

单击【径向分层切削】选项，不勾选：径向分层切削，其余参数默认。单击【共同参数】选项，设定提刀：30.0（绝对坐标），下刀位置：3.0（增量坐标），毛坯顶部：-1.739（绝对坐标），深度：-4.739（绝对坐标），其余参数默认。单击【冷却液】选项，设定Flood：On，单击 ✓ 确定，刀具路径如图 4-76b 所示。

在【刀路管理】对话框中单击 ▶ 全选所有操作，单击 🔧 验证，实体切削验证效果如图 4-77b 所示。将本例保存为【4-1B.mcam】文档。

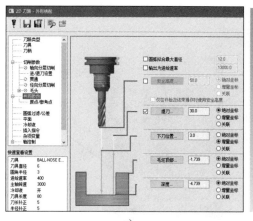

a)   b)

图 4-77　步骤 11 的共同参数及正面实体切削验证效果

注：

　　本例的步骤 1～4 采用大刀粗加工曲面挖槽、小刀残料半精加工方式，能够显著提高加工效率，有兴趣的读者可以验证一下。步骤 2 采用大刀 ϕ65mm 圆形面铣，也比 118mm×78mm 矩形面铣时间短，效率高。

　　步骤 5～8 属于精修，采用的方式是将尺寸公差的补偿放在预留量里面，一般是补偿到公差带的中心。比如 $\phi 59_{0}^{+0.04}$ mm，公差带的中心是 ϕ59.02mm，壁边预留量：−0.01mm，双边就补偿到 +0.02mm 了。深度方向 $6_{0}^{+0.02}$ mm 公差带的中心是 6.01mm，底面预留量：−0.01mm。补正方式采用"磨损"方式，在能够确保机床精度的情况下，数控加工的误差主要是刀具磨损引起的，通过修正磨损量来控制精度。

　　步骤 9～11 属于曲面精修，这里 R3 圆角面不易加工，采用等高轮廓、环绕、流线等方式均达不到满意效果，最后一步采用球刀直接外形铣削加工，效果较好。

　　综合正面和反面的加工工艺，还有两点需要指出：①反面加工的 118mm×78mm 外形铣削深度为 19mm，反过来加工正面的时候，由于正面的侧壁高度只有 18mm，所以就完美地避开了侧壁接痕。②刀号顺序一致，避免了重复装刀和对刀。

4.6　FANUC 0i-MC 加工中心的基本操作

4.6.1　FANUC 0i-MC 加工中心的面板操作

　　VMC600 型 FANUC 0i-MC 加工中心是南通科技集团公司开发的中档加工中心，具有刚性较高、切削功率较大的特点。机床采用全封闭罩防护，具有 16 把刀的斗笠式刀库，能自动换刀，快速方便。机床主要构件刚度高，床身立柱、床鞍均为稠筋，采用封闭式框架结构，如图 4-78 所示。主要规格参数为

　　工作台面尺寸：　　　　　　800mm×400mm

　　三向最大行程（X/Y/Z）：　610mm/410mm/510mm

　　主轴转速范围：　　　　　　80～8000r/min

　　快速移动进给：　　　　　　15000mm/min

　　定位精度：　　　　　　　　0.005mm

　　重复定位精度：　　　　　　0.003mm

　　机床净重：　　　　　　　　6000kg

　　外形尺寸：　　　　　　　　2500mm×2630mm×2550mm

FANUC 0i-MC 数控系统面板分为 3 个区，分别是 CNC 操作面板区、机床控制面板区（包含控制器接通与断开）和屏幕显示区，如图 4-79 所示。

图 4-78　VMC600 型 FANUC 0i-MC 加工中心

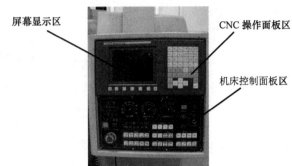

图 4-79　FANUC 0i-MC 系统面板

CNC 操作面板如图 4-80 所示，各按键功能见表 4-3；机床控制面板如图 4-81 所示，各按键功能见表 4-4。

图 4-80　CNC 操作面板

表 4-3　CNC 操作面板各按键功能说明

按　　键	名　　称	功　能　说　明
0～9	地址、数字输入键	输入字母、数字和符号
SHIFT	上档键	上档切换到小字符
POS	加工操作区域键	显示加工状态界面
PROG	程序操作区域键	显示程序界面

（续）

按　键	名　称	功　能　说　明
OFS/SET	参数操作区域键	显示参数和设置界面
SYSTEM	系统参数键	设置系统参数
MESSAGE	报警显示键	显示报警内容
CSTM/GR	图像显示键	显示当前的进给轨迹
INSERT	插入键	编程时插入字符
ALT	替换键	编程时替换字符
CAN	回退键	编程时回退清除字符
DELETE	删除键	删除程序及字符
INPUT	输入键	输入各种参数
RESET	复位键	复位数控系统
HELP	帮助键	获得帮助信息
↑PAGE ↓PAGE	页面变换键	程序编辑时翻页
← ↑ → ↓	光标移动键	移动光标

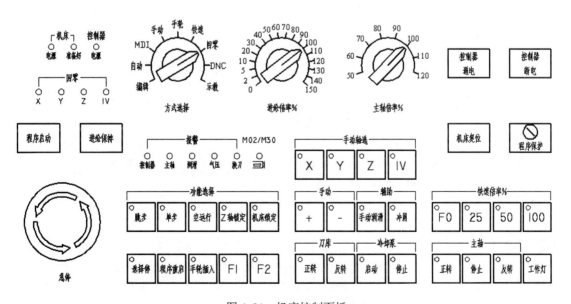

图 4-81　机床控制面板

表 4-4　机床控制面板主要按键及档位功能说明

主要按键或档位	功能说明
方式选择	有编辑、自动、MDI、手动、手轮、快速、回零、DNC 和示教共 9 个档位
进给倍率 %	进给速度的修调
主轴倍率 %	主轴速度的修调
控制器通电	数控系统通电
程序启动	程序启动
进给保持	程序停止进给、主轴保持转速
机床复位	机床准备
程序保护	锁定位置时防止程序及系统参数被修改
急停	紧急停止
手动轴选 X、Y、Z、IV	在"手动"或"回零"档位时，轴移动的选择，IV 表示第四轴
手动 "＋" "－"	在"手动"或"回零"档位时，轴移动的方向
快速倍率 %	只对 G0/G28/G30 有效
跳步	程序执行到 "/" 时跳过
单步	仅执行一条语句
空运行	以系统设定的进给速度运行，原程序进给速度无效
Z 轴锁定	Z 轴锁定无机械运动，X、Y 轴可以运动
机床锁定	X、Y、Z、IV 轴均被锁定
选择停	程序执行到 M01 时停止
程序重启	程序重新从某个断点开始执行

1. 开机操作步骤

1）检查机床各部分初始状态是否正常，包括润滑油液面高度、气压表等。

2）合上机床右侧的电气总开关。

3）按下机床控制面板上的【控制器通电】按钮，系统进入自检，约 3min 后进入开机界面。

4）按箭头提示方向旋开【急停】按钮，按下【机床复位】按钮。

5）将方式选择旋到【回零】档位。

6）回参考点：依次按下手动轴选的【Z】【+】【Y】【+】【X】【+】6 个按钮，Z、Y、X 三个方向分别回零，在 POS 加工操作界面，可以看到机床坐标系 MCS 的 X=0、Y=0、Z=0，表示各轴回零完成，如图 4-82 所示。

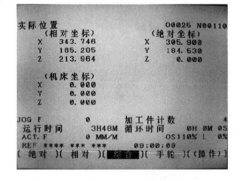

图 4-82　回零操作

注:

回零一定要先从 Z 轴开始，先抬起 Z 轴，避免撞刀，回零过程中机床控制面板上的回零指示灯会闪烁，必须等到常亮以后才能执行下一个轴的回零。这一点和 SIEMENS 系统有所不同，SIEMENS 系统的 3 个轴可以同时回零，而 FANUC 系统必须每个轴分别回零。

2. 程序的编辑与传输

将机床控制面板的【方式选择】旋钮转到【编辑】档位，按下 CNC 操作面板的【PROG】键，将屏幕切换到程序管理界面，按下【列表】对应的软键，可以看到仅有系统保存的一条程序 O9001，该程序不可删除与修改。FANUC 系统的特点是程序名均以 O×××× 开头，其中 ×××× 为四位数字，如图 4-83 所示。

图 4-83　程序管理界面

3. 新建程序

1）在图 4-83 界面输入 O××××，比如"O0001"，按下【INSERT】键，即可进入程序编辑界面；再按下【EOB】键和【INSERT】键，将分号加上去，变成"O0001；"。

2）输入每条语句，比如"G54 G90 G0 Z100"，每条语句结束后一定要记得按下【EOB】键。【EOB】键的作用就是在每条语句后面加一个分号"；"。

3）编辑每行语句直到结束。

4. 打开已有的程序

在图 4-83 界面输入将要打开的程序 O××××，比如"O0001"，按下 键中的任何一个，即可打开该程序。

5. 程序的编辑

（1）插入漏掉的字符　例如在语句"G2 X123.456 Y234.567 F100"的阴影处插入字符"R50"。

1）将光标移动到 Y234.567 处。

2）输入 R50，按下【INSERT】键，语句即变成"G2 X123.456 Y234.567 R50 F100"。

（2）删除错误的字符

1）未按下【INSERT】键，直接用【CAN】键删除。

2）按下【INSERT】键，已经将错误字符输入到内存中，此时，将光标移动到错误处，按下【DELETE】键删除。

（3）替换错误的字符　将光标移动到错误处，按下【ALT】键替换。

6. 删除内存中某个程序

在图 4-83 界面输入将要删除的程序 O××××，比如"O0001"，按下【DELETE】键，即可删除该程序。

7. 删除内存中所有的程序

在图 4-83 界面输入 0-9999，按下【DELETE】键，即可删除内存中所有程序。

8. 删除内存中指定范围程序

在图 4-83 界面输入"OXXXX，OYYYY"（XXXX 代表将要删除程序的起始号，YYYY 代表将要删除程序的终了号），按下【DELETE】键，即可删除内存编号 OXXXX ～ OYYYY 的所有程序。

9. 程序的传输（传输的文件 <256KB）

1）计算机方：双击计算机桌面图标 ，启动传输软件 NCSentry，打开所要传输的

215

文件，比如 4-1ACX.NC，如图 4-84 所示。

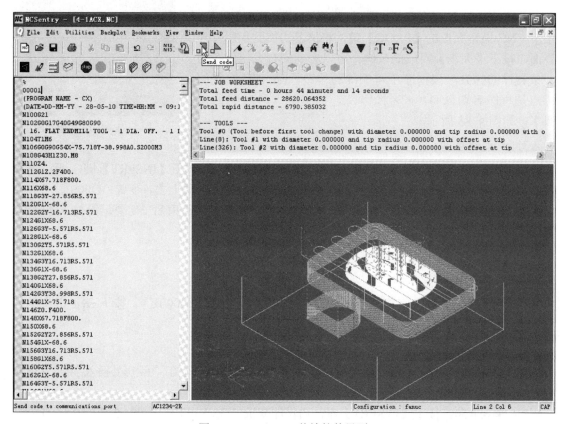

图 4-84　NCSentry 传输软件界面

2）在窗口的左侧，将程序名 O0000 修改为 O0001，注意不要与内存原有的程序名重复。

3）机床方：在图 4-83 界面，按下【操作】对应的软键，按下软键▷后翻，按下【读入】对应的软键，按下【执行】，可见屏幕下方"LSK"闪烁，等待接收数据。

4）计算机方：单击图标，单击【Start】按钮，进行程序发送，如图 4-85 所示。

图 4-85　程序的传输

10. 程序的模拟仿真

1）按下机床控制面板的【空运行】【Z 轴锁定】或【机床锁定】键。

2）按【PROG】键显示程序管理界面，打开要运行的程序，将所有换刀指令前加上跳步符"/"。

3）按下机床控制面板的【跳步】键，按下【程序启动】键开始加工。

4）按下 CNC 操作面板的【CSTM/GR】键，查看刀具路径轨迹。

11. 程序的自动运行

1）将机床控制面板的【方式选择】旋钮转到【自动】档位。

2）按【PROG】键显示程序管理界面，打开要运行的程序，确保当前不是第一把刀，如果是，则在 T1 M06 指令前加上跳步符"/"。

3）按下机床控制面板的【跳步】键，按下【单步】【选择停】键，主轴倍率选择 100%，进给倍率选择 10% 以下，快速倍率选择 25%，按下【程序启动】键开始加工。

4）程序开始自动运行，缓慢下刀，发现问题应及时按下【进给保持】，然后用【RESET】键复位，停机检查；若没有问题，则取消【单步】，将进给倍率恢复到正常，快速倍率恢复到 100%，开始加工。

5）首件试切时应按下【选择停】键，即 M01 有效，程序执行到换刀指令时自动停下，若要重新运行，再次按下【程序启动】键即可。

4.6.2 FANUC 0i-MC 加工中心的对刀操作

FANUC 系统的对刀与 SIEMENS 系统有明显的不同，加工中心与数控铣床的对刀也有较大的差别。以 FANUC 0i-MC 加工中心为例，基本的对刀操作步骤如下：

1）准备工作：按照第 2 章步骤将工件毛坯装夹好，用锁刀座将刀具总成安装好，注意编号 T1：ϕ16mm 立铣刀，T2：ϕ7.5mm 钻头，T3：ϕ6mm 立铣刀，T4：ϕ8mm 铰刀，T5：ϕ6 R3mm 球刀，T6：ϕ10mm 倒角刀，注意装刀高度。

2）将机床控制面板的【方式选择】旋钮转到【MDI】档位，在【PROG】界面输入"T1 M6；"，按下【程序启动】键，开始换刀，将刀库当前刀位转到第一把刀刀位。若此时已经在第一把刀刀位时，报警灯会亮，则按下【RESET】键复位。

3）将机床控制面板的【方式选择】旋钮转到【手动】或【手轮】档位，左手拿住已装好的编号 T1：ϕ16mm 的立铣刀刀具总成，将刀具总成上的键槽对准主轴孔上的键，右手按下机床主轴的【刀具松开】按钮，将刀具总成快速送入主轴，听见"噗"的一声，松开【刀具松开】按钮，将刀柄正确地安装在主轴上。如果装不上，可以反复操作几次。

4）将机床控制面板的【方式选择】旋钮转回【MDI】档位，在【PROG】界面输入"M3 S500；"，按下【程序启动】键，使主轴以 500r/min 的速度正转，然后按下 CNC 操作面板的【RESET】键复位。

5）将机床控制面板的【方式选择】旋钮转到【手轮】档位，按下机床控制面板的【主轴正转】键，使主轴以 500r/min 的速度正转，利用手轮快速移动工作台和主轴，让刀具靠近工件毛坯的左侧，目测刀尖低于工件表面 3 ～ 5mm，改用微调操作，让刀具慢慢接触到工件左侧，直到听到轻微切削或者刮擦声，同时可以看到有少量切屑出现，如图 4-86a 所示。

a)   b)

图 4-86 X 方向对刀

6）将屏幕切换到 POS 界面，按下【综合】对应的软键，可以看到此时的绝对坐标、相对坐标和机床坐标，在屏幕下方输入"X"，按下【归零】对应的软键，将 X 方向的相对坐标设定为 0.000，如图 4-87 所示。

7）用手轮抬起刀具至工件上表面之上，快速移动工作台和主轴，让刀具靠近工件右侧，与步骤 5）相同，改用微调操作，让刀具慢慢接触到工件右侧，直到听到轻微切削或者刮擦声，同时可以看到有少量切屑出现，如图 4-86b 所示。此时 X 轴相对坐标为 137.598，如图 4-88 所示。

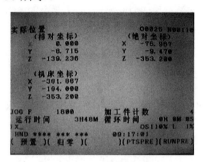

图 4-87　X 左边对刀相对坐标归零

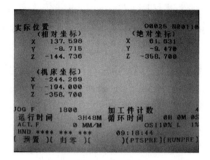

图 4-88　X 右边对刀相对坐标

8）通过简单计算可知，137.598/2=68.799，手轮抬起刀具至工件上表面之上，快速移动工作台和主轴至 X 相对坐标值为 68.799 处，注意观察，此时 X 方向的机床坐标值为 −313.068，如图 4-89 所示。

9）按下 CNC 操作面板上的【OFS/SET】键，将屏幕切换到参数设置界面，按下【工件系】对应的软键，将光标移动到 G54 的 X 处，在屏幕下方输入"X0"，按下【测量】对应的软键，G54 的 X 值自动写入到该处，比较步骤 8）的机床坐标系的值，发现是一致的，如图 4-90 所示。

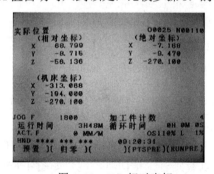

图 4-89　X/2 相对坐标

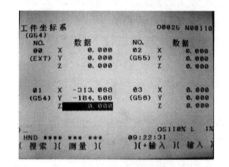

图 4-90　G54 的设定

10）Y 轴方向对刀与 X 轴一样，所不同的是步骤 6）应选择"Y"归零；将光标移动到 G54 的 Y 处，在屏幕下方输入"Y0"，按下【测量】对应的软键。

11）Z 方向对刀：数控铣床和加工中心对刀的最大区别在 Z 轴上。加工中心要实现所有长短不一的刀具对刀后的 G54 都在工件的表面，首先将 G54 的 Z 值设定为 0.000，然后通过调用刀具长度补偿的方法来实现，如图 4-90、图 4-91 所示。

图 4-91　Z 方向对刀

将 Z 轴设定器置于工件表面，用校正棒校正表盘，使指针到 "0" 处，用手轮缓慢下刀，使刀尖轻轻碰触到 Z 轴设定器上表面的活动块，继续下移 Z 轴，使得指针指到 "0" 处，记下此时机床坐标系的 Z 值：-301.241。

12）按下 CNC 操作面板上的【OFS/SET】键，将屏幕切换到参数设置界面，按下【偏置】对应的软键，进入刀具补偿值界面，第一把刀的 "外形（H）" 值输入 -301.241，由于 Z 轴设定器的标准高度是 50mm，所以必须再向下 50mm，输入 -50，按下【+ 输入】对应的软键，此时 H1=-351.241，如图 4-92 所示。

13）此时，第一把刀的对刀已经完成，重复步骤 2）、3）和 11），注意换刀指令相应改成 "T×M6；"，将所有余下的刀具全部对刀完成。由于第一把刀的 X、Y 方向已经对好刀，后续刀具只需要 Z 方向对刀即可，不必再对 X、Y 方向了，所有刀具对刀完毕后的长度补偿值如图 4-93 所示。

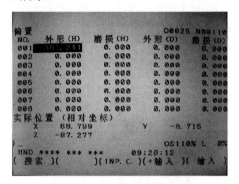

图 4-92　T1 的长度补偿值

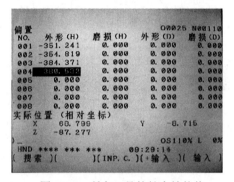

图 4-93　所有刀具的长度补偿值

14）在 Mastercam 编辑刀具路径时，由于【工件设定】对话框设定的 Z 向表面为 1mm，也就是说，工件毛坯的上表面在 G54 的实际 Z 值为 1，而对刀也是针对工件毛坯的上表面，因此，必须下移 1mm 才是 Mastercam 刀具路径编辑实际的 G54 Z 值零点。解决办法是按下【OFS/SET】键，将参数设置界面工件坐标系 G54 的 Z 值修正为 -1 即可。

注：

　　步骤 4）是 FANUC 特有的，FANUC 系统不像 SIEMENS 系统，直接按下【主轴正转】，主轴就开始转动，而是必须在本次开机后运行一个主轴正转的程序，然后才能够实现主轴正转；步骤 14）中工件坐标系 G54 的 Z=-1，也可以根据个人习惯设定该值为 0，然后在所有刀具补偿值里面减 1。

4.6.3　程序的录入与零件的反面加工

对刀以后，就可以开始加工了。由于程序比较大，超过了机床的内存 256KB，因此采用 DNC 方式加工，步骤如下：

1）将机床控制面板的【方式选择】旋钮转到【DNC】档位。

2）机床方：直接按下机床控制面板的【程序启动】键，按下【单步】【选择停】键，可见屏幕下方 "LSK" 闪烁，等待接收数据。

3）计算机方：发送文件 4-1ACX.NC，方法与前面讲述的方法一致。

4）按照 4.6.1 节的 "11. 程序的自动运行" 步骤 2）～ 5），开始加工。

5）程序执行完毕后，机床自动停机。开始首件检测，检查各尺寸公差是否合格，如果超差，要仔细分析原因，然后在精修步骤中修改相应的补偿量。

4.6.4 零件正面的对刀与加工

为了满足零件厚度的精度和正反面的同轴度要求，正面加工的对刀 X、Y 方向必须采用精度较高的光电式寻边器，Z 方向采用试切法来保证尺寸精度。

对刀步骤：

1）由于毛坯误差的存在，光电式寻边器的球形触头不可能直接接触到已经精加工过的侧面。在没有专用夹具的情况下，先以粗定位方式进行 X、Y 方向对刀，对刀步骤与 4.6.2 节的步骤 5）～ 10）大致相同，所不同的是用光电式寻边器时，主轴不动，用寻边器的球心碰触工件两边，小心操作，直到氖光灯刚刚点亮，如图 4-94a 所示。

2）将 Z 轴设定器放在工件毛坯上表面，以 T1（ϕ16mm 的立铣刀）按照 4.6.2 节的步骤 11）进行 Z 向对刀，记下此时的 Z′ 值，与 Z 值之差记为 $\Delta = Z′ - Z$。

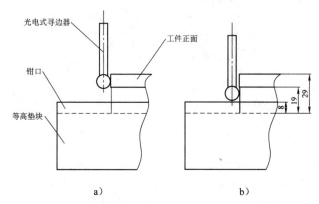

图 4-94 零件正面 X、Y 方向的粗定位和精确定位

3）在 4.6.2 节的步骤 14），G54 的 Z=-1，以"+输入"的方式，将 Δ 值输入到 G54 的 Z 值中去，完成 Z 向对刀。

例 4-1

4.6.2 节的步骤 11）记下的 Z=-301.241，而 Z′=-302.304，可得 $\Delta=Z′-Z=-1.063$，将 Δ 值输入到 G54 的 Z 值中，此时 Z=-1-1.063=-2.063。

注：

4.6.4 节的步骤 3）是基于"以第一把刀作为长度基准，所有刀具的高度差在加工中是不会变化的"这一论断，只需修改工件坐标系 G54 的 Z 值，来实现所有刀具的对刀，而不必重新对每一把刀具进行对刀和重新设定长度补偿。

4）将 4.5 节正面刀具路径编辑的步骤 1 后处理的程序传入机床加工，该步骤是将整个表面面铣，铣深 0.7mm，留有 0.3mm 余量，停机后测量厚度值。理论上 $L_{TZ}=28.3$，如果实际测量值为 $L_{PZ}=28.36$，则将计算出的 $\Delta'=L_{TZ}-L_{PZ}$ 的值以"+输入"的方式，将 Δ' 值输入到 G54 的 Z 值中去，完成 Z 向对刀修正。

↘ **例 4-2**

在步骤 3）中，此时 G54 的 Z=-2.063，4.5 节步骤 1 的面铣程序执行完以后，测量可得 L_{PZ}=28.36，那么 $\Delta'=L_{TZ}-L_{PZ}$=-0.06，将该值以"+ 输入"的方式，将 Δ' 值输入到 G54 的 Z 值中去，此时 Z=-2.063-0.06=-2.123。

5）将 4.5 节正面刀具路径编辑的步骤 2～3 后处理的程序传入机床加工，在进行侧面的螺旋式渐降斜插外形铣削时，X、Y 方向留有余量 0.2mm。

6）用光电式寻边器的球形触头接触到已经精加工过的侧面，以步骤 1）的方式修正 X、Y 方向对刀，如图 4-94b 所示。

通过步骤 1）～6），零件正面的对刀修正已经完成，可以开始正式加工了。

还有一种用杠杆式百分表进行 G54 的 X、Y 方向对刀的方法，可以不用预先对工件正面进行外形铣削，如图 4-95 所示。

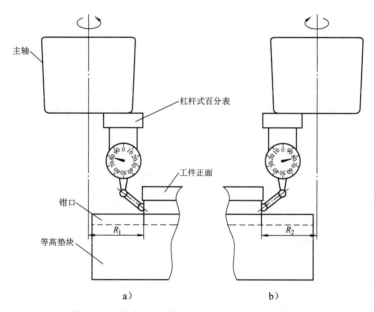

图 4-95　杠杆式百分表 X、Y 方向对刀正视图

对刀步骤：

1）将杠杆式百分表的磁性表座紧紧吸附在主轴上，表头探针接触左侧已经加工过的表面，转动主轴，使得百分表沿空间平面画弧，反复调试，找到百分表的最大读数，比如 80。记下此时的机床坐标 X1 和 Z1 值，此时空间画弧的半径为 R_1，如图 4-95a 所示。

2）左侧让开工件，抬起主轴，利用手轮摇到右侧同样高度 Z1 处，用表头探针接触右侧已经加工过的表面，转动主轴，使得百分表沿空间平面画弧，反复调试 X 方向，使得百分表的最大读数同样为 80，如图 4-95b 所示。百分表相对主轴位置无移动的情况下，可以认为 $R_1=R_2$，记下此时机床坐标 X2，可得 G54 的 X=（X1+X2）/2。

3）同理，可进行 Y 方向对刀，如图 4-96 所示。

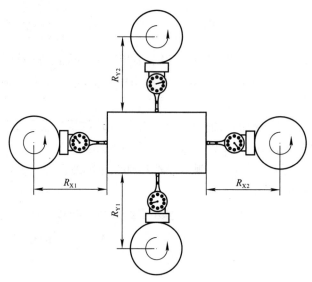

图 4-96　杠杆式百分表 X、Y 方向对刀俯视图

本 章 小 结

本章是一个较为复杂的用 Mastercam 加工的例子，零件的正反两面都需要加工，而且部分尺寸有一定精度要求。

本章应注意的几个问题：

1）在建模阶段就应考虑加工问题，从便于装夹角度来看，先加工反面比较合适。

2）加工中心和铣床相比，刀具路径的编辑、对刀的方式、加工的过程上都有很大的不同，其自动化程度更高，精度的控制就更显重要。

3）本章正面加工的难点在对刀上，如何保证反面轮廓和正面轮廓的同轴度，同时又要让反面对刀的长度补偿值同样能用于正面对刀，需要多加思考。本章采用的方法也不一定是最好的，存在效率不高等问题，编程方式因人而异。

4）本章实例分别保存为 4-1A.mcam 和 4-1B.mcam 两个文件，即正反双面加工单独保存。也可以保存为一个文件，通过设定新的基准平面实现正反双面加工，可参考 4-1.mcam 文件。

第5章

高级技师考证经典实例

本例是加工中心高级技师考题（见图5-1、图5-2），材料为铝合金，备料尺寸为120mm×80mm×30mm。

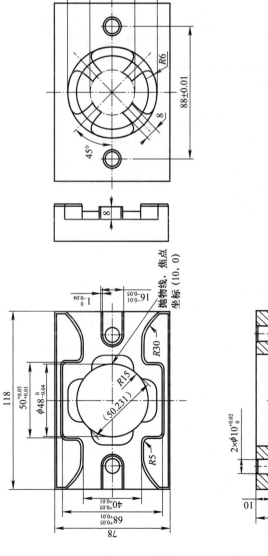

图 5-1 零件 1

技术要求：

1）以批量生产要求编程。

2）零件 1 与零件 2 配合后能够插入定位销钉。

3）未注倒角 C1mm。

4）未注公差尺寸按 GB/T 1804—m。

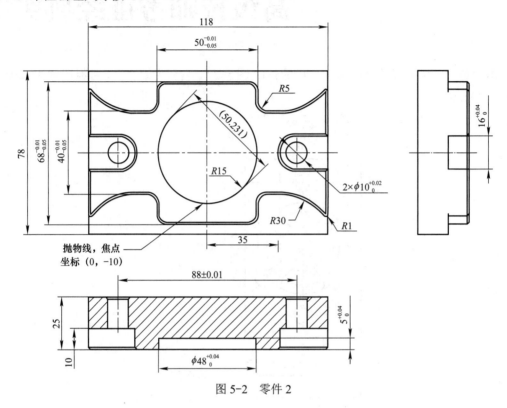

图 5-2　零件 2

5.1　零件 1 和零件 2 的工艺分析

数控铣、加工中心高级技师的要求是在规定的时间里加工两个零件，零件装配后能够形成配合。零件 1 和零件 2 的正反两面均需加工，无曲面特征，均采用二维线框加工。本例最大的特点是通过 EQN 编程绘出抛物线图形，采用"磨损"方式控制尺寸公差，批量加工与单件生产的工艺是有所不同的。

零件 1、2 的最小圆角半径为 R5mm，也就是说，在加工内腔时，刀具直径不得大于 10mm。又分别用 ϕ10mm、ϕ8mm 刀具试着通过图形最窄处，发现只有 ϕ8mm 刀具能够通过图形最窄处，如图 5-3 所示。另外，两个 ϕ10mm 的孔有精度要求，综合考虑对刀具的要求和工作效率，零件 1 刀具、工序及切削参数见表 5-1，零件 2 刀具、工序及切削参数见表 5-2。

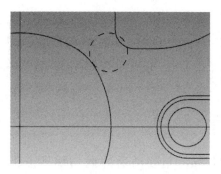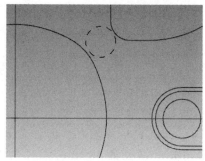

图 5-3　ϕ10mm、ϕ8mm 刀具通过图形最窄处分析

表 5-1　零件 1 刀具、工序及切削参数

刀　号	加 工 部 位	刀　具	主轴转速 /（r/min）	进给速度 /（mm/min）
正面				
1	二维轮廓的平面和外形粗、精加工	ϕ16mm 立铣刀	2000	粗：600，精：400
2	内腔粗、精加工	ϕ8mm 立铣刀	3000	粗：600，精：400
3	钻 ϕ9.5mm 孔	ϕ9.5mm 钻头	1200	100
4	铰 ϕ10mm 孔	ϕ10mm 铰刀	100	50
5	倒 C1mm 角	ϕ10mm 倒角刀	2500	600
反面				
1	二维轮廓的平面、外形、ϕ60mm 圆的粗、精加工	ϕ16mm 立铣刀	2000	粗：600，精：400
2	梅花形内腔粗、精加工	ϕ8mm 立铣刀	3000	粗：600，精：400

表 5-2　零件 2 刀具、工序及切削参数

刀　号	加 工 部 位	刀　具	主轴转速 /（r/min）	进给速度 /（mm/min）
正面				
1	二维轮廓的平面、外形和 ϕ48mm 内腔的粗、精加工	ϕ16mm 立铣刀	2000	粗：600，精：400
2	凸缘的粗、精加工	ϕ8mm 球刀	3000	粗：600，精：400
3	钻 ϕ9.5mm 孔	ϕ9.5mm 钻头	1200	100
4	铰 ϕ10mm 孔	ϕ10mm 铰刀	100	50
5	倒 C1mm 角	ϕ10mm 倒角刀	2500	600
反面				
1	二维轮廓的平面，外形粗、精加工	ϕ16mm 立铣刀	2000	粗：600，精：400

5.2 零件 1 的 CAD 建模

图形分析：

本例的难点是图中有一个 4 段抛物线的组合图形，如图

线框　　实体

5-4a 所示。抛物线的标准方程为 $x^2=2py$，其顶点为（0，0），

焦点为 F（0，$p/2$）。将抛物线沿 Y 轴负方向平移一个 m 值，得到抛物线方程为 $x^2=2p(y+m)$，其顶点为（0，$-m$），焦点为 F'（0，$p/2-m$）。

由图形可知，直径为 48mm，半径为 24mm，则移动后的抛物线顶点坐标为（0，-24），可得 $m=24$。焦点为 F'（0，-10），则 $p/2-m=-10$，可得 $p=28$。整理后的抛物线方程为：$y=x^2/56-24$，如图 5-4b 所示。

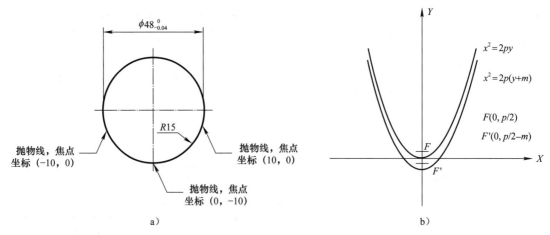

图 5-4　抛物线图形分析

抛物线方程的 EQN 程序：

```
step_var1=x
step_size1=0.2
lower_limit1=-100
upper_limit1=100
geometry=lines
angles=radians
origin=0,0,0
y=x*x/56-24
```

第一行 step_var1=x 表示第一个参数为 x，第二行 step_size1=0.2 表示 x 的步进值为 0.2，第三行 lower_limit1=-100 表示 x 的变化范围最小值为 -100，第四行 upper_limit1=100 表示 x 的变化范围最大值 100，第五行 geometry=lines 表示绘制的几何图形为线，第六行 angles=radians 表示角度采用弧度，第七行 origin=0，0，0 表示图形起始点为 x=0，y=0，z=0，第八行 y=x* x/56-24 表示绘制的线采用的方程。

在桌面上新建一个记事本文件，将上述程序录入，保存为 pwx.txt 文件。更改文件扩展名，将 pwx.txt 改为 pwx.eqn，如图 5-5 所示。

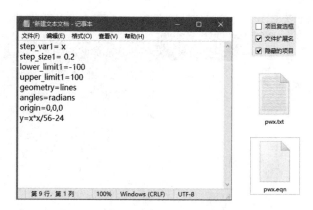

图 5-5　抛物线 EQN 程序的编辑和保存

CAD 建模操作步骤如下：

1）单击主菜单栏【主页】→【运行加载项】，在 Mastercam 2022 安装目录下找到 \Mastercam\chooks 目录，加载 fplot.dll 动态链接库文件，如图 5-6a 所示，单击【打开】，加载刚才的 pwx.eqn 文件，单击【绘制】→ 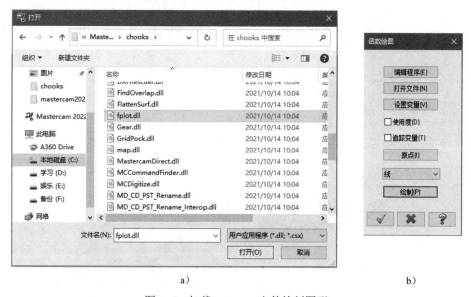 此处暂不引用，如图 5-6b 所示，绘出的图形如图 5-7 左侧所示，此时的抛物线不是一条完整的曲线，而只是无数条线段的拟合，还需要将它转变成一条单一曲线。

a）　　　　　　　　　　　　　　　　b）

图 5-6　加载 pwx.eqn 文件绘制图形

单击主菜单栏【线框】→【曲线】→【手动画曲线】→【转成单一曲线】，线框串连的选择方式选择 框选，用矩形框选择抛物线图形，单击 ，原始曲线点选：删除曲线，单击 完成绘制，如图 5-7 右侧所示。

2）单击主菜单栏【转换】→【旋转】，选择抛物线，单击【结束选择】，旋转图素方式，点选：复制，实例编号：3，角度：90，单击 完成抛物线的旋转阵列的绘制，如图 5-8 所示。单击主菜单栏【线框】→【图素倒圆角】，输入半径：15，依次选择相邻抛物线倒圆角，完成的图形如图 5-9 所示。

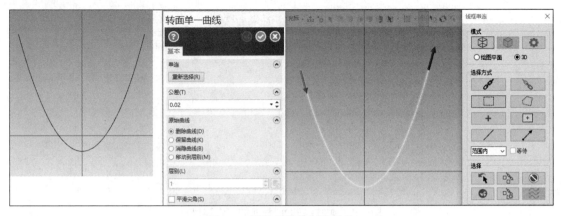

图 5-7　抛物线的绘制和转化

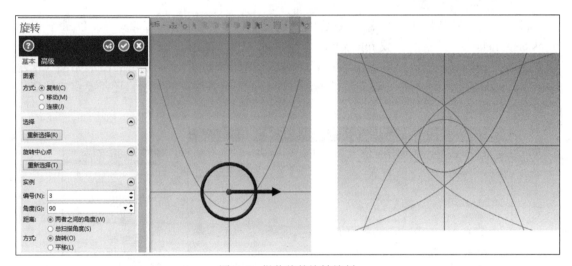

图 5-8　抛物线的旋转绘制

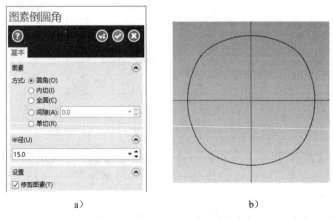

图 5-9　抛物线倒圆角的绘制

3）单击主菜单栏【线框】→【线端点】命令，类型点选"水平线"、方式选择"两端点"，在屏幕上拉出任意长度的三条水平线，轴向偏移分别输入：0、20、34，单击应用图标🗹，同理点选"垂直线"、方式选择"两端点"，在屏幕上拉出任意长度的三条垂直线，轴向偏移分别输入：0、25、69，单击 完成绘制，如图 5-10a 所示。单击主菜单栏【线框】→【图素倒圆角】，设定半径：5，倒圆角两处，如图 5-10b 所示。

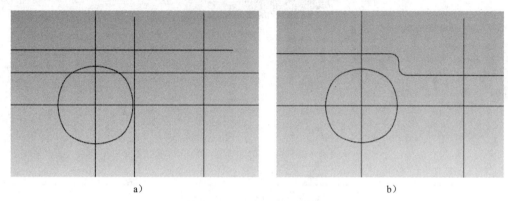

a)   b)

图 5-10   水平线、垂直线的绘制和圆角

单击主菜单栏【线框】→【圆弧】→【切弧】，设定半径：30，方式：单一物体切弧，图形选择 Y20 的水平线，如图 5-11 左侧所示，切点选择水平线附近，单击选择要保留的部分，输入圆心点：X35Y50，画出圆弧，如图 5-11 右侧所示。

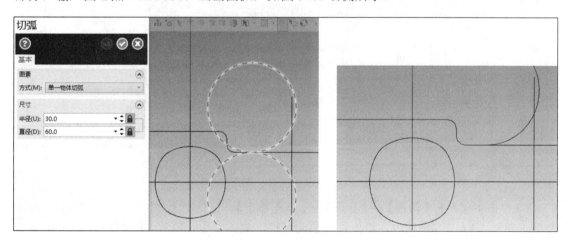

图 5-11   切弧的绘制

单击主菜单栏【线框】→【图素倒圆角】，设定半径：4，倒圆角一处，以 X、Y 轴修剪图形，并删除 X、Y 轴线，最后的图形如图 5-12 左侧所示。

单击主菜单【转换】→【镜像】，方式点选：复制，轴点选：X 轴和 Y 轴，生成的图形如图 5-12 右侧所示，单击【主页】→【属性】→，清除颜色。

4）单击状态栏【Z】，设定新的作图深度：-25.0。单击主菜单【线框】、【矩形】，勾选：矩形中心点，以原点为中心点绘制 118mm×78mm 的矩形。分别以 X44Y0、X-44Y0 为圆心，画 ϕ10mm 圆；以原点为中心，画 ϕ60mm 圆，如图 5-13 左侧所示。

5）单击状态栏【Z】，设定新的作图深度：-2.0。单击【矩形】→【圆角矩形】，点选：矩圆形，设定宽度：48，高度：16，原点：点选中心，分别以 118mm×78mm 矩形的左右两边的中点为中心点，单击 ✅ 完成矩圆形的绘制，如图 5-13 右侧所示。

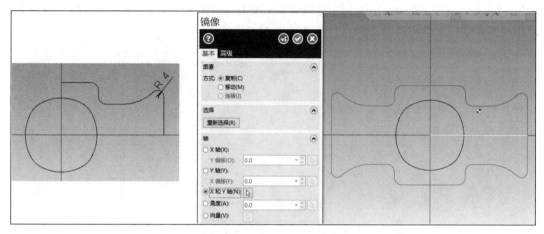

图 5-12　倒圆角及图形的镜像

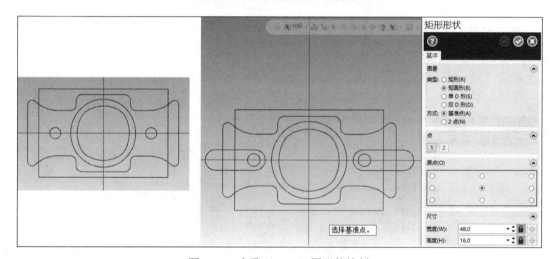

图 5-13　步骤 4）、5）图形的绘制

6）单击主菜单栏【转换】→【补正】→【串连补正】，选择刚才画好的两个矩圆形，方式：复制，距离：1.0，方向向内，绘出补正后的图形，如图 5-14a 所示。以 118mm×78mm 矩形的左右两边为边界，修剪图形，完成的图形如图 5-14b 所示。

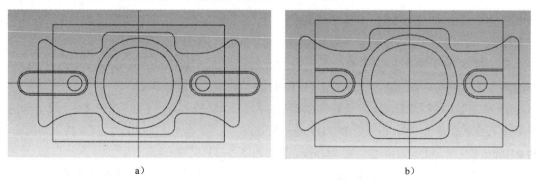

a）　　　　　　　　　　　　　　　　b）

图 5-14　步骤 6）图形的绘制

7）按下 Alt+7，将视图切换到等角视图，单击【线框】→【线端点】，方式：两端点，将修剪后的矩圆形封闭，如图 5-15 左侧所示。在状态栏，将绘图模式切换到 3D 模式，单击主菜单栏【转换】→【平移】，图形选择图 5-9 生成的抛物线图形，方式点选：移动，增量点选 Z：-5.0，移动抛物线，完成的图形如图 5-16 左侧所示。

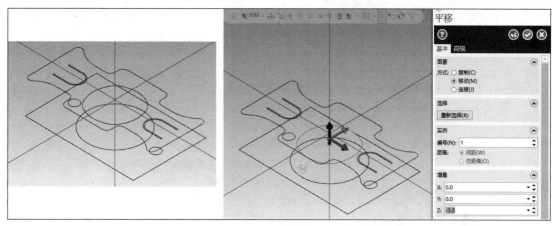

图 5-15　步骤 7）图形的封闭和平移

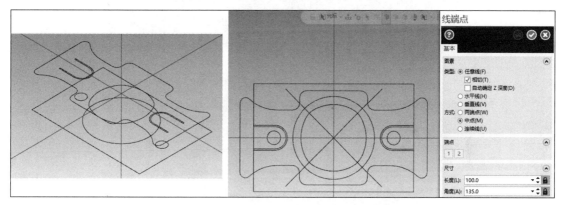

图 5-16　步骤 7）完成的图形及步骤 8）的角度线绘制

8）按下 Alt+1，将视图切换到俯视图，单击状态栏【Z】，设定新的作图深度：-15.0，绘图模式：2D，单击主菜单栏【线框】→【线端点】，方式点选：中点，长度：100，角度分别输入：45.0、135.0，生成两条角度线，如图 5-16 右侧所示。

单击主菜单栏【线框】→【平行线】，补正距离：4，方向：选择双向，分别选择刚才的两条角度线，生成平行线，如图 5-17 左侧所示。画 ϕ60mm、ϕ30mm 圆，如图 5-17 右侧所示。

9）按下 Alt+2，将视图切换到前视图，单击主菜单栏【主页】→【显示】→【隐藏】，窗选 Z=-15 平面的所有图形，单击【结束选择】，只显示窗选图形，隐藏其他图形，如图 5-18a 所示，按下 Alt+1 将视图切换到俯视图，如图 5-18b 所示。

单击主菜单【线框】→【修剪】→【两点打断】，将 ϕ60mm 圆按照图示四点打成四段，如图 5-19a 所示；单击【图素倒圆角】，半径：6.0，依次倒圆角八处，如图 5-19b 所示。

删除 45°、135° 两条角度线，将四条平行线在交点处打断，如图 5-20a 所示；修剪 ϕ30mm 圆内的所有图形，如图 5-20b 所示；将 ϕ30mm 圆沿着圆周交点处打断，删除多余圆弧，完成的图形如图 5-20c 所示。

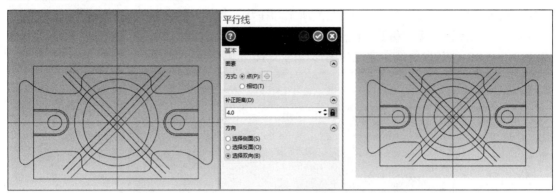

图 5-17　步骤 8）完成的图形

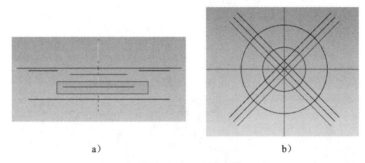

a)　　　　　　　　　　　　　　　　　b)

图 5-18　图形的显示和隐藏

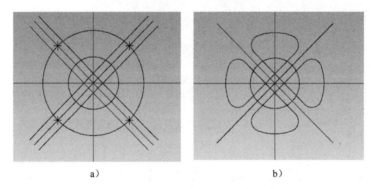

a)　　　　　　　　　　　　　　　　　b)

图 5-19　ϕ60mm 圆的打断及倒圆角

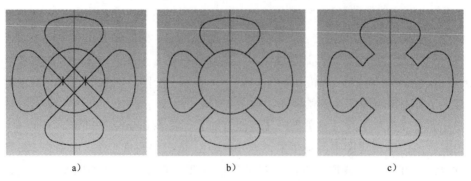

a)　　　　　　　　　　b)　　　　　　　　　　c)

图 5-20　步骤 9）完成的图形

10）按下 Alt+E 取消隐藏，按下 Alt+7 切换到等角视图，单击主菜单【实体】→【拉伸】，串连选择 118mm×78mm 矩形，方向：向上，距离：25.0，单击◎完成继续创建操作；选择图 5-12 右侧的非抛物线图形，方向：向下，距离：10.0，点选【切割主体】，单击◎继续创建操作，如图 5-21a 所示。串连选择抛物线形成的图形，方向：向下，距离：5.0，点选【添加凸台】，单击◎完成绘制，如图 5-21b 所示。

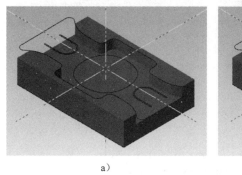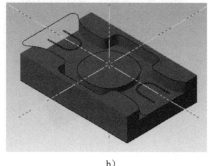

a)   b)

图 5-21 实体建模步骤 10）效果

11）串连选择两处半矩圆形封闭图形，方向：向下，距离：8.0，点选【添加凸台】，单击◎完成继续创建操作，如图 5-22a 所示。选择 ϕ10mm 圆两处，点选【切割主体】、【全部贯通】，单击◎完成绘制，实体效果如图 5-22b 所示。

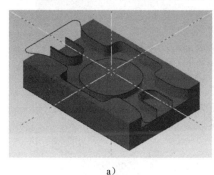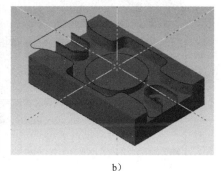

a)   b)

图 5-22 实体建模步骤 11）效果

12）单击【单一距离倒角】◈命令，弹出【实体选择】对话框，点选███，选择面如图 5-23 左侧所示，单击███确定；弹出【单一距离倒角】对话框，设置距离：1.0，单击◎完成倒角，最终建模效果如图 5-23 右侧所示。

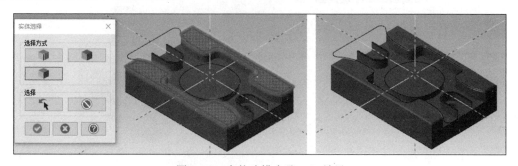

图 5-23 实体建模步骤 12）效果

13）按下 Alt+4 切换到仰视图，按下鼠标中键将图形旋转到合适位置，单击主菜单【实体】→【拉伸】，串连选择 ϕ60mm 圆，类型：切割主体，方向：向下，距离：10.0，单击 ◎ 完成继续创建操作，如图 5-24a 所示；选择图 5-20c 所示图形，类型：切割主体，方向：向下，距离：5.0，单击 ◎ 完成绘制，实体建模最终效果如图 5-24b 所示。

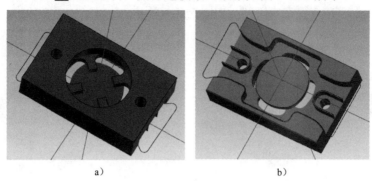

a)   b)

图 5-24　实体建模步骤 13）效果

14）在主菜单栏单击【转换】→【平移】，选择的图形如图 5-25 所示，点选：复制，增量 Z：10，单击 ◎ 创建操作；同理选择 118mm×78mm 的矩形，点选：复制，增量 Z：35，单击 ◎ 完成操作，如图 5-26 所示。

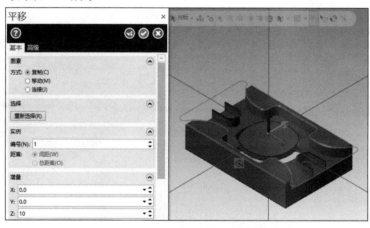

图 5-25　步骤 14）图形的平移复制

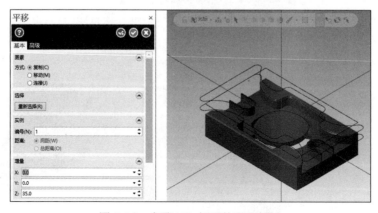

图 5-26　步骤 14）矩形的平移复制

单击主菜单栏【线框】→【修剪】→【打断】，将 118mm×78mm 的矩形左右两条边在中点处打断，单击【修剪到图素】，点选：修剪两物体，修剪图形并删除多余图素，完成后的图形如图 5-27 所示。

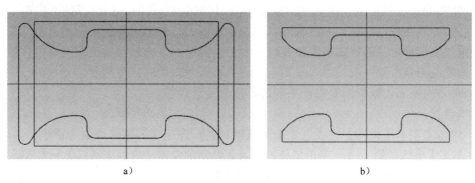

a)　　　　　　　　　　　　　　b)

图 5-27　步骤 14）图形的俯视图及修剪

15）在主菜单栏单击【视图】→【管理】→□ 层别，打开【层别】对话框，单击【+】，新建第 2 层、第 3 层和第 4 层，将第 1 层命名为"线框（正面）"，第 2 层命名为"实体"，第 3 层命名为"线框（反面）"，第 4 层命名为"线框（倒角）"。单击主菜单【主页】→【属性】→▓（设置全部）图标，单击刚才建好的实体，将其层别改为：第 2 层；将图 5-20c 所示图形和 φ60mm 圆移动到第 3 层，将步骤 14）的图形放在第 4 层，最终效果如图 5-28 所示。

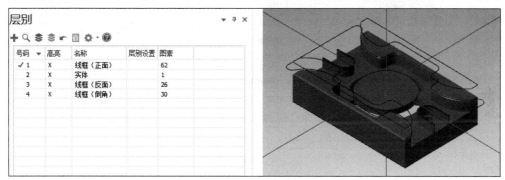

图 5-28　图形的层别设定

注:

　　本例的 CAD 建模将正反面放在同一个文件下，刀路编辑同样也可以用不同的群组和平面来区分。本例没有曲面特征，可以全部采用二维线框来加工，不需要实体和曲面建模。这里实体建模的作用只是让零件模型能够获得比较直观的显示，便于读者理解。
　　在建模的时候就需要考虑到刀路编辑的工艺性。在正面线框建模中，如图 5-13 左侧所示，线框长度方向尺寸为 138mm，比 118mm×78mm 矩形的长度单边多了 10mm，主要原因是方便 φ8 立铣刀在 2D 挖槽方式加工中，能够使刀具从毛坯外直接下刀，避免螺旋下刀或斜插下刀带来的问题。

5.3　零件 1 的正面刀具路径编辑

本例采用 FANUC 加工中心批量加工。相比于单件加工，批量加工的工艺和编程会有所不同，主要有以下几点原则：

1）批量加工主要考虑的是加工效率，在对刀环节、测量环节就没有那么多辅助时间，一般采用专用夹具来定位，尽量减少定位误差。

2）零件的加工精度取决于机床的精度、对刀误差和刀具的磨损。在批量生产中，由于加工中心的刀具是在首件试切的过程中就一次性对好的，对刀误差基本上不会再改变。在后续的批量加工过程中，零件的精度主要取决于刀具的磨损。通过随机抽查测量零件的关键部位尺寸来发现刀具磨损情况，通过重新设定刀具磨损量来控制尺寸精度。

3）尽量少换刀，减少因换刀产生的刀具重复定位误差。

基本设置：

1）单击主菜单【机床】→【铣床】→【默认】，弹出【刀路管理】对话框。

2）单击【机床群组 –1】，单击鼠标右键，在弹出的菜单中选择【群组】→【重新名称】，将机床群组改为"MILL"。单击【属性】→【毛坯设置】，弹出对话框，设置毛坯参数 X：120、Y：80、Z：30，设置毛坯原点 Z：2.0。单击【刀路群组 –1】，单击鼠标右键弹出菜单，选择【群组】→【重新名称】，将刀路群组改为"正面加工"，如图 5-29 所示。

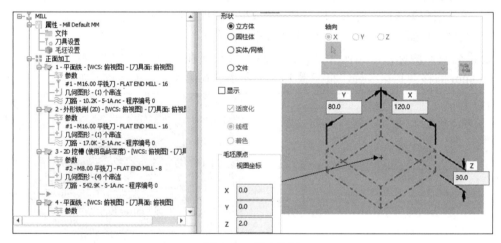

图 5-29　基本设置

刀路编辑步骤如下：

1. 118mm×78mm 面铣

鼠标放在"正面加工"群组处，单击右键弹出菜单，选择【铣床刀路】→【平面铣】，弹出【线框串连】对话框，选择方式点选 ，选择 118mm×78mm 矩形，单击 确定，弹出【平面铣】参数设置对话框。单击【刀具】→【选择刀库刀具】，选择一把 FLAT END MILL-16 的平底刀。将刀号改为 1，设置进给速率：600，主轴转速：2000，下刀速率：300，提刀速率：2000，如图 5-30 所示。

单击【切削参数】选项，切削方式选择：双向，设定底面预留量：0，单击【轴向分层切削】选项，勾选：轴向分层切削，设定最大粗切步进量：2.0，精修切削次数：1，步进：0.2，改写进给速率：400，其余默认，如图 5-31 所示。

单击【共同参数】选项，设定提刀：30.0（绝对坐标），下刀位置：3.0（增量坐标），毛坯顶部：2.0（绝对坐标），深度：0（绝对坐标），其余默认。单击【冷却液】选项，设定 Flood：On，单击  确定，如图 5-32 所示。

图 5-30　步骤 1 面铣刀具参数设置

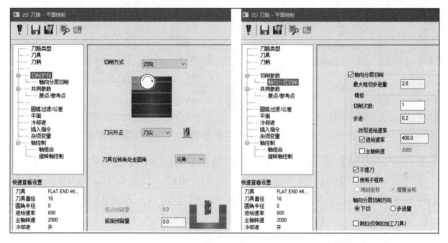

图 5-31　步骤 1 面铣切削参数及轴向分层切削参数

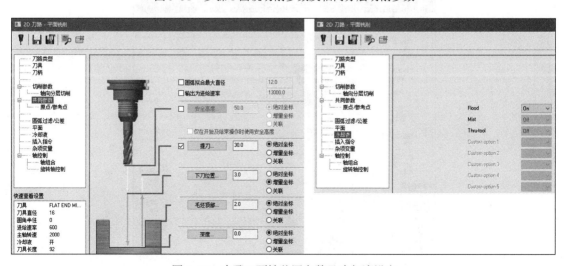

图 5-32　步骤 1 面铣共同参数及冷却液设定

2. 118mm×78mm 外形铣

在【刀路管理】对话框空白处单击鼠标右键，在弹出的菜单中选择【铣床刀路】→【外形铣削】，弹出【线框串连】对话框，选择方式点选 ⬚，选择 118mm×78mm 矩形，单击 ◎确定，弹出【外形铣削】参数设置对话框，刀具仍然选择 1# FLAT END MILL-16 平底刀，刀具参数不变。

单击【切削参数】选项，补正方式选择：磨损，补正方向：右，设定底面预留量：0，壁边预留量：0，如图 5-33 左侧所示。

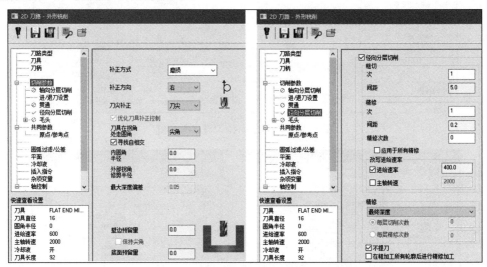

图 5-33　步骤 2 外形铣削切削参数及径向分层切削参数

单击【径向分层切削】选项，勾选：径向分层切削，设定粗切次数：1，间距：5.0，精修次数：1，间距：0.2，勾选：进给速率，设定为：400，其余默认，如图 5-33 右侧所示。

单击【共同参数】选项，设定提刀：30.0（绝对坐标），下刀位置：3.0（增量坐标），毛坯顶部：0（绝对坐标），深度：-16.0（绝对坐标），其余默认，如图 5-34 所示。单击【冷却液】选项，设定 Flood：On，单击 ✔确定。

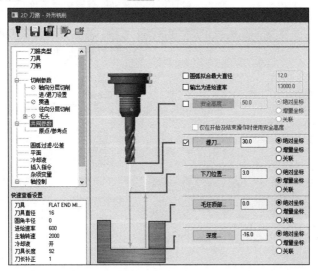

图 5-34　步骤 2 外形铣削共同参数

3. 岛屿深度挖槽加工

在【刀路管理】对话框空白处单击右键弹出菜单，选择【铣床刀路】→【挖槽】，弹出【串连选项】对话框，依次选择图 5-35 左侧所示图形作为加工轮廓，单击 ✅ 确定，弹出【2D 挖槽】参数设置对话框。单击【刀具】→【选择刀库刀具】，选择一把 FLAT END MILL-8 的平底刀。将刀号改为 2，设置进给速率：600，主轴转速：3000，下刀速率：300，如图 5-35 右侧所示。

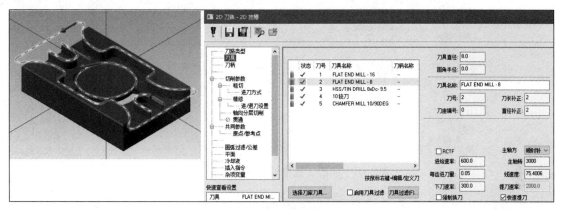

图 5-35　步骤 3 挖槽图形选择及刀具参数

单击【切削参数】选项，选择挖槽加工方式：使用岛屿深度，设置壁边预留量：0.2，底面预留量：0，岛屿上方的预留量：0.1，其余默认，如图 5-36 所示。

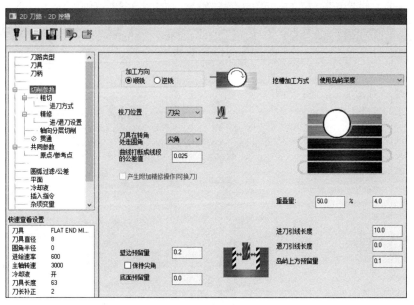

图 5-36　步骤 3 挖槽切削参数

单击【粗切】选项，选择：等距环切，设置切削间距（直径 %）：75，勾选：刀路最佳化（避免插刀），其余默认，如图 5-37 上方所示。单击【进刀方式】选项，选择：关。单击【精修】选项，勾选：精修，次数：1，间距：0.2，勾选：精修外边界、由最接近的图素开始精修、只在最后深度执行一次精修。改写进给速率，勾选：进给速率，设定为：400，刀具补正方式：磨损，其余默认，如图 5-37 下方所示。

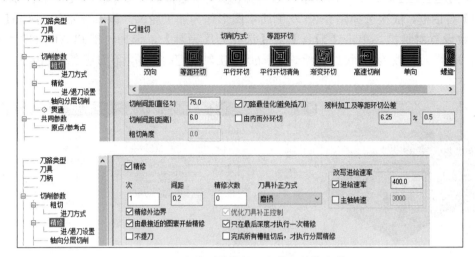

图 5-37　步骤 3 挖槽粗切参数及精修参数

单击【轴向分层切削】，勾选：轴向分层切削，设置最大粗切步进量：0.8，精修切削次数：2，步进：0.2，改写进给速率，勾选：进给速率，设定为：400，勾选：不提刀，使用岛屿深度，其余默认，如图 5-38 左侧所示。单击【共同参数】选项，设定提刀：30.0（绝对坐标），下刀位置：3.0（增量坐标），毛坯顶部：0（绝对坐标），深度：-10（绝对坐标）。单击【冷却液】选项，设定 Flood：On，单击 ✔ 确定，如图 5-38 右侧所示。

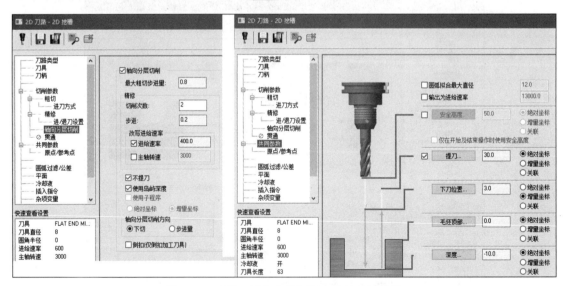

图 5-38　步骤 3 轴向分层切削参数及共同参数

4. 抛物线凸台上表面精铣

在【刀路管理】对话框空白处单击右键弹出菜单，选择【铣床刀路】→【平面铣】，图形选择图 5-9b 所示抛物线串连图形，单击【刀具】，仍然选择 2#FLAT END MILL-8 平刀，设定进给速率：400，主轴转速：3000，下刀速率：200，其余参数默认。

单击【切削参数】，选择切削方式：动态，底面预留量：-0.02，其余默认，如图 5-39 所示。单击【共同参数】，设定提刀：30.0（绝对坐标），下刀位置：3.0（增量坐标），毛坯顶部：0（绝对坐标），深度：-5（绝对坐标），单击【冷却液】选项，设定 Flood：On，单击 ✓ 确定，如图 5-39 右侧所示。步骤 3 和步骤 4 的刀具路径如图 5-40 所示。

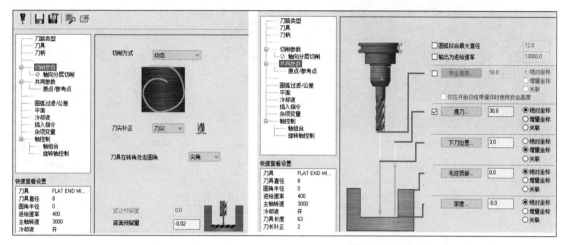

图 5-39　步骤 4 平面精铣切削参数及共同参数

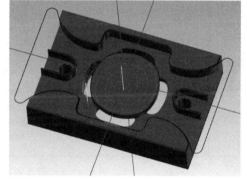

图 5-40　步骤 3 和步骤 4 的刀具路径

5. 薄壁半圆槽上表面精铣

在【刀路管理】对话框空白处单击鼠标右键弹出菜单，选择【铣床刀路】→【外形铣削】，图形选择如图 5-41 左侧所示部分串连。【刀具】参数同步骤 4，【切削参数】的补正方式选择：关，壁边预留量：0.0，底面预留量：0.0，其余默认，如图 5-41 右侧所示。

单击【进 / 退刀设置】选项，设定进 / 退刀的圆弧：0%，如图 5-42 左侧所示。

单击【共同参数】选项，设定提刀：30.0（绝对坐标），下刀位置：3.0（增量坐标），毛坯顶部：0.0（绝对坐标），深度：-2.0（绝对坐标），如图 5-42 右侧所示。单击【冷却液】选项，设定 Flood：On，单击 ✓ 确定，生成的刀具路径如图 5-44 右侧所示。

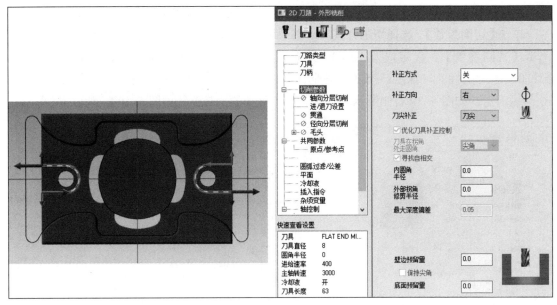

图 5-41　步骤 5 外形铣削图形及切削参数

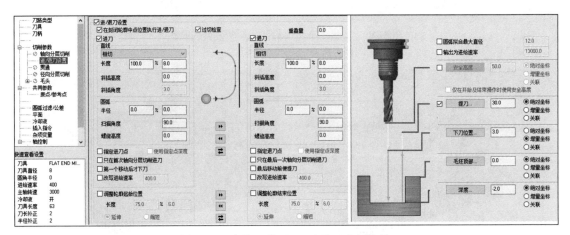

图 5-42　步骤 5 进 / 退刀参数及共同参数

6. 内轮廓精铣

在【刀路管理】对话框空白处单击鼠标右键弹出菜单，选择【铣床刀路】→【外形铣削】，图形选择如图 5-43 左侧所示部分串连，单击 ⊘ 确定，弹出【外形铣削】参数设置对话框。【刀具】参数同步骤 4。

单击【切削参数】选项，补正方式选择：磨损，补正方向选择：左，设置壁边预留量：-0.015，底面预留量：0.0，其余默认，如图 5-43 右侧所示。

单击【共同参数】选项，设定提刀：30.0（绝对坐标），进给下刀位置：3.0（增量坐标），毛坯顶部：0（绝对坐标），深度：-10.0（绝对坐标），如图 5-44 左侧所示。单击【冷却液】选项，设定 Flood：On，单击 ✓ 确定。步骤 5、6 的刀具路径如图 5-44 右侧所示。

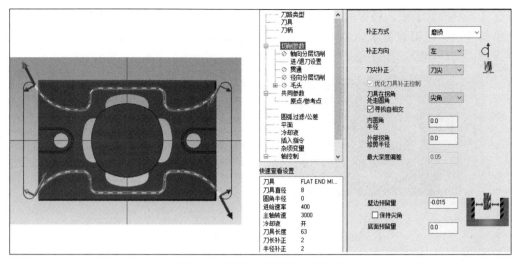

图 5-43 步骤 6 图形及切削参数

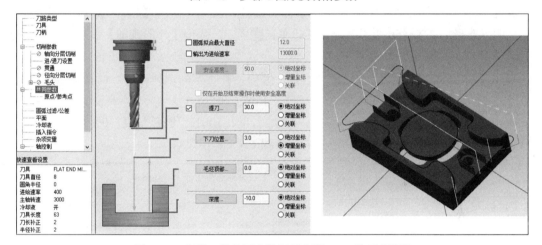

图 5-44 步骤 6 的共同参数以及步骤 5、6 的刀具路径

7. 抛物线轮廓精铣

在【刀路管理】对话框空白处单击鼠标右键弹出菜单，选择【铣床刀路】→【外形铣削】，图形选择如图 5-45 左侧所示，单击✅确定，弹出【外形铣削】参数设置对话框。【刀具】【共同参数】【冷却液】设置均同步骤 6。

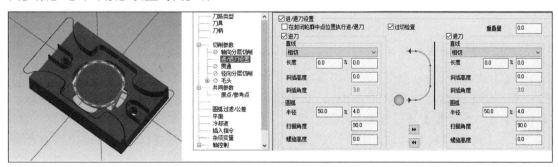

图 5-45 步骤 7 的加工图形及进 / 退刀参数

在【切削参数】中，将壁边预留量改为：-0.01，其余参数与步骤 6 相同。

单击【进 / 退刀设置】，设定进 / 退刀直线长度：0%，圆弧长度：50%，如图 5-45 右侧所示，刀具路径如图 5-46a 所示。

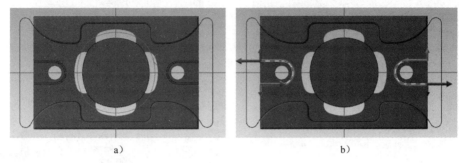

a)   b)

图 5-46　步骤 7 的刀具路径及步骤 8 的加工图形

8. 薄壁半圆槽外轮廓精铣

在【刀路管理】对话框空白处单击鼠标右键弹出菜单，选择【铣床刀路】→【外形铣削】，图形选择如图 5-46b 所示部分串连，单击 ✅ 确定，弹出【外形铣削】参数设置对话框。【刀具】参数同步骤 6。

单击【切削参数】选项，补正方式选择：磨损，补正方向选择：右，设置壁边预留量：-0.015、底面预留量：0.0，其余默认，如图 5-47 左侧所示。

单击【进 / 退刀设置】，设定进 / 退刀直线长度：100%，圆弧长度：0%，如图 5-47 右侧所示。其余【共同参数】【冷却液】均同步骤 6。

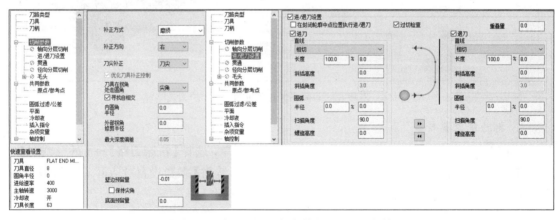

图 5-47　步骤 8 的切削参数及进 / 退刀参数

9. 薄壁半圆槽内轮廓精铣

在【刀路管理】对话框空白处单击鼠标右键弹出菜单，选择【铣床刀路】→【外形铣削】，图形选择如图 5-48 左侧所示部分串连，单击 ✅ 确定，弹出【外形铣削】参数设置对话框。【刀具】【共同参数】【冷却液】均同步骤 6，【进 / 退刀设置】同步骤 8。

单击【切削参数】选项，补正方式选择：磨损，补正方向选择：左，设置壁边预留量：-0.005、底面预留量：0.0，其余默认，如图 5-48 右侧所示。步骤 8 和步骤 9 的刀具路径如图 5-49 所示。

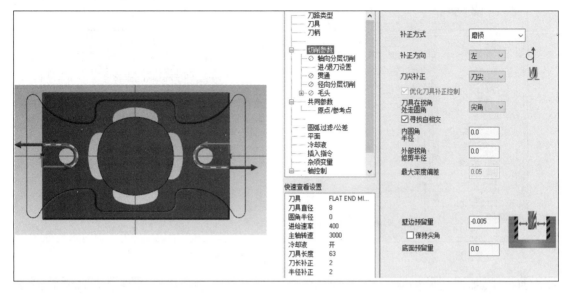

图 5-48　步骤 9 的切削参数及进 / 退刀参数

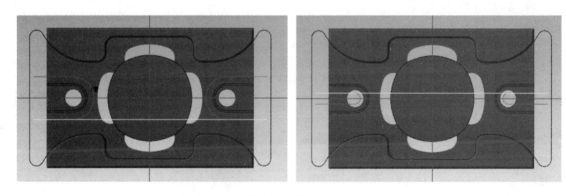

图 5-49　步骤 8 和步骤 9 的刀具路径

10. 钻 2×φ9.5mm 孔

在【刀路管理】对话框空白处单击右键弹出菜单，选择【铣床刀路】→【钻孔】，弹出【刀路孔定义】对话框，依次选择 2×φ10mm 圆的圆心，单击 确定，弹出【钻孔】参数设置对话框。单击【刀具】→【选择刀库刀具】，选择一把 HSS/TIN DRILL 8xDc-9.5 钻头。将刀号改为 3，设置进给速率：100，主轴转速：1200。右键单击【编辑刀具】，将下刀速率设定为 50，提刀速率设定为 100，其余默认，如图 5-50 所示。

单击【切削参数】选项，循环方式选择：深孔啄钻（G83），Peck（啄食量）设置：5，其余默认。单击【共同参数】选项，设定参考高度：30.0（绝对坐标），毛坯顶部：−10.0（绝对坐标），深度：−30.0（绝对坐标）。单击【冷却液】选项，设定 Flood：On，单击 确定，如图 5-51 所示。

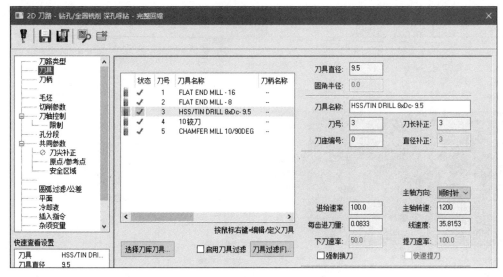

图 5-50　步骤 10 的刀具参数

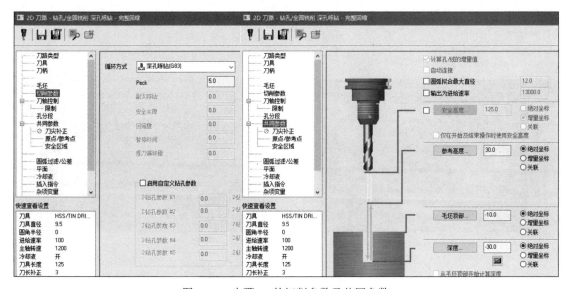

图 5-51　步骤 10 的切削参数及共同参数

11. 铰 2×φ10mm 孔

在【刀路管理】对话框空白处单击右键弹出菜单，选择【铣床刀路】→【钻孔】，弹出【刀路孔定义】对话框，依次选择 2×φ10mm 的圆，单击 确定，弹出【钻孔】参数设置对话框。单击【刀具】→【创建刀具】，创建一把直径为 10mm 的铰刀，设定直径：10，刀齿长度：50。将刀号改为 4，设置进给速率：50，主轴转速：100，下刀速率：20，材料：HSS，其余参数默认，如图 5-52 所示。

单击【切削参数】选项，循环方式选择：深孔啄钻（G83），Peck（啄食量）设置：10，其余默认，如图 5-53 左侧所示。单击【共同参数】选项，设定参考高度：10.0（绝对坐标），毛坯顶部：−10.0（绝对坐标），深度：−30.0（绝对坐标），如图 5-53 右侧所示。单击【冷却液】选项，设定 Flood：On，单击 确定。

图 5-52　步骤 11 铰刀的创建

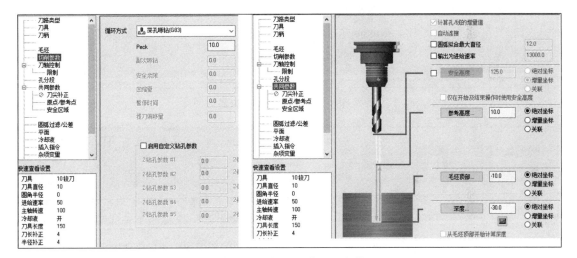

图 5-53　步骤 11 的共同参数

12. **倒角加工**

在【刀路管理】对话框空白处单击鼠标右键弹出菜单，选择【铣床刀路】→【外形铣削】，选择图 5-27b 所示的图形，单击 ✅ 确定，弹出外形铣削参数设置对话框。

单击【刀具】→【选择刀库刀具】，选择一把 CHAMFER MILL 10/90DEG 的倒角刀。将刀号改为 5，设置进给速率：600，主轴转速：2500，下刀速率：300，提刀速率：2000，其余默认。

单击【切削参数】选项，设定补正方式：电脑，补正方向：左，外形铣削方式：2D 倒角，倒角宽度：1.0，底部偏移：1.0，设置壁边预留量：0、底面预留量：0，如图 5-54 所示。

单击【共同参数】选项，设定参考高度：30.0（绝对坐标），毛坯顶部：0.0（绝对坐标），深度：0.0（绝对坐标），如图 5-55 左侧所示。单击【冷却液】选项，设定 Flood：On，单击 ✅ 确定。

单击【刀路】→【正面加工】群组，选择全部操作，单击 ，验证已选择的操作，正面加工实体验证效果如图 5-55 右侧所示。

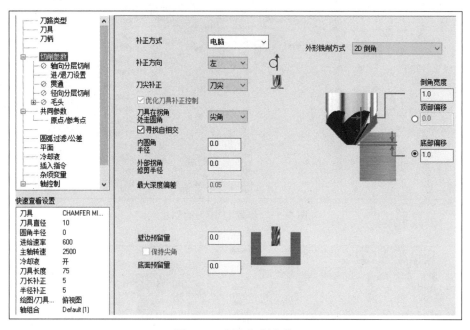

图 5-54　倒角切削参数

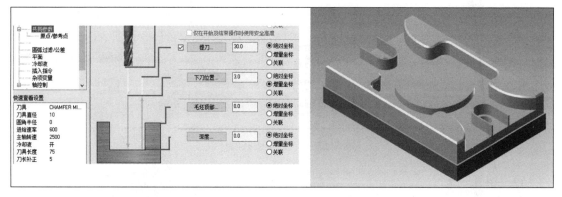

图 5-55　步骤 12 的共同参数及正面加工实体验证效果

5.4　零件 1 的反面刀具路径编辑

基本设置：

1）单击主菜单【视图】→【管理】，单击【刀路】→【实体】→【层别】→【平面】图标，打开刀路、实体、层别和平面四个分页对话框，单击【平面】→【+】，选择【依照实体面】，选择实体底面，注意按下左右翻页键选择合适的坐标轴方向，并单击 ☑️ 将其命名为"反面"。按下 Alt+F9，显示 WCS、绘图平面、刀具平面指针，如图 5-56 所示。

2）单击机床群组"MILL"，单击鼠标右键弹出菜单，选择【群组】→【新建刀路群组】，将刀路群组改为"反面加工"。将状态栏的绘图平面、刀具平面、WCS 均设定为：反面，如图 5-57 所示。

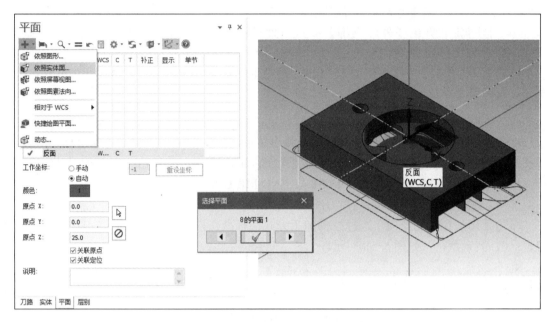

图 5-56 新建平面"反面"的设定

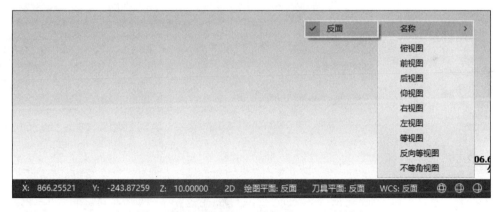

图 5-57 绘图平面、刀具平面、WCS 的设定

反面刀路编辑步骤如下：

1. 118mm×78mm **面铣**

在【反面加工】群组处单击右键弹出菜单，选择【铣床刀路】→【平面铣】，弹出【线框串连】对话框，选择方式点选 ，选择 118mm×78mm 矩形，单击 ✅确定，弹出【平面铣】参数设置对话框。单击【刀具】，选择 1# FLAT END MILL-16 的平底刀。

除在【共同参数】中，将毛坯顶部改为：3.0（绝对坐标）以外，【刀具】【切削参数】【轴向分层铣削】【冷却液】等设置均同 5.3 节步骤 1。

2. 118mm×78mm 外形铣

在【刀路管理】对话框空白处单击鼠标右键弹出菜单，选择【铣床刀路】→【外形铣削】，弹出【线框串连】对话框，选择方式点选 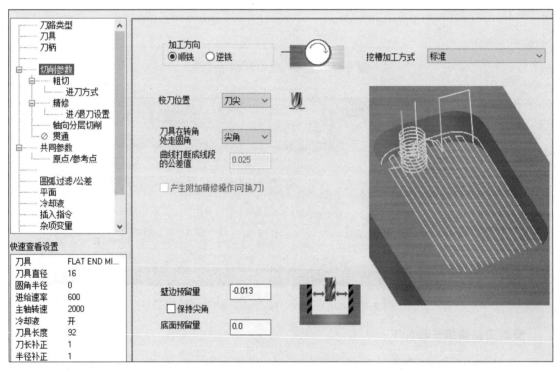，选择 118mm×78mm 矩形，单击 ✓ 确定，弹出【外形铣削】参数设置对话框，单击【刀具】，刀具仍然选择 1# FLAT END MILL-16 平底刀。

除在【共同参数】中将深度改为 -12.0（绝对坐标）以外，其余【刀具】【切削参数】【径向分层铣削】【冷却液】等均同 5.3 节步骤 2。

3. ϕ60mm 孔挖槽加工

在【刀路管理】对话框空白处单击右键弹出菜单，选择【铣床刀路】→【挖槽】，弹出【串连选项】对话框，选择 ϕ60mm 圆作为加工轮廓，单击 ✓ 确定，弹出【2D 挖槽】参数设置对话框。单击【刀具】，仍然选择 1# FLAT END MILL-16 平底刀。设置进给速率：600，主轴转速：3000，下刀速率：300，提刀速率：2000。

单击【切削参数】选项，选择挖槽加工方式：标准，设置壁边预留量：-0.013，底面预留量：0，其余默认，如图 5-58 所示。

图 5-58　步骤 3 切削参数

单击【粗切】选项，选择：等距环切，设置切削间距【直径 %】：75，其余默认，如图 5-59 所示。单击【进刀方式】选项，点选：螺旋，参数默认，如图 5-60 所示。单击【精修】选项，勾选：精修，次数：2，间距：0.2，勾选：精修外边界、由最接近的图素开始精修、只在最后深度才执行一次精修。改写进给速率，勾选：进给速率，设定为：400，其余默认，如图 5-59 所示。

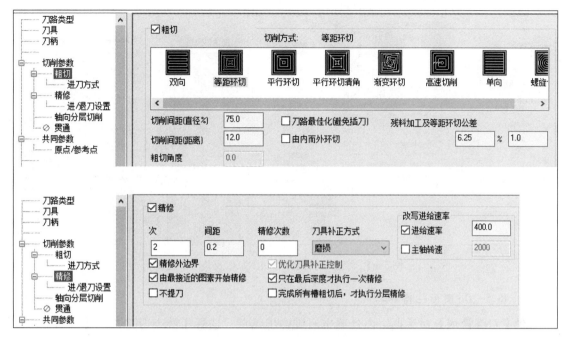

图 5-59　步骤 3 粗切参数和精修参数

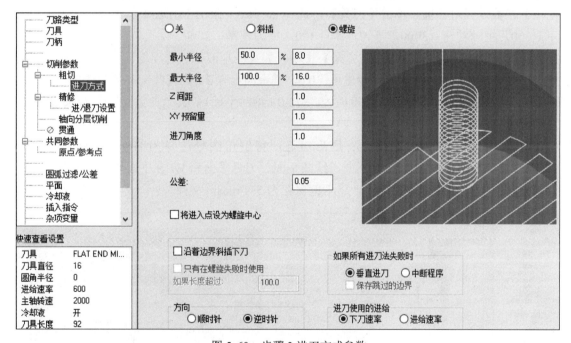

图 5-60　步骤 3 进刀方式参数

　　单击【轴向分层切削】选项，勾选：轴向分层切削，设置最大粗切步进量：2.0，精修切削次数：2，步进：0.2，改写进给速率，勾选：进给速率，设定为：400，勾选：不提刀，其余默认，如图 5-61 左侧所示。单击【共同参数】选项，设定提刀：30.0（绝对坐标），下刀位置：3.0（增量坐标），毛坯顶部：0（绝对坐标），深度：−10.0（绝对坐标），如图 5-61 右侧所示，单击【冷却液】选项，设定 Flood：On，单击 ✓ 确定。

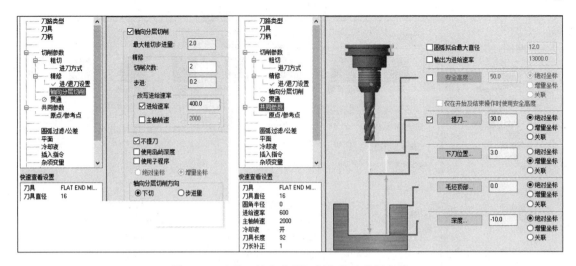

图 5-61　步骤 3 轴向分层切削参数及共同参数

4. 图 5-20c 图形挖槽加工

在【刀路管理】对话框空白处单击右键弹出菜单，选择【铣床刀路】→【挖槽】，弹出【串连选项】对话框，选择图 5-20c 所示图形作为加工轮廓，单击☑确定，弹出【2D挖槽】参数设置对话框。单击【刀具】，选择 2# FLAT END MILL-8 平底刀。设置进给速率：600，主轴转速：3000，下刀速率：300，提刀速率：2000。

【切削参数】【粗切】【进刀方式】【精修】【冷却液】等选项均同步骤 3。在【轴向分层切削】选项，设定最大粗切步进量：0.6，其余同步骤 3。在【共同参数】选项，将毛坯顶部改为：-10.0（绝对坐标），深度改为：-15.0（绝对坐标），其余参数同步骤 3，如图 5-62左侧所示。

复制 5.3 节步骤 12，删除原有图形串连，将倒角图形选择为 118mm×78mm 矩形、ϕ60mm 圆和 2×ϕ10mm 圆，参数不变，绘图平面、刀具平面和 WCS 平面均为：反面。实体切削验证效果如图 5-62 右侧所示，将本例保存为 5-1.mcam 文件。

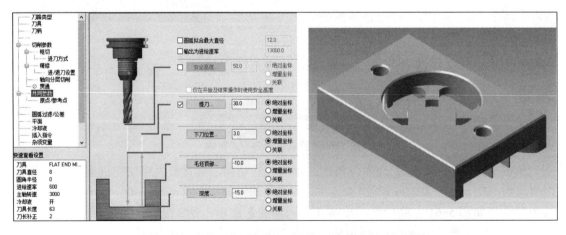

图 5-62　步骤 4 共同参数及反面加工实体切削验证效果

注：

　　本例的工艺特点是适用于批量生产，图样尺寸的公差放在壁边预留量和底面预留量中，通过调整刀具磨损量来控制加工精度。需要注意的是，壁边预留量一般是指单边预留量，所以要除以 2，底面预留量一般不除以 2。

　　比如尺寸 $50^{+0.05}_{+0.01}$ mm，其公差带的中心是 50.03mm，建模尺寸是 50mm，多了 0.03mm，单边就是 0.015mm，这样 5.3 节步骤 6 在精修的时候，壁边预留量就为 −0.015mm；尺寸 $\phi48^{0}_{-0.04}$ mm，其公差带的中心是 47.98mm，比建模尺寸 48mm 少了 0.02mm，这样 5.3 节步骤 7 在精修的时候，壁边预留量就为 −0.01mm。同理，尺寸 $16^{-0.01}_{-0.05}$ mm，5.3 节步骤 8 在精修的时候，壁边预留量就为 −0.015mm；尺寸 $\phi60^{+0.05}_{0}$ mm，其公差带的中心是 60.025mm，比建模尺寸 60mm 多了 0.025mm，步骤 3、4 的壁边预留量为 −0.013mm。

　　为了保证尺寸 $1^{0}_{-0.04}$ mm，需要做一个尺寸链计算，由尺寸 $16^{-0.01}_{-0.05}$ mm 的公差带中心 15.97mm，减去 $1^{0}_{-0.04}$ mm 的公差带中心 0.98mm，可得尺寸为 13.99mm，比建模尺寸 14mm 少了 0.01mm，所以 5.3 节步骤 9 的壁边预留量就为 −0.005mm。

　　加工的误差主要来自于对刀的误差和刀具的磨损，通过首件试切、测量并调整刀具的磨损量，可以满足批量生产的需求。从理论上讲，刀具在整个加工过程中磨损是均匀的。也就是说，一把刀在所有的加工工序中磨损量一致。

5.5　零件 2 的 CAD 建模

　　CAD 建模操作步骤如下：

　　1）单击主菜单栏【文件】→【另存为】，将 5-1.mcam 文件另存为 5-2.mcam 文件。

　　在主菜单栏中单击【视图】→【管理】，打开【刀路】【实体】【层别】三个分页卡对话框。在【刀路】对话框中单击【MILL】，单击右键删除所有操作，仅保留"正面加工"和"反面加工"两个群组。其余属性、文件、刀具设置、毛坯设置等均不变，如图 5-63 左侧所示。在【实体】对话框中单击【实体】，单击右键删除所有实体操作，如图 5-63 右侧所示。

图 5-63　删除全部刀路和实体操作

　　在【层别】对话框中勾选第 2 层为当前层，关闭第 1 层高亮显示，打开 3、4 层的高亮显示，如图 5-64 左侧所示；按住鼠标左键，矩形框选所有的图素，单击右键将其删除，如图 5-64 中部所示；删除完后将第 1 层设为当前层，保留第 2 层"实体"，删除 3、4、5 层，如图 5-64 右侧所示。将状态栏的绘图平面、刀具平面、WCS 均设定为：俯视图。

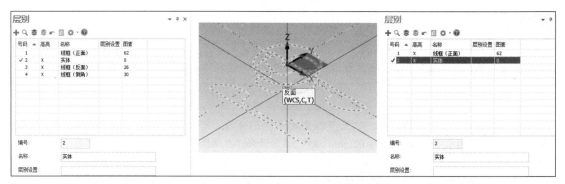

图 5-64　图素的删除和图层的设置

2）按下 Alt+1，将视图切换到俯视图，关闭【视图】【显示指针】。在状态栏中单击【Z】，设定新的作图深度：0。单击主菜单【线框】→【矩形】，勾选：矩形中心点，以原点为中心点绘制 118mm×78mm 的矩形。按下 Alt+7 将视图切换到等角视图，将光标的选择方式选择为：单体，删除两个半圆槽的内部图素，如图 5-65a 所示；删除后的图形如图 5-65b 所示。

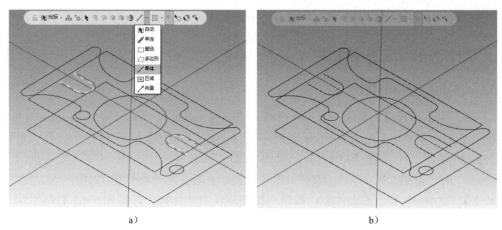

a）　　　　　　　　　　　　　　　　b）

图 5-65　步骤 2 的图形绘制与编辑

3）单击主菜单栏【转换】→【平移】，选择图形如图 5-66 左所示，方式：移动，增量 Z：2.0，如图 5-66 中所示，完成的图形如图 5-66 右所示。

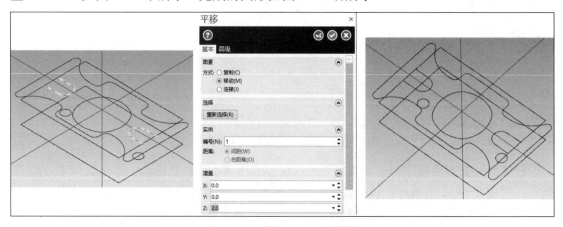

图 5-66　步骤 3）图形的绘制

4）单击【线框】→【修剪】→【图素倒圆角】，设定圆角半径：1.0，分别倒圆角 4 处，如图 5-67a 所示；单击【线框】→【修剪】→【两点打断】，将矩形的左右两边在如图 5-67a 所示的交点处打断，删除多余的图素，完成的图形如图 5-67b 所示。

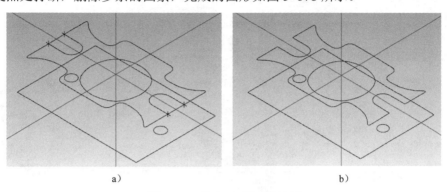

a）   b）

图 5-67   步骤 4）图形的绘制

5）单击主菜单【实体】→【拉伸】，串连选择 118mm×78mm 矩形，方向：向上，距离：15.0，单击◎完成继续创建操作；选择图 5-68a 所示图形，方向：向下，距离：10.0，点选【添加凸台】，单击◎继续创建操作，如图 5-68b 所示。

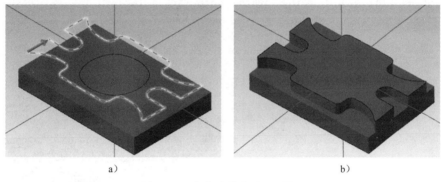

a）   b）

图 5-68   实体建模步骤 5）效果

6）按下 Alt+S，将实体显示切换到"线框"显示，串连选择抛物线形成的图形，方向：向上，距离：5.0，点选【切割主体】，单击◎继续创建操作，如图 5-69a 所示。选择 2×ϕ10mm 圆，点选【切割主体】、【全部贯通】，单击◎完成绘制，如图 5-69b 所示。

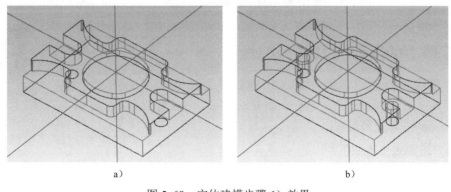

a）   b）

图 5-69   实体建模步骤 6）效果

7）再次按下 Alt+S，切换到"着色"模式，单击【单一距离倒角】命令 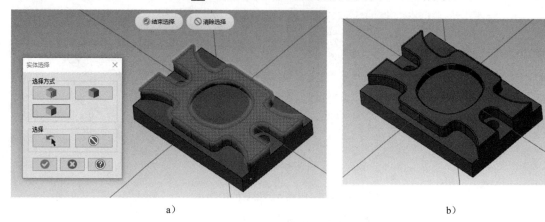，弹出【实体选择】对话框，点选 ，选择边如图 5-70a 所示，单击 确定，弹出【单一距离倒角】对话框，设置距离：1.0，单击 完成倒角，最终建模效果如图 5-70b 所示。

a)   b)

图 5-70　实体建模步骤 7）效果

8）单击主菜单【主页】→【属性】→ 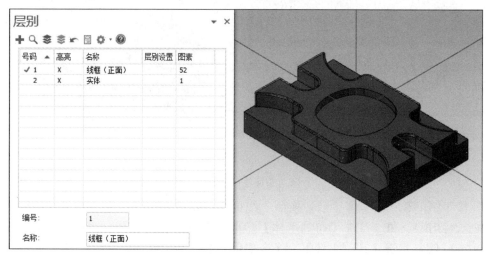（设置全部）图标，单击刚才建好的实体，将其层别改为：第 2 层，设定第 1 层为当前层，如图 5-71 所示。

图 5-71　图形的层别设定

5.6　零件 2 的反面刀具路径编辑

本例采用先反后正的顺序加工，主要是考虑到如果先加工正面，反面不易装夹，容易夹伤有尺寸公差要求的面。先加工反面，再加工正面，可以避免 118mm×78mm 外形侧壁接痕。

反面刀路编辑步骤如下：

1.　118mm×78mm 面铣

在主菜单栏单击【视图】→【管理】，打开【刀路】、【实体】、【层别】三个分页卡对话框，在【刀路】对话框中单击并按住【反面加工】群组，拖动至【正面加工】群组处，弹出菜单，选择【移动到之前】，将反面加工放在前面。将状态栏的绘图平面、刀具平面、WCS 均设定为：反面，如图 5-72 所示。

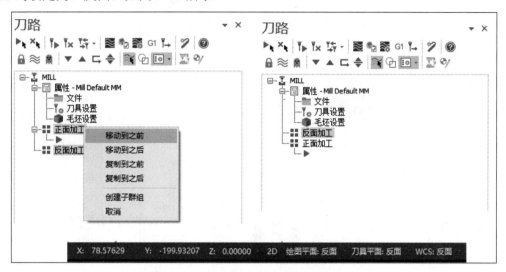

图 5-72　刀具群组的编辑和状态栏设定

按下 Alt+7 将视图切换到等角视图，单击【反面加工】，单击鼠标右键，在弹出的菜单中选择【铣床刀路】→【平面铣】，弹出【线框串连】对话框，选择方式点选 ，选择 118mm×78mm 矩形，单击 确定，弹出【平面铣】参数设置对话框。单击【刀具】选项，选择 1# FLAT END MILL-16 平底刀。设置进给速率：600，主轴转速：2000，下刀速率：300，提刀速率：2000，如图 5-73 所示。

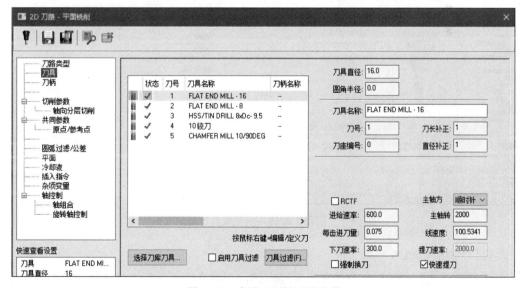

图 5-73　步骤 1 面铣刀具参数

单击【切削参数】选项，切削方式选择：双向，设定底面预留量：0，单击【轴向分层切削】选项，勾选：轴向分层切削，设定最大粗切步进量：2.0，精修切削次数：1，步进：0.2，改写进给速率：400，其余默认，如图 5-74 所示。

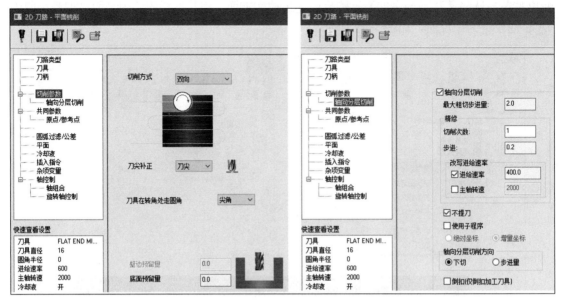

图 5-74　步骤 1 面铣切削参数及轴向分层切削参数

单击【共同参数】选项，设定提刀：30.0（绝对坐标），下刀位置：3.0（增量坐标），毛坯顶部：2.0（绝对坐标），深度：0（绝对坐标），其余默认。单击【冷却液】选项，设定 Flood：On，单击 ✓ 确定，如图 5-75 所示。

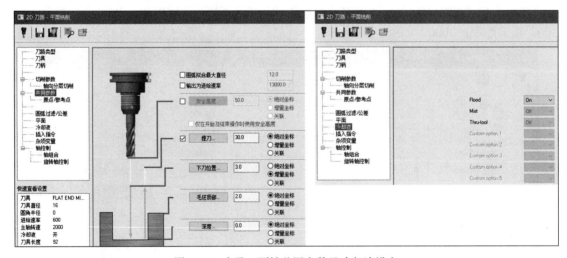

图 5-75　步骤 1 面铣共同参数及冷却液设定

2. 118mm×78mm 外形铣

在【刀路管理】对话框空白处单击鼠标右键，在弹出的菜单中选择【铣床刀路】→【外形铣削】，弹出【线框串连】对话框，选择方式点选 🔗 ，选择 118mm×78mm 矩形，单击 ⊙ 确定，弹出【外形铣削】参数设置对话框，刀具仍然选择 1# FLAT END MILL-16 平底刀，刀具参数同步骤 1。

单击【切削参数】选项，补正方式选择：磨损，补正方向：左，设定底面预留量：0，壁边预留量：0，如图 5-76 左侧所示。

单击【径向分层切削】选项，勾选：径向分层切削，设定粗切次数：1，间距：5.0，精修次数：1，间距：0.2，勾选【进给速率】，设定为：400，其余默认，如图 5-76 右侧所示。

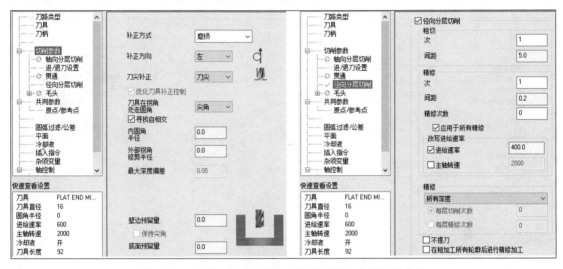

图 5-76　步骤 2 外形铣削切削参数及径向分层切削参数

单击【共同参数】选项，设定提刀：30.0（绝对坐标），下刀位置：3.0（增量坐标），毛坯顶部：0（绝对坐标），深度：−15.0（绝对坐标），其余默认，如图 5-77 左侧所示。单击【冷却液】选项，设定 Flood：On，单击　✓　确定，实体切削验证效果如图 5-77 右侧所示。

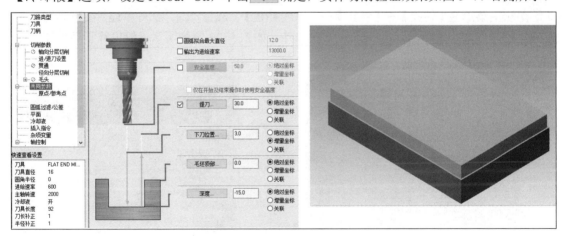

图 5-77　步骤 2 外形铣削共同参数及反面加工实体切削验证效果

5.7　零件 2 的正面刀具路径编辑

正面刀路编辑步骤如下：

1.　118mm×78mm 面铣

将状态栏的绘图平面、刀具平面、WCS 均设定为：俯视图。单击 5.6 节步骤 1，单击右键选择【复制】，然后左键单击【正面加工】，单击右键选择【粘贴】，复制 5.6 节步骤 1 粘贴到此处"步骤 1"。单击【平面】选项，分别单击▦按钮，将工作坐标系、刀具平面、绘图平面均设为：俯视图，如图 5-78 所示。单击【共同参数】选项，将毛坯顶部改为：3.0（绝对坐标），其余参数默认。

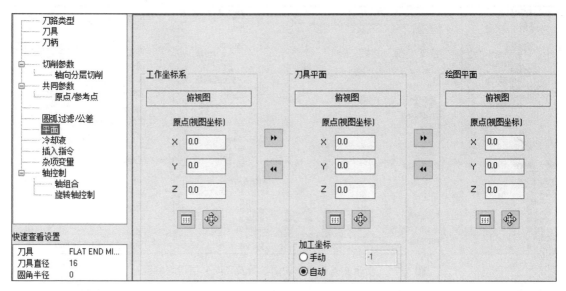

图 5-78　步骤 1 平面设定

2. 上部外轮廓预粗铣

单击主菜单栏【转换】→【补正】→【串连补正】，选择 🔧 部分串连，图形如图 5-79 左侧所示，方式：复制，距离：4.0，方向向外，如图 5-79 右侧所示，绘出补正后的图形。

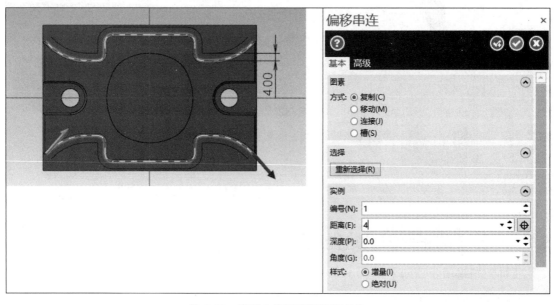

图 5-79　步骤 2 线框串连补正参数

在【刀路管理】对话框空白处单击鼠标右键，在弹出的菜单中选择【铣床刀路】→【外形铣削】，图形选择如图 5-79 补正后的线框串连，如图 5-80 左侧所示，单击 ⊘ 确定，弹出【外形铣削】参数设置对话框，【刀具】参数同 5.6 节步骤 1。

单击【切削参数】选项，补正方式选择：磨损，补正方向选择：左，设置壁边预留量：0、底面预留量：0.2，其余默认，如图 5-80 右侧所示。

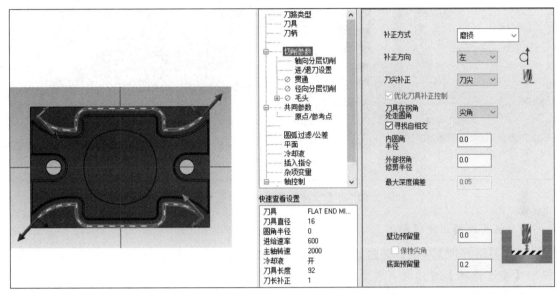

图 5-80　步骤 2 加工图形及切削参数

单击【轴向分层切削】选项，勾选：轴向分层切削，设置最大粗切步进量：2.0，精修切削次数：1，步进：0.2，改写进给速率，勾选进给速率，设定为：400，其余默认，如图 5-81 左侧所示。单击【共同参数】选项，设定提刀：30.0（绝对坐标），下刀位置：3.0（增量坐标），毛坯顶部：0（绝对坐标），深度：−10.0（绝对坐标）。单击【冷却液】选项，设定 Flood：On，单击 ✓ 确定，如图 5-81 右侧所示。

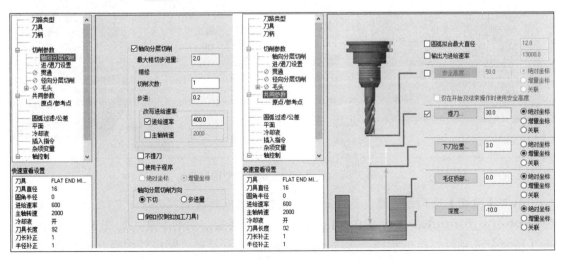

图 5-81　步骤 2 轴向分层切削参数及共同参数

如果发现生成的刀具路径不对，可以单击【几何图形】，更改串连的方向，如图 5-82 左侧所示，刀具路径如图 5-82 右侧所示。

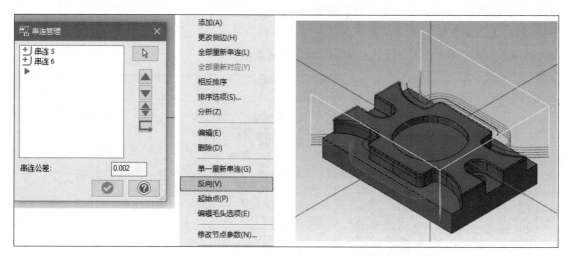

图 5-82　步骤 2 串连方向的更改及刀具路径

3. 抛物线图形挖槽加工

在【刀路管理】对话框空白处单击右键，在弹出的菜单中选择【铣床刀路】→【挖槽】，弹出【串连选项】对话框，选择图 5-83 左侧图形作为加工轮廓，单击 ✓ 确定，弹出【2D 挖槽】参数设置对话框。单击【刀具】选项，仍然选择 1# FLAT END MILL-16 平底刀，刀具参数同 5.6 节步骤 1。

单击【切削参数】选项，选择挖槽加工方式：标准，设置壁边预留量：-0.01，底面预留量：-0.02，其余默认，如图 5-83 右侧所示。

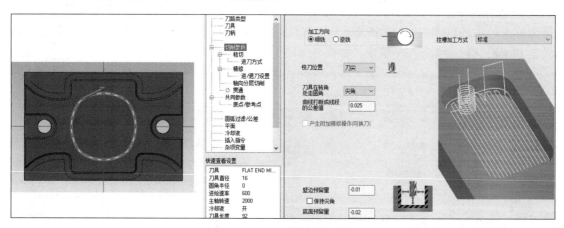

图 5-83　步骤 3 加工图形及切削参数

单击【粗切】选项，选择：等距环切，设置切削间距【直径 %】：75，其余默认，如图 5-84 上方所示。单击【进刀方式】选项，点选：螺旋，参数默认，如图 5-85 所示。单击【精修】选项，勾选：精修，次数：2，间距：0.2，勾选：精修外边界、由最接近的图素开始精修、只在最后深度才执行一次精修。改写进给速率，勾选：进给速率，设定为：

400，刀具补正方式：磨损，其余默认，如图 5-84 下方所示。

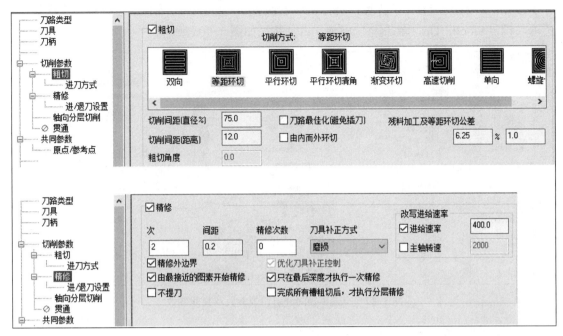

图 5-84　步骤 3 粗切参数和精修参数

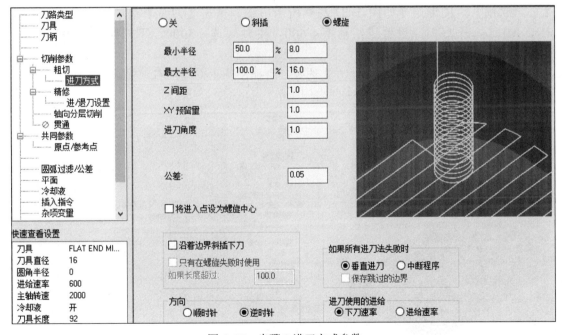

图 5-85　步骤 3 进刀方式参数

单击【轴向分层切削】选项，勾选：轴向分层切削，设置最大粗切步进量：2.0，精修切削次数：2，步进：0.2，改写进给速率，勾选：进给速率，设定为：400，勾选：不提刀，其余默认，如图 5-86 左侧所示。

单击【共同参数】选项，设定提刀：30.0（绝对坐标），下刀位置：3.0（增量坐标），毛坯顶部：0（绝对坐标），深度：-5.0（绝对坐标），如图 5-86 右侧所示。单击【冷却液】选项，设定 Flood：On，单击 ✓ 确定，刀具路径如图 5-90a 所示。

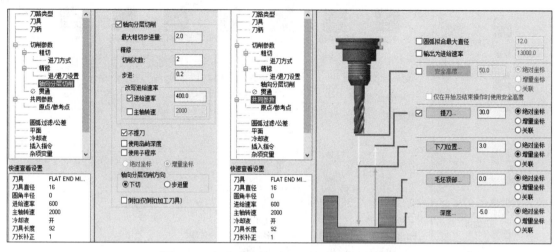

图 5-86　步骤 3 轴向分层切削参数及共同参数

4. 上部外轮廓粗铣

在【刀路管理】对话框空白处单击鼠标右键，在弹出的菜单中选择【铣床刀路】→【外形铣削】，图形选择如图 5-87 左侧所示串连。单击【刀具】选项，选择 2# FLAT END MILL-8 平底刀。设置进给速率：600，主轴转速：3000，下刀速率：300，提刀速率 2000，如图 5-88 所示。

单击【切削参数】选项，补正方式选择：磨损，补正方向：右，壁边预留量：0.2、底面预留量：0.2，其余默认，如图 5-87 右侧所示。

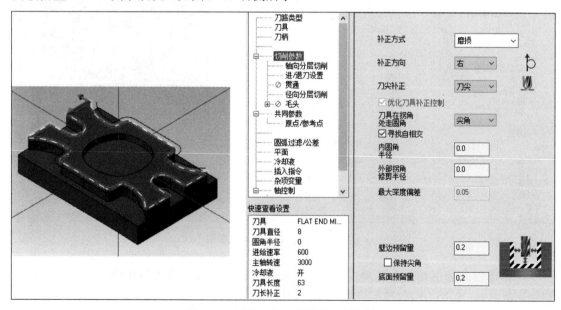

图 5-87　步骤 4 加工图形及切削参数

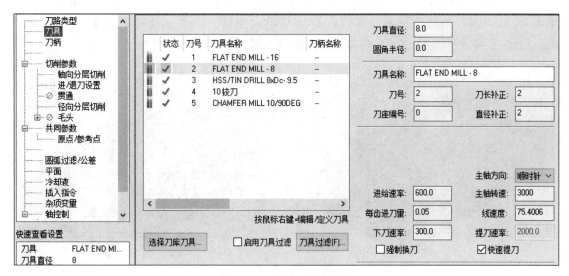

图 5-88 步骤 4 刀具参数

单击【轴向分层切削】选项，勾选：轴向分层切削，设置最大粗切步进量：0.8，精修切削次数：1，步进：0.2，改写进给速率，勾选：进给速率，设定为：400，勾选：不提刀，其余默认，如图 5-89 左侧所示。

单击【径向分层切削】选项，勾选：径向分层切削，设置粗切次数：1，间距：5.0，精修次数：1，间距：0.2，改写进给速率，勾选：进给速率，设定为：400，勾选：应用于所有精修，在粗加工所有轮廓后进行精修加工，精修选择：最终深度，其余默认，如图 5-89 右侧所示。

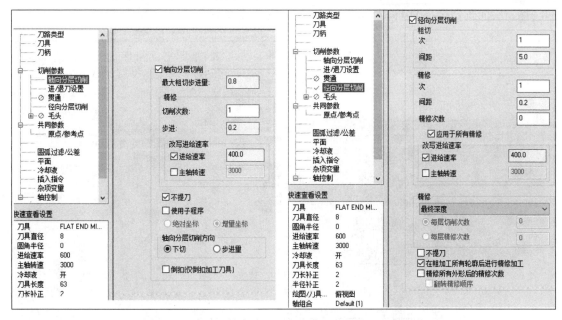

图 5-89 步骤 4 轴向分层切削参数及径向分层切削参数

单击【共同参数】选项，设定提刀：30.0（绝对坐标），下刀位置：3.0（增量坐标），毛坯顶部：0.0（绝对坐标），深度：-10.0（绝对坐标）；单击【冷却液】选项，设定Flood：On，单击 ✅ 确定。步骤4的刀具路径如图 5-90b 所示。

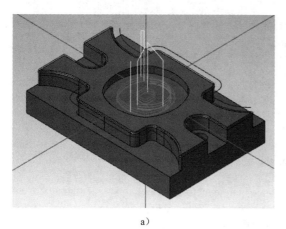
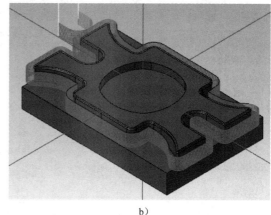

a）   b）

图 5-90　步骤 3 和步骤 4 刀具路径

5. 外轮廓精修

在【刀路管理】对话框空白处单击鼠标右键，在弹出的菜单中选择【铣床刀路】→【外形铣削】，图形选择如图 5-91 左侧所示两处部分串连，单击 ✅ 确定，弹出【外形铣削】参数设置对话框。【刀具】选择 2# FLAT END MILL-8 平底刀。设置进给速率：400，主轴转速：3000，下刀速率：200，提刀速率：2000，其余默认。

单击【切削参数】选项，补正方式选择：磨损，补正方向选择：右，设置壁边预留量：-0.015、底面预留量：0.0，其余默认，如图 5-91 右侧所示。

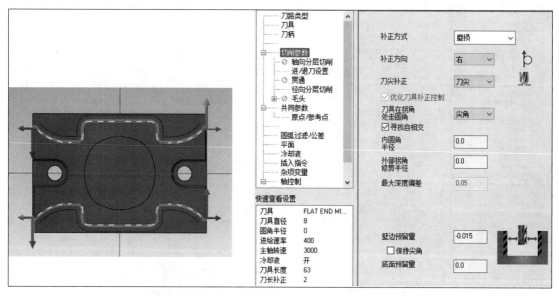

图 5-91　步骤 5 图形及切削参数

单击【径向分层切削】选项，勾选：径向分层切削，设置粗切次数：3，间距：6.0，精修次数：0，间距：0.2，改写进给速率，勾选：进给速率，设定为：400，勾选：应用于所有精修，其余默认，如图 5-92 左侧所示。

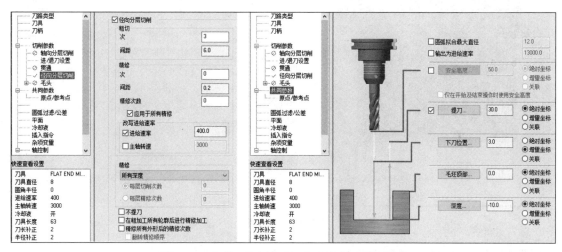

图 5-92　步骤 5 的径向分层切削参数及共同参数

单击【共同参数】选项，设定提刀：30.0（绝对坐标），进给下刀位置：3.0（增量坐标），毛坯顶部：0（绝对坐标），深度：-10.0（绝对坐标），如图 5-92 右侧所示。单击【冷却液】选项，设定 Flood：On，单击 ✅ 确定。步骤 5、6 的刀具路径如图 5-93 所示。

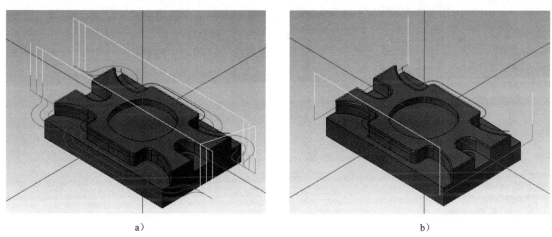

a)　　　　　　　　　　　　　　　　　　　b)

图 5-93　步骤 5 和步骤 6 的刀具路径

6. 两侧边精修

在【刀路管理】对话框空白处单击鼠标右键，在弹出的菜单中选择【铣床刀路】→【外形铣削】，图形选择如图 5-94 左侧所示两处部分串连，单击 ⬤ 确定，弹出【外形铣削】参数设置对话框。【刀具】、【共同参数】同步骤 5。

单击【切削参数】选项，补正方式选择：磨损，补正方向选择：左，设置壁边预留量：0.0、底面预留量：0.0，其余默认，如图 5-94 右侧所示。

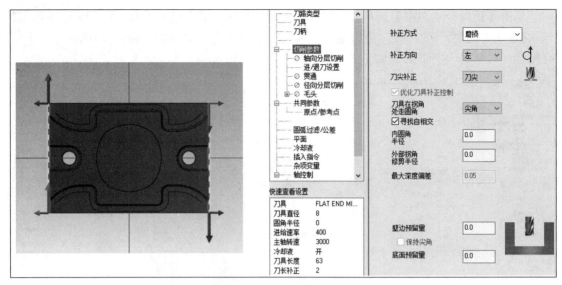

图 5-94　步骤 6 加工图形及切削参数

【轴向分层切削】、【径向分层切削】均关闭。单击【进 / 退刀设置】，将进刀和退刀的圆弧半径均设为：0%，如图 5-95 所示。刀具路径如图 5-93b 所示。

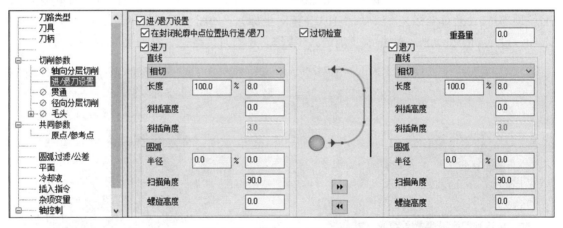

图 5-95　步骤 6 进 / 退刀参数

7. 半圆槽精修

在【刀路管理】对话框空白处单击鼠标右键，在弹出的菜单中选择【铣床刀路】→【外形铣削】，图形选择如图 5-96 左侧所示两处部分串连，单击 ✅ 确定，弹出【外形铣削】参数设置对话框。【刀具】、【共同参数】、【进 / 退刀设置】均同步骤 6。

单击【切削参数】选项，补正方式选择：磨损，补正方向选择：左，设置壁边预留量：−0.01、底面预留量：0.0，其余默认，如图 5-96 右侧所示。

单击【径向分层切削】，勾选：径向分层切削，设置粗切次数：2，间距：3.0，其余默认，如图 5-97 左侧所示，刀具路径如图 5-97 右侧所示。

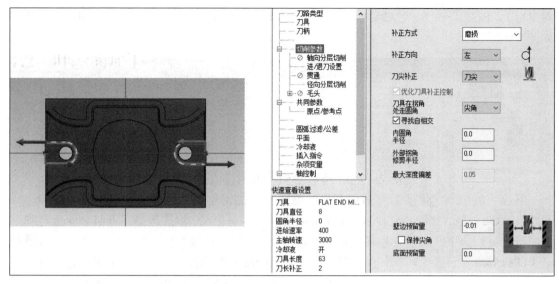

图 5-96　步骤 7 加工图形及切削参数

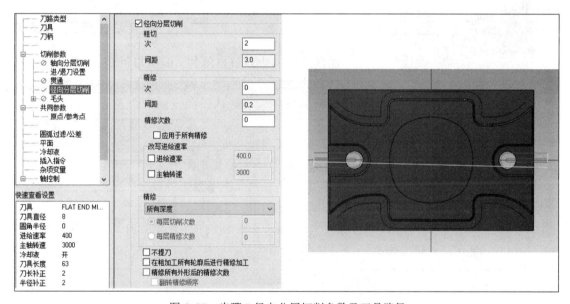

图 5-97　步骤 7 径向分层切削参数及刀具路径

8. 钻 2×ϕ9.5mm 孔

在【刀路管理】对话框空白处单击右键弹出菜单，选择【铣床刀路】→【钻孔】，弹出【刀路孔定义】对话框，依次选择 2×ϕ10mm 圆的圆心，单击确定，弹出【钻孔】参数设置对话框。单击【刀具】选项，选择 3# HSS/TIN DRILL 8xDc-9.5 钻头。将下刀速率设定为 50，提刀速率为 100，其余默认，如图 5-98 所示。

单击【切削参数】选项，循环方式选择：深孔啄钻（G83），Peck（啄食量）设置：5，其余默认。单击【共同参数】选项，设定参考高度：30.0（绝对坐标），毛坯顶部：-10.0（绝对坐标），深度：-30.0（绝对坐标）。单击【冷却液】选项，设定 Flood：On，单击 ☑ 确定，如图 5-99 所示。

图 5-98　步骤 8 的刀具参数

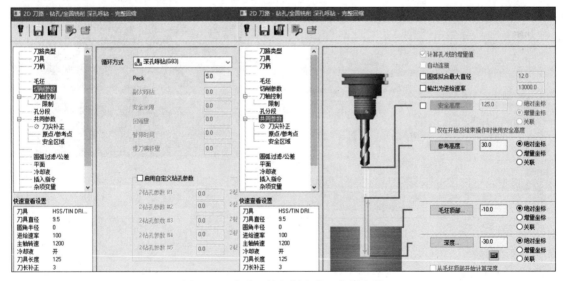

图 5-99　步骤 8 的切削参数及共同参数

9. 铰 2×ϕ10mm 孔

在【刀路管理】对话框空白处单击右键弹出菜单，选择【铣床刀路】→【钻孔】，弹出【刀路孔定义】对话框，依次选择 2×ϕ10mm 的圆，单击 ◉ 确定，弹出【钻孔】参数设置对话框。单击【刀具】选项，选择 4# 10 铰刀，设置进给速率：50，主轴转速：100，下刀速率：20，其余参数不变。

在【切削参数】选项中，将 Peck（啄食量）改为：10，其余参数同步骤 8。在【共同参数】选项中，将参考高度改为：10，其余参数同步骤 8，如图 5-100 所示。

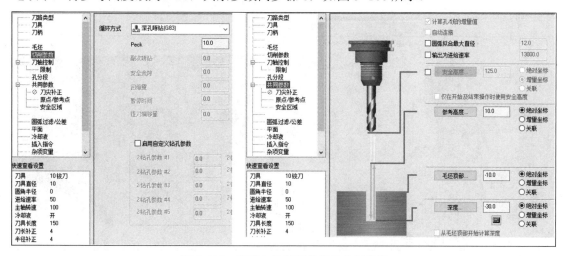

图 5-100　步骤 9 的切削参数及共同参数

10. 倒角加工

在【刀路管理】对话框空白处单击鼠标右键弹出菜单，选择【铣床刀路】→【外形铣削】，图形选择图 5-87 左侧的图形和抛物线轮廓，单击确定，弹出外形铣削参数设置对话框。

单击【刀具】选项，选择 5# CHAMFER MILL 10/90DEG 倒角刀。设置进给速率：600，主轴转速：2500，下刀速率：300，提刀速率：2000，其余默认。

单击【切削参数】选项，设定补正方式：电脑，补正方向：左，外形铣削方式：2D 倒角。倒角宽度：1.0，底部偏移：1.0，设置壁边预留量：0、底面预留量：0，如图 5-101 所示。

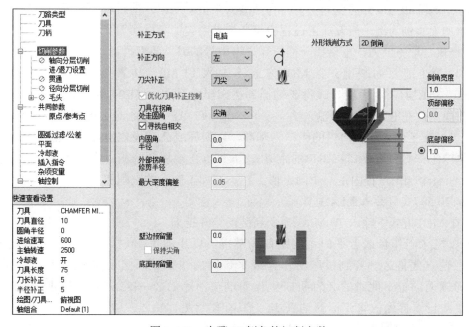

图 5-101　步骤 10 倒角的切削参数

单击【共同参数】选项，设定参考高度：30.0（绝对坐标），毛坯顶部：0.0（绝对坐标），深度：0.0（绝对坐标），如图 5-102 左侧所示。单击【冷却液】选项，设定 Flood：On，单击确定。

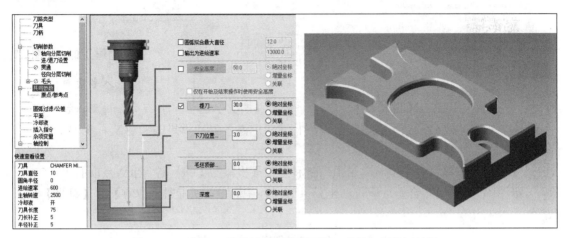

图 5-102　步骤 10 的共同参数及正面加工实体切削验证效果

单击【刀路】→【正面加工】群组，选择全部操作，单击 🔊，验证已选择的操作，正面加工实体验证效果如图 5-102 右侧所示，将图形保存为 5-2.mcam 文件。

5.8　FANUC 0i-MC 加工中心常见问题及处理

与 SIEMENS 系统一样，在利用 FANUC 加工中心加工的过程中，也经常会出现一些异常情况，最常见的就是"断刀"，处理方法与第 3 章基本一样，所不同的是换刀和对刀可以刀库中的除断刀以外的任一把刀作为基准刀来重新对刀，重新写入断刀的刀具补偿值。以第 4 章加工实例为例，假设加工过程中第 3 把刀断刀，具体换刀步骤如下：

1）停机，取下断刀，重新找一把同样规格型号的刀具装刀。

2）以第 1 把刀为基准，在 MDI 方式下输入 T1 M6，装入第 1 把刀，此时 G54 的 Z=0，H1=-351.241，用手轮方式将 Z 轴摇到机床坐标系 Z=-351.241，可以认定此时即在工件对刀表面上，在 POS 界面，输入 Z，按下软键【归零】，让此时 Z 的相对坐标值 Z=0。

3）以机床工作台或平口钳的钳口为基准，以刀杆或 Z 轴设定器过渡，测量出工件对刀表面到机床工作台或者平口钳钳口的距离 h。h 可以直接从 Z 的相对坐标值读出，然后取绝对值。h 在整个加工过程中是一个固定值，并不随加工表面的铣削和刀具的长短而改变，比如此时 h=20.587（可参考 2.1.4.3 节）。

4）在 MDI 方式下输入 T3 M6，换上新装的第 3 把刀。

5）以机床工作台或者平口钳的钳口为基准，以步骤 3）同样的刀杆或 Z 轴设定器过渡，用手轮方式将 Z 轴摇到机床工作台或平口钳的钳口处，然后向上移动 h，此处即工件的对刀表面。记下此时的 Z 轴机床坐标系的值，比如 Z=-382.653，在 OFS/SET 界面，切换到参数设置界面，将光标移动到 3# 刀具补偿量处，输入 -382.653 即可。比较原来的 H3=-384.371，可以明显地发现两次装刀的高度不同。

注:

这种方法的特点在于以第 1 把刀作为基准。从理论上来讲，调用任何一把刀都可以作为基准，目的只是找到工件的对刀表面。实际上，即使是同一把刀，经过两三次换刀以后，所检测到的刀具补偿量也会有微量的差异，根据机床的精度，一般在 0.005mm 左右。

此外，FANUC 加工中心由于程序较大，一般都采用 DNC 方式加工，出现"停机""通信中断""断刀"情况时，必须通过修改程序的方法来处理，处理方法与第 3 章完全相同。

5.9 FANUC 0i-MC 加工中心加工精度分析

一般来讲，数控机床的机械加工精度取决于机床的精度、刀具和加工工艺。机床的加工精度主要有几何精度、定位精度和工作精度 3 个方面。几何精度包括机床部件自身精度、部件间相互位置精度等，主要指标有平面度、垂直度和主轴轴向、径向圆跳动等；定位精度包括定位精度、重复定位精度和反向偏差等，以环境温度在 15 ~ 25℃之间、无负荷空转试验来检验；工作精度是指机床的综合精度，受机床几何精度、刚度、温度的影响。加工中心加工精度见表 5-3。由于加工中心刚性较铣床好，同样精度等级加工中心的加工精度一般高于数控铣床。

表 5-3　加工中心加工精度

序　号	检测内容		允许误差/mm
1	镗孔精度	圆度	0.01
		圆柱度	0.01/100
2	面铣刀铣平面精度	平面度	0.01
		阶梯差	0.01
3	面铣刀铣侧面精度	垂直度	0.02/300
		平行度	0.02/300
4	镗孔孔距精度	X 轴方向	0.02
		Y 轴方向	0.02
		对角线方向	0.03
		孔径偏差	0.01
5	立铣刀铣削四周面精度	直线度	0.01/300
		平行度	0.02/300
		厚度差	0.03
		垂直度	0.02/300
6	两轴联动铣削直线精度	直线度	0.015/300
		平行度	0.03/300
		垂直度	0.03/300
7	立铣刀铣削圆弧精度	圆度	0.02

注：摘自韩鸿鸾、张秀玲编著《数控加工技师手册》，机械工业出版社。

在机床精度达到要求的基础上，零件的加工精度取决于刀具和加工工艺。刀具的制造误差和加工过程中的磨损、加工工艺中切削三要素（主轴转速、进给量、背吃刀量）是否合理、加工工艺是否合理、切削过程中由于切削力和切削温度的升高引起系统的变形等，都是影响加工精度的重要因素。

对于机床操作人员来说，机床的精度是无法控制的，从出厂时就已经确定了，唯一可做的就是采购部门把好机床验收的环节，出具合格的机床验收报告。

机床操作人员能够做的只是合理地选择刀具、编制尽量合理的加工工艺，来保证零件的精度。从工艺角度来讲，每个人都有自己的想法和思路，一般的工艺原则也大都能够遵守，工艺水平的高低可以通过编制的 Mastercam 刀具路径看出来，需要通过大量的实践经验才能够逐步完善和提高。

5.10　常见数控系统的精度分析

1. 数控机床控制系统分类

数控机床的加工精度除了与机械部分有关以外，还与电气部分有关。根据控制原理的不同，数控机床控制系统可分为开环、半闭环、闭环三种。

（1）开环控制系统　开环控制系统没有位置测量装置，信号流是单向的（数控装置→进给系统），故系统稳定性好。无位置反馈，精度相对于闭环系统来讲不高，其精度主要取决于伺服驱动系统和机械传动机构的性能和精度。

开环控制系统不能检测误差，也不能校正误差。控制精度和抑制干扰的性能都比较差，而且对系统参数的变动很敏感。一般以大功率步进电机作为伺服驱动元件。

这类系统具有结构简单、工作稳定、调试方便、维修简单、价格低廉等优点，在精度和速度要求不高、驱动力矩不大的场合得到广泛应用，一般用于经济型数控机床。

（2）半闭环控制系统　位置检测装置安装在驱动电机的端部或丝杠的端部，用来检测丝杠或伺服电机的回转角，间接测出机床运动部件的实际位置，经反馈送回控制系统。

半闭环环路内不包括或只包括少量机械传动环节，因此可获得稳定的控制性能，其系统的稳定性虽不如开环系统，但比闭环要好。

由于丝杠的螺距误差和齿轮间隙引起的运动误差难以消除，其精度较闭环差，较开环好。但可对这类误差进行补偿，因而仍可获得满意的精度。

半闭环控制系统结构简单、调试方便、精度也较高，因而在现代 CNC 机床中得到了广泛应用。

（3）闭环控制系统　将位置检测装置（如光栅尺、直线感应同步器等）安装在机床运动部件（如工作台）上，并对移动部件位置进行实时的反馈，通过数控系统处理后将机床状态告知伺服电机，伺服电机通过系统指令自动进行运动误差的补偿。

从理论上讲，闭环控制系统可以消除整个驱动和传动环节的误差和间隙，具有很高的位置控制精度。但实际上，由于它将丝杠、螺母副及机床工作台这些大惯性环节放在闭环内，许多机械传动环节的摩擦特性、刚性和间隙都是非线性的，故很容易造成系统的不稳定，使闭环系统的设计、安装和调试都相当困难。另外，像光栅尺、直线感应同步器这类测量装置价格较高，安装复杂，有可能引起振荡，所以一般机床不使用闭环控制。

该系统主要用于精度要求很高的镗铣床、超精车床、超精磨床以及较大型的数控机床等。

闭环控制比半闭环控制可能会提高机床的定位精度，但如果不能很好地处理机床发热、环境污染、温升、振动、安装等因素，会出现闭环不如半闭环精度高的现象。短期内可能好用，但时间一长，灰尘、温度变化对光栅尺的影响，将严重影响测量反馈数据，严重的还会产生报警，造成机床不能工作。

南通机床的 TONMAC V600 数控铣床和 VMC600 加工中心均属于半闭环控制系统，其主要零部件如丝杠、轴承、伺服电机、主轴电机、导轨等都是进口部件。半闭环控制系统的精度误差主要取决于丝杠的正反向间隙。进口丝杠的制造工艺水平较高，高精度的丝杠副配合能够最大程度地减小正反向间隙对加工精度的影响。另外，机床出厂时，通过对控制系统 PLC 试车数据进行反向间隙补偿值的设定，能够使机床达到很高的精度要求。

2. 半闭环伺服系统的反向间隙补偿

在半闭环位置控制系统中，从位置编码器或旋转变压器等位置测量器件返回到数控系统中的轴运动位置信号仅仅反映了丝杠的转动位置，而丝杠本身的螺距误差和反向间隙必然会影响工作台的定位精度，因此对丝杠的螺距误差进行正确的补偿在半闭环系统中是十分重要的。

（1）反向间隙的形成原理　数控机床机械间隙误差是指从机床运动链的首端至执行件全程由于机械间隙而引起的综合误差。机床的进给链，其误差来源于电机轴与齿轮轴由于键连接引起的间隙、齿轮副间隙、齿轮与丝杠间由键连接引起的间隙、联轴器中键连接引起的间隙、丝杠螺母间隙等。

机床反向间隙误差是指由于机床传动链中机械间隙的存在，机床执行件在运动过程中，从正向运动变为反向运动时，执行件的运动量与理论值（编程值）存在误差，最后反映为叠加至工件上的加工误差。当数控机床工作台在其运动方向上换向时，由于反向间隙的存在会导致伺服电机空转而工作台无实际移动，称之为失动。

（2）消除反向间隙的方法　针对数控机床自身的特点及使用要求，一般的数控系统都具有补偿功能，如对刀点位置偏差补偿、刀具半径补偿、机械反向间隙参数补偿等各种自动补偿功能。其中机械反向间隙参数补偿法是目前开环、半闭环系统常用的方法之一。

这种方法的原理是通过实测机床反向间隙误差值，利用机床控制系统中设置的系统参数来实现间隙误差的自动补偿。其过程为：实测各运动轴的间隙误差值，然后通过机床控制面板键入控制单元。以后机床走刀时，首先在相应方向（如纵身走刀或横向走刀）反向走刀时，先走间隙值，然后再走所需的数值，因而原先的间隙误差就得以补偿。由于这种方法是利用一个控制程序控制所有程序中的反向走刀量，因此只要输入有限的几个间隙值就可以补偿所有加工过程中的间隙误差，此方法简单易行，对加工程序的编写也没有影响。

反向间隙误差补偿是保证数控机床加工精度的重要手段。系统参数补偿法不影响加工程序的编写，易操作，简单明了，在一定范围内具有一定的效果。

反向间隙值输入数控系统后，数控机床在加工时会自动补偿此值。但随着数控机床的长期使用，反向间隙会因运动副磨损而逐渐增大，因此必须定期对数控机床的反向间隙值进行测定和补偿，从而减小加工误差。

3. 电气控制系统对数控机床精度的影响

数控机床的加工精度不仅取决于机械（结构误差、热变形、刚度等）的影响，还取决于电气（控制和跟踪等）方面的影响。电气控制系统涉及信号处理、伺服拖动、各种保护，以及相应的控制算法和软件，包括伺服控制、加减速控制、轨迹控制、速度控制、插补算法、预补算法等。

传统的方法是采用 PID 控制（Proportional-Integral-Derivative Control，比例积分微分控制，简称 PID 控制），是最早发展起来的控制策略之一。由于其算法简单、鲁棒性好，被广泛应用于工业过程控制，至今仍有 90% 左右的控制回路具有 PID 结构。简单来说，PID 控制就是根据给定值和实际输出值构成控制偏差，将偏差按比例、积分和微分通过线性组合构成控制量，对被控对象进行控制。

常规的 PID 控制原理简单，实现容易，且能做到稳态无静差，所以长期以来被广泛应用于伺服系统运行的过程控制，并取得了较好的效果。但是传统的 PID 控制主要是控制具有确定模型的线性过程。在实际生产过程中，伺服系统运行具有参数时变性和模型不确定性，情况较为复杂。电机本身又是一个非线性、强耦合、多变量的控制对象。由于伺服系统条件复杂多变，除考虑扰动扭矩的因素，机械系统的阻尼、刚度惯量等参数外，还涉及摩擦特性分析。主要表现为工作台系统存在非线性因素，特别是摩擦使得应用经典的 PID 控制策略达不到精度要求，低速运动中出现稳态误差和爬行现象。因此、摩擦补偿控制技术成为当前研究的热点领域。摩擦补偿主要有两类方法：一种是基于模型的固定摩擦补偿，另一种是独立于模型的、通过在线辨识得到的自适应摩擦补偿。

有学者提出了利用模糊控制无须精确建模的优点，将其与 PID 控制相结合来控制伺服进给系统。模糊控制与 PID 控制系统的结合使传统 PID 控制器结构简单、稳定性好的特点与模糊控制不依赖于被控对象的精确模型的优点相结合，弥补了单纯使用 PID 控制不能在线调整参数的缺点，针对数控机床在加工过程中所存在的不确定性以及非线性等因素能够较好地控制，具有鲁棒性强、结构简单等优点。

除了传统的滚珠丝杠传动系统之外，国内部分厂家开始采用直线电机进给系统。直线电机省掉了滚珠、丝杠等传动装置，直接用电机驱动工作台的运行，通过光栅尺检测位置及反馈控制。直线电机进给系统的显著特点是速度高、加速度大、定位精度高、承载能力强，是实现高速、大行程、高精度机床理想的进给系统，有望成为 21 世纪高速数控机床进给系统的基本方式，具有良好的应用发展前景，如图 5-103 所示。

a) 直线电机和光栅尺　　　　　　b) 桥式五轴加工中心　　　　　　c) 海德汉系统

图 5-103　直线电机驱动的 CBS500C 型桥式五轴加工中心

本 章 小 结

本章是第 4 章的巩固和延伸，从单个的零件加工发展为两个需要装配的零件加工，而且要保证配合要求。

本章的特点在于零件尺寸的标注。本章零件尺寸的标注是按照 GB/T 1800 ～ 1804 的公差要求进行的。从零件图样设计的层面来看，很多数控加工的图样尺寸公差实际上都尽量简化了，除了配合尺寸必需的基本偏差外，大多数尺寸的公差都设定为 ±0.02、$^{0}_{-0.04}$、$^{+0.04}_{0}$ 等。这样对预留量的补偿是有利的，至少不会过于烦琐。

零件的加工精度除了受设计、工艺水平的影响外，数控机床本身的精度是也一个重要因素。机床本身具有高的精度，才能够加工出高质量的零件。

第6章

零件的四轴加工

CNC 四轴加工主要用于加工三维形状的工件。这种技术通常涉及四个轴线，即 X 轴、Y 轴、Z 轴和一个旋转轴（见图 6-1）。这种技术适用于各种材料，如金属、木材、塑料等，并且可以用于生产各种类型的零件和产品。CNC 四轴加工通过控制工具在三维空间中的运动和旋转，可以精确地切削和加工复杂的形状和轮廓。该技术通常使用 CAD/CAM 软件和数控机床，使得制造商可以根据其需要快速和准确地生产产品。

CNC 四轴加工在制造业中广泛应用，包括航空航天、汽车制造、机械制造、电子产品制造等领域。由于其高效、高精度和灵活性，它已成为现代制造业的主要技术之一。

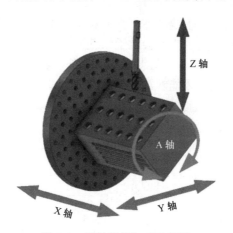

图 6-1　四轴零件加工示意图

CNC 四轴加工是 Mastercam 2022 一个非常重要的功能。CNC 四轴加工指的是在三维空间中使用四个自由度来控制机床的加工过程，这意味着在加工过程中可以控制刀具的方向和速度。Mastercam 2022 的四轴加工功能非常强大，可以帮助用户在生产过程中提高生产效率，提升产品质量。这款软件的四轴加工功能支持多种不同的加工技术，包括铣削、钻孔、铰孔和攻螺纹等，这使得用户可以选择最合适的加工技术来完成任务。

此外，Mastercam 2022 的四轴加工功能也可以帮助用户在生产过程中节约成本。通过使用 CNC 四轴加工功能，用户可以更高效地控制机床的加工过程，这不仅可以提高生产效率，还可以减少加工中产生的废品。

本章以缠绕加工、斜面打孔、红酒杯加工为例，介绍了 Mastercam 2022 四轴加工的常用指令和加工方法。

6.1　缠绕加工

缠绕加工零件效果图如图 6-2 所示。

图 6-2　缠绕加工零件效果图

6.1.1　缠绕加工 CAD 建模

操作步骤如下：

1）单击主菜单栏【线框】→【文字】，单击图将字体改为"华文行楷"，输入文字：广东技术师范大学，字高：5，间距：2，对齐：水平，基准点：原点，如图 6-3 所示。

图 6-3　输入文字的字体选择

2）单击【线框】→【边界框】，用矩形框选择所有的义字，生成边界框，由边界框可知，文字的长度为 54.35，高度为 6.63，如图 6-4 左侧所示。单击【转换】→【平移】命令，选择所有的图形，方式：移动，向量始于 / 止于，点选【重新选择】，第一点选择：边界框上部水平线的中点，如图 6-4 右上方所示，第二点选择输入：X0Y-5，单击 ✓ 完成，如图 6-4 右下方所示。

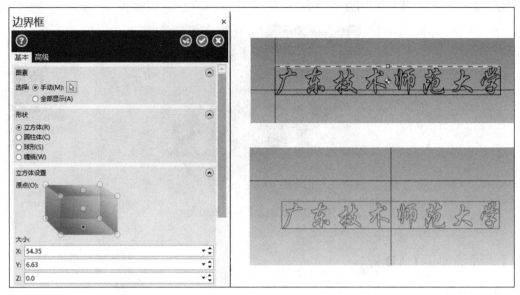

图 6-4　文字的编辑

3）单击【线框】→【矩形】→【圆角矩形】，输入宽度：25，高度：8，原点选择：中心点输入坐标值 X0Y-25，绘出圆角矩形，如图 6-5 所示。按下 Alt+2，将视图切换到前视图，绘制圆 $\phi30$、$\phi24$，圆心为原点，删除文字的边界框，如图 6-6a 所示。

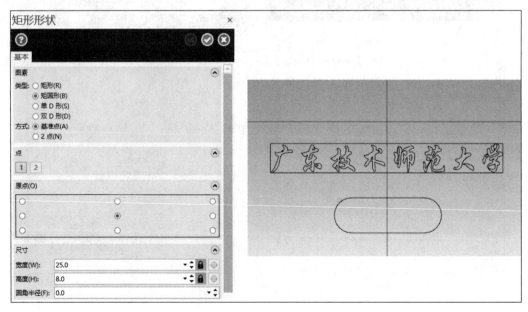

图 6-5　圆角矩形的绘制

4）单击【实体】→【拉伸】，选择 $\phi30$、$\phi24$ 的圆，距离：60，如图 6-6b 所示。

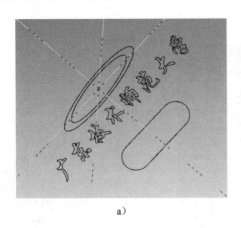
a)

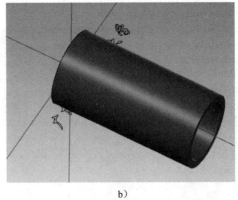
b)

图 6-6　实体拉伸

5）单击【转换】→【缠绕】，窗选文字和圆角矩形，草图起始点：原点，方式：移动，类型：缠绕，旋转轴：Y，直径：30，角度：90，如图 6-7 所示。

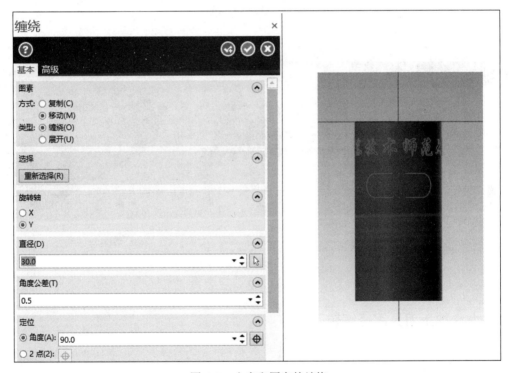

图 6-7　文字和图案的缠绕

6）设定新的作图深度 Z：20，以 X0Y-45 为圆心画圆 φ6，如图 6-8 左侧所示。按下 Alt+2 将视图切换到前视图，单击【转换】→【旋转】，选择 φ6 的圆，方式：复制，编号：5，角度：60，选择原点为旋转点，复制 φ6 的圆，如图 6-8 中部所示，单击【主页】 清除颜色，完成后的效果如图 6-8 右侧所示。

7）按下 Alt+1 将视图切换到俯视图，单击主菜单【转换】→【旋转】，选择全部图素，绕原点旋转 90°，如图 6-9 左侧所示，最终效果如图 6-9 右侧所示。

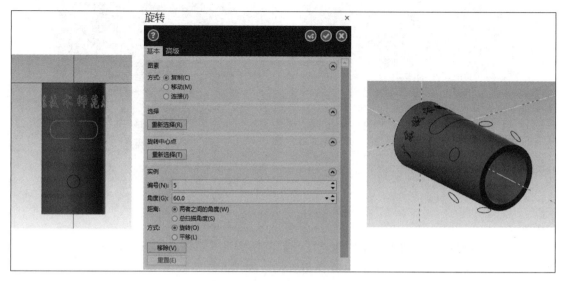

图 6-8　$\phi6$ 圆的旋转

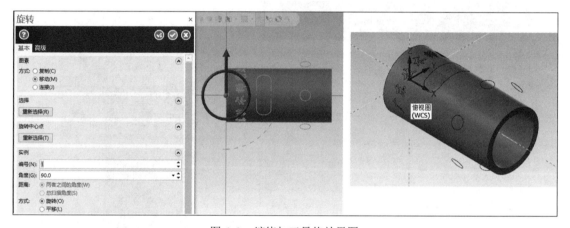

图 6-9　缠绕加工最终效果图

6.1.2　缠绕加工刀具路径编辑

基本设置：

1）单击主菜单【机床】→【铣床】→【默认】，弹出【刀路管理】对话框。

2）单击【属性】→【毛坯设置】，形状：实体／网络，单击▣，选择图 6-6 所示圆柱体。

刀路编辑步骤如下：

1. 外形铣削

在【刀路管理】对话框空白处单击鼠标右键弹出菜单，选择【铣床刀路】→【外形铣削】，弹出【线框串连】对话框，选择方式点选 ▭，选择所有的文字，单击◙确定，弹出【外形铣削】参数设置对话框，从刀库中选择一把 BALL-NOSE END MILL-3 球刀。将刀号改为 1，设置进给速率：600，下刀速率：300，提刀速率：2000，主轴转速：3000，其余默认，如图 6-10a 所示。

单击【切削参数】选项，补正方式选择：关，外形铣削方式：3D，设定底面预留量：0，壁边预留量：0，其余默认，如图 6-10b 所示。

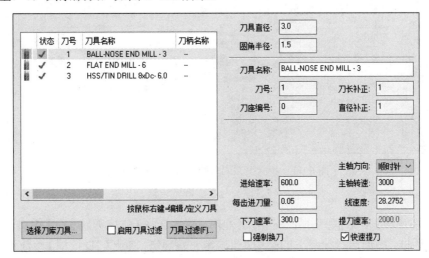

a）

b）

图 6-10　步骤 1 刀具参数及切削参数

单击【共同参数】选项，设定提刀：25.0（增量坐标），下刀位置：10.0（增量坐标），毛坯顶部：0.0（绝对坐标），深度：-0.03（增量坐标），其余默认。单击【冷却液】选项，设定 Flood：On，如图 6-11 左侧所示。

单击【旋转轴控制】，旋转方式：替换轴，替换轴：替换 Y 轴，旋转直径：30，单击 ✔ 确定，如图 6-11 右侧所示。

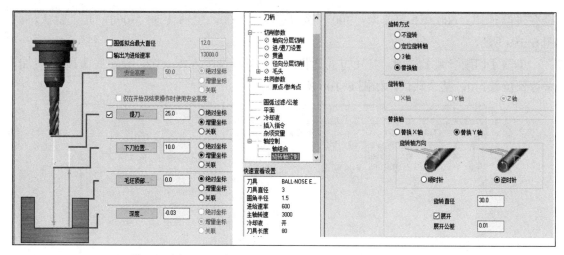

图 6-11　步骤 1 共同参数及旋转轴控制参数

2. 挖槽加工

在【刀路管理】对话框空白处单击右键弹出菜单，选择【铣床刀路】→【挖槽】，弹出【串连选项】对话框，图形选择缠绕后的圆角矩形，单击✅确定，弹出【2D 挖槽】参数设置对话框。单击【刀具】→【选择刀库刀具】，选择一把 FLAT END MILL -6 的平底刀。将刀号改为 2，设置进给速率：600，主轴转速：3000，下刀速率：300，提刀速率：2000。

单击【切削参数】选项，设置壁边预留量：0，底面预留量：0，其余默认。单击【粗切】选项，选择：等距环切，设置切削间距【直径 %】：50，勾选：由内而外环切，其余默认，如图 6-12 左上方所示。单击【进刀方式】选项，选择：关。单击【精修】选项，勾选：精修，次数：1，间距：0.2，勾选：精修外边界、只在最后深度才执行一次精修、进给速率，将进给速率改为：400，其余默认，如图 6-12 左下方所示。单击【轴向分层切削】，勾选：轴向分层切削，设置最大粗切步进量：0.6，精修切削次数：1，步进：0.2，勾选：进给速率，改为：400，其余默认，如图 6-12 右侧所示。

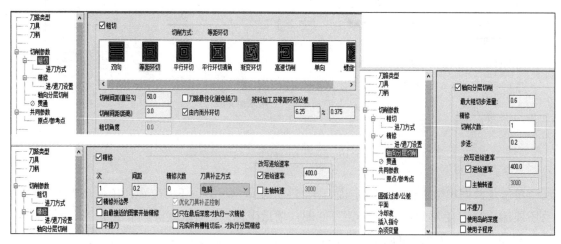

图 6-12　步骤 2 挖槽的粗切参数、精修参数及轴向分层切削参数

单击【共同参数】选项，设定提刀：25.0（增量坐标），下刀位置：10.0（增量坐标），

毛坯顶部：0（绝对坐标），深度：–1.0（增量坐标）。单击【冷却液】选项，设定 Flood：On。单击【旋转轴控制】，旋转方式：替换轴，替换轴：替换 Y 轴，旋转直径：30，单击 ✔ 确定，如图 6-13 所示。

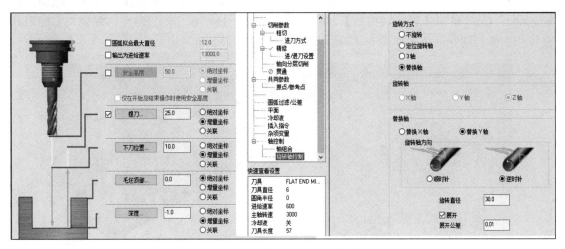

图 6-13　步骤 2 共同参数及旋转轴控制参数

3. 钻孔 6×φ6

在【刀路管理】对话框空白处单击右键弹出菜单，选择【铣床刀路】→【钻孔】，弹出【刀路孔定义】对话框，深度过滤：关闭，然后依次选择 6×φ6 圆的圆心，如图 6-14 左侧所示，单击 ✅ 确定，弹出【钻孔】参数设置对话框。单击【刀具】→【选择刀库刀具】，选择一把 HSS/TIN DRILL 8xDc-6.0 钻头。将刀号改为 3，设置进给速率：100，主轴转速：1200。右键单击【编辑刀具】，将下刀速率设定为 50，提刀速率设定为 100，其余默认。

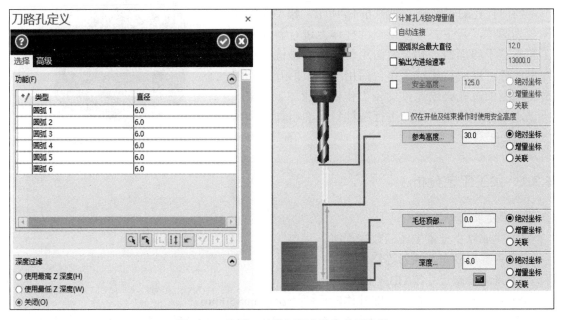

图 6-14　步骤 3 钻孔切削参数和共同参数

单击【切削参数】选项，循环方式选择：深孔啄钻（G83），Peck（啄食量）设置：5，其余默认。单击【共同参数】选项，设定参考高度：30.0（绝对坐标），毛坯顶部：0.0（绝对坐标），深度：–6.0（绝对坐标），如图 6-14 右侧所示。单击【冷却液】选项，设定 Flood：On。单击【旋转轴控制】，参数与步骤 2 一样，单击 ✔ 确定。缠绕加工的刀具路径和实体切削验证效果如图 6-15 所示。

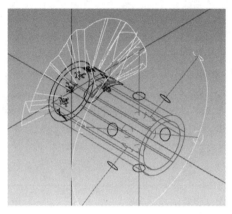

图 6-15　缠绕加工刀具路径及实体切削验证效果

6.2　斜面打孔

6.2.1　刀具路径分析

斜面打孔的三维模型如图 6-16 所示，模型整体结构较为简单，其主要特征在于圆柱体上进行斜面粗加工和垂直于斜面的沉孔。斜面用传统的三轴铣床也能开出，还可以通过旋转工作台后用三轴策略开出，但是斜面上的沉孔必须通过旋转工作台才能加工出来。所以本节的任务主要是先进行圆柱斜面的粗加工和精修，然后在斜面上钻孔。

图 6-16　斜面打孔三维模型

6.2.2　加工工艺分析

技术要求：

1）生成以小批量生产的数控程序。

2）不准用砂布及锉刀等修饰表面

3）未注公差尺寸按 GB/T 1804—m。

4）备料材料为铝合金，圆柱体，尺寸为 φ50mm×50mm。

斜面打孔的加工工艺主要分为斜面的粗、精加工和斜面沉孔的钻削。其加工参数见表 6-1。

表 6-1　第一步工装各工序刀具及切削参数

序　号	加 工 部 位	刀　具	主轴转速 / (r/min)	进给速度 / (mm/min)
1	斜面	ϕ10mm 立铣刀	粗：8000，精：10000	粗：2000，精：1000
2	ϕ8mm 沉孔	ϕ8mm 麻花钻头	2000	150

6.2.3　加工模型准备

1. 模型导入

1）导入文件：多轴零件多数是通过扫描绘制的，因此可以直接将文件导入 Mastercam 2022 软件中。具体操作步骤是单击选项卡上【文件】→【打开】→【计算机】，打开文件路径，找到想要加工的零件名称，如果没有显示相应的文件，可单击 全部 Mastercam 文件 (*.mc*;) 按钮选择文件类型。

2）工件原点设定：按【F9】键调出系统坐标轴，用鼠标选定工件后单击【转换】按钮，通过【平移】和【旋转】按钮使杯底面中心点和系统坐标系原点重合，如图 6-17 所示。

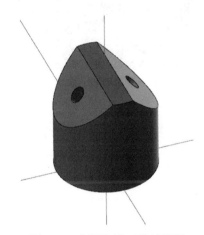

图 6-17　斜面打孔工件放置图

2. 设定机床

单击选项卡【机床】→【机床定义】（如果弹出警告则单击 ✓ ），弹出【机床选择】对话框，在【组件文件】下方的对话框中选择想要加载的机床。Mastercam 2022 自带了多种默认的机床，如果需要载入自定义机床需将机床文件置入 Mastercam 2022 机床管理文件路径夹内。本例以 VMC AC Axis 五轴机床进行演示。

3. 工件设定

1）单击【机床】→【铣床】→【默认】，弹出【刀路】选项卡。

2）双击【机床群组 -1】下的属性，单击【毛坯设置】弹出对话框，单击【形状】下方的【圆柱体】选项，【轴向】选择 Z，设置毛坯参数 Z：50、直径：50，设置毛坯原点 Z：0，如图 6-18 所示。

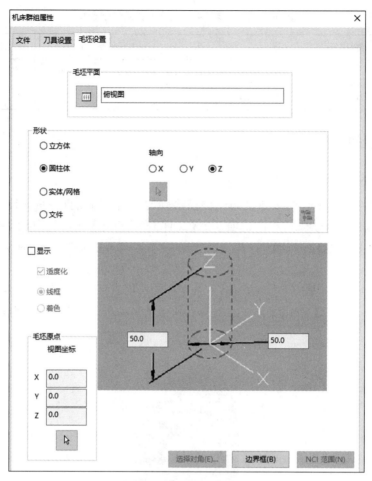

图 6-18　斜面打孔毛坯设置

6.2.4　斜面的四轴加工

1. 创建刀具平面

1）激活平面管理器。单击【视图】→【平面】激活平面管理器，使得软件左下角出现平面选项。

2）绘制图素。单击【视图】→【层别】激活层别管理器，使得左下角出现层别选项。新建一个层别，命名为【曲面】，然后单击【曲面】→【由实体生成曲面】，框选整个零件，然后单击【结束选择】，生成曲面层别。

3）新建辅助线层别。新建一个层别，命名为【辅助线】，单击【线框】→【所有边缘曲线】，然后单击两个斜平面，单击【结束选择】生成曲线，依照此法在两个斜平面上画出两组廓线，如图 6-19 所示。

4）创建斜平面。单击左下角【平面】选项，弹出【平面】对话框，单击 ➕ 创建新平面。创建方式选择【依照图素法向】，然后选择斜平面上的圆轮廓，单击左右三角符号可更改坐标方向，创建出如图 6-20 所示的两个斜平面。

图 6-19　画出斜平面轮廓图素

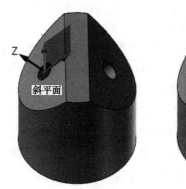
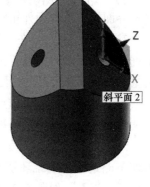

图 6-20　斜平面坐标示意图

2. 斜平面的粗加工

1）设置毛坯刀路。单击【刀路】→【毛坯模型】，弹出【毛坯模型】对话框。毛坯形状选择【圆柱体】，轴向选择 Z 轴，毛坯直径和高度分别为 50 和 50，然后单击 生成刀路，如图 6-21 所示。

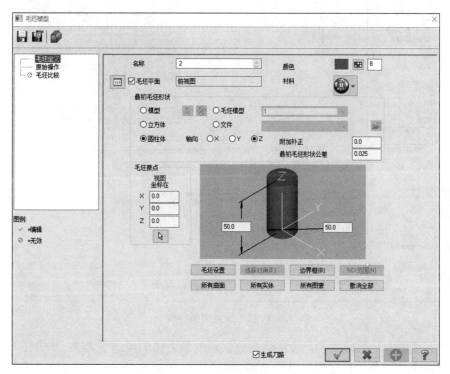

图 6-21　设置毛坯刀路

注：

　　设置毛坯刀路虽然不会生成实际的加工刀路，但是它可以使软件以此毛坯的状态作为初始毛坯，可以避免后续的刀路出现欠切削的情况。

2）单击【刀路类型】选项，在 2D 选项框中选择【挖槽】 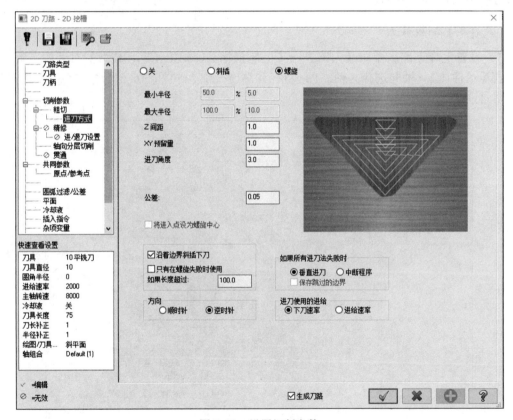，系统弹出加工轮廓串连选项界面，单击斜面外轮廓，然后单击 ✓ 。

3）单击【刀具】，在右侧对话框中单击右键，选择【创建刀具】→【平底刀】→【下一步】，根据实际使用的刀具设置刀具直径、刀具长度、刀齿长度等数据，设置完毕后单击【下一步】，根据表 6-1 设置合适的进给量、下刀速率、提刀速率、主轴转速。设置完成后单击【完成】。

4）单击【刀柄】选项，根据机床实际装载的刀柄设置刀柄类型和参数。此步会关系到后续仿真模拟中的刀路碰撞检查，需按照实际测量值进行填写。

5）单击【切削参数】选项，挖槽加工方式：标准，壁边预留量：0，底面预留量：0.2。粗切策略选择【等距环切】，切削间距选择 50%。进刀方式选择螺旋进刀，勾选【沿着边界斜插下刀】，如图 6-22 所示。

图 6-22　设置切削参数

6）单击【轴向分层切削】，设置轴向分层切削最大切削步进量为 1，单击【不提刀】。

7）单击【共同参数】选项，设定毛坯顶部：15（绝对坐标），深度：0（增量坐标），提刀：10（增量坐标），下刀位置：3.0（增量坐标）。

8）单击【平面】，单击【刀具平面】和绘图平面下方的 □，更改平面为斜平面。

9）单击【冷却液】→ Flood：On。

10）单击右下角的 ✓ 确定，生成图 6-23 所示的刀具路径。

11）单击【仅显示已选择的刀路】。

3．斜面的精加工

斜面的精加工策略与粗加工基本相同，主要区别在于精加工的进给速度和转速不同，精加工相对于粗加工进给速度低，转速高。可以通过复制粗加工的加工策略，按照表 6-1 修改进给速度和转速以及加工余量达到精加工的目的。这里需要说明的是，通过 2D 挖槽得到的精加工表面会有余料残留，如图 6-24 所示。

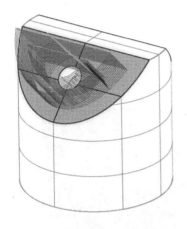

图 6-23　斜面粗加工刀具路径

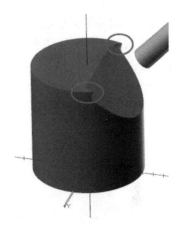

图 6-24　斜面精加工余料

为清除残料，可以通过增加一个沿着斜面直线轮廓的外形铣削进行切除，具体操作步骤如下：

1）单击【刀路】选项，在 2D 选项框中选择【外形】，系统弹出加工轮廓串连选项界面，单击斜面外轮廓的直线段，然后单击。

2）单击【刀具】选项，选择 ϕ10mm 立铣刀作为加工刀具。

3）单击【刀柄】选项，按照实际情况填写刀柄尺寸。

4）单击【切削参数】选项，外形铣削方式：2D，底面预留量：0。

5）单击【轴向分层切削】，设置轴向分层切削最大切削步进量为1，单击【不提刀】。

6）单击【共同参数】选项，设定毛坯顶部：5（绝对坐标），深度：0（增量坐标），提刀：10（增量坐标），下刀位置：3.0（增量坐标）。

7）单击【平面】，单击【刀具平面】和绘图平面下方的，更改平面为斜平面。

8）单击【冷却液】→ Flood：On。

9）单击右下角的确定，生成图 6-25 所示的刀具路径。

10）单击【仅显示已选择的刀路】。

图 6-25　精加工清除残料刀路

6.2.5　斜面沉孔的钻削

斜面打孔与平面打孔的主要区别在于加工平面的不同，在设置斜面打孔时需要预先设置加工平面。由于在 6.2.4 节的步骤中已经新建了斜平面，这里加工斜面沉孔只需设定加工平面为斜平面。具体的编程步骤如下：

1）单击【刀路类型】选项，在 2D 选项框中选择【钻孔】，系统弹出加工轮廓串连选项界面，单击斜面圆孔中心点，然后单击 。

2）单击【刀具】选项，选择 ϕ8mm 钻头作为加工刀具。

3）单击【刀柄】选项，按照实际情况填写刀柄尺寸。

4）单击【切削参数】选项，加工方式：钻头 / 沉头钻。

5）单击【刀轴控制】，设置输出方式为 3 轴。

6）单击【共同参数】选项，设定参考高度：10（绝对坐标），单击【深度】按钮，选择沉孔底部圆轮廓，然后单击下方的 按钮，在弹出的对话框中设置长度补偿，如图 6-26a 所示。

a)   b)

图 6-26　钻头深度补偿和钻孔路径

7）单击【平面】，单击【刀具平面】和绘图平面下方的 ，更改平面为斜平面。

8）单击【冷却液】→ Flood：On。

9）单击右下角的 确定，生成图 6-26b 所示的刀具路径。

10）单击【仅显示已选择的刀路】。

斜平面 2 的加工方法及加工路径与斜平面基本一致，只需设置斜平面 2 作为加工平面，再按照上述方法进行路径编程即可，在此不再赘述。完成两个斜面的编程加工，可以得到如图 6-27 所示的斜面打孔零件。

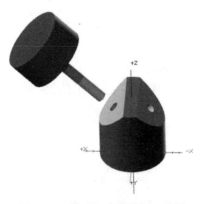

图 6-27　斜面打孔零件加工效果

6.3　红酒杯的加工编程

6.3.1　刀具路径分析

　　红酒杯的加工分为两个工装步骤，其中第一个工装步骤可利用卡盘进行初步装夹，之后进行底座平面各特征元素的粗、精加工。第一个工装步骤完成后底座上有一个 ϕ7.5mm 的孔，卸下零件进行攻螺纹形成 M9 的螺纹孔，然后通过此螺纹孔连接紧固在机床上的夹具进行第二次工装，如图 6-28 所示。完成第二步工装再进行杯顶及内壁、杯身及底座的粗、精加工。

图 6-28　红酒杯的第二步工装图

6.3.2　加工工艺分析

　　技术要求：

　　1）生成以小批量生产的数控程序。

　　2）不准用砂布及锉刀等修饰表面

　　3）未注公差尺寸按 GB/T 1804—m。

　　4）备料材料为铝合金，形状为圆柱体，尺寸为 ϕ55mm× 90mm，底部螺纹孔 M9。

　　读图 6-29 可知，零件需要进行加工的面较多，包括杯身曲面、杯内曲面、底座斜面、杯底面等结构，要完成整个加工过程，需要进行两次工装。

图 6-29　红酒杯加工实例

　　CNC 加工刀具的选择原则包括以下几点：

　　1）切削效率：选择刀具的切削效率要满足加工要求。

　　2）耐久性：选择的刀具需要具有足够的耐久性，以保证加工过程中不易损坏。

　　3）成本效益：刀具价格应该与其性能相符，以获得最佳成本效益。

　　4）换刀方便性：选择的刀应该容易换刀，以确保加工过程的顺畅性，尽量减少换刀次数，以缩短加工时间。

5）安全性：选择的刀具必须具有足够的安全性，以避免加工过程中的危险。

综合考虑，本例首先采用 φ10mm 立铣刀、φ6R3mm 球刀和 φ7.5mm 麻花钻头进行杯底面的加工，也即第一步工装，加工完成后进行手动攻螺纹，再通过螺纹孔把零件固定在工作台进行第二步工装。第二步工装采用 φ10mm 和 φ8mm 立铣刀、φ6R3mm 球刀进行加工，此步工装又分杯顶及内壁加工、杯身及底座加工两个工序。各工装加工内容及切削参数见表 6-2 和表 6-3。

表 6-2 第一步工装各工序加工内容及切削参数

序　号	加 工 部 位	刀　具	主轴转速 /(r/min)	进给速度 /(mm/min)
1	杯底平面	φ10mm 立铣刀	粗：8000，精：10000	粗：2000，精：1000
2	M9 螺纹孔	φ7.5mm 麻花钻头	2000	150
3	外形铣削	φ10mm 立铣刀	粗：8000，精：10000	粗：2000，精：1000
4	斜侧面加工	φ10mm 立铣刀	粗：8000，精：10000	粗：2000，精：1500
5	底面圆角精修	φ6R3mm 球刀	10000	800

表 6-3 第二步工装各工序加工内容及切削参数

工　序	序号	加 工 部 位	刀　具	主轴转速 /(r/min)	进给速度 /(mm/min)
工序 1：杯顶及内壁加工	1	杯顶平面	φ10mm 立铣刀	粗：8000，精：10000	粗：2000，精：1000
	2	杯内曲面粗切	φ8mm 立铣刀	8000	1800
	3	杯内曲面精修	φ6R3mm 球刀	10000	1000
	4	杯内曲面清角	φ6R3mm 球刀	10000	1000
	5	倒圆	φ6R3mm 球刀	10000	800
工序 2：杯身及底座加工	6	杯身及底座正面整体粗加工	φ10mm 立铣刀	8000	2000
	7	杯身及底座背面整体粗加工	φ10mm 立铣刀	8000	2000
	8	杯身及底座正面整体半精加工	φ6R3mm 球刀	10000	1200
	9	杯身及底座背面整体半精加工	φ6R3mm 球刀	10000	1200
	10	杯身正面整体精修	φ6R3mm 球刀	10000	800
	11	杯身背面整体精修	φ6R3mm 球刀	10000	800

6.3.3 红酒杯底座及装夹面的加工

6.3.3.1 加工模型准备

1. 模型导入

1）导入文件。多轴零件多数是通过扫描绘制的，因此可以直接将文件导入 Mastercam 2022 软件中。具体操作步骤是单击选项卡上【文件】→【打开】→【计算机】，打开文件路径，找到想要加工的零件名称，如果没有显示相应的文件，可单击 全部 Mastercam 文件 (*.mc*;' 按钮选择文件类型。

2）工件原点设定。按【F9】键调出系统坐标轴，用鼠标选定工件后单击【转换】按钮，通过【平移】和【旋转】按钮使杯底面中心点和系统坐标系原点重合，如图 6-30 所示。

图 6-30　工件放置图

2. **设定机床**

单击选项卡【机床】→【机床定义】（如果弹出警告则单击
），弹出【机床选择】对话框，在【组件文件】下方的对话框中选择想要加载的机床。Mastercam 2022 自带了多种默认的机床，如果需要载入自定义机床需将机床文件置入 Mastercam 2022 机床管理文件路径夹内。本例以 VMC AC Axis 五轴机床进行演示。

3. **工件设定**

1）单击【机床】→【铣床】→【默认】，弹出【刀路】选项卡。

2）双击【机床群组 -1】下的属性，单击【毛坯设置】弹出对话框，单击【形状】下方的【圆柱体】选项，【轴向】选择 Z，设置毛坯参数 Z：90、直径：55，设置毛坯原点 Z：−89。

6.3.3.2　杯底平面粗、精加工

单击操作管理器上【刀具群组 -1】，在刀具群组 -1 上右击，依次选择【群组】→【重新命名】，输入刀具群组名称：工序 1。

（1）杯底平面粗加工

1）单击【层别】选项，设置层别编号，层别名称：辅助线层。单击右键将其设为主层。

2）单击【线框】选项，以原点为圆心，画一个直径为 $\phi50mm$ 的圆。

3）单击【刀路类型】选项，在 2D 选项框中选择【面铣】，系统弹出加工轮廓串连选项界面，单击上一步画好的圆，然后单击。

4）单击【刀具】，在右侧对话框中单击右键，依次选择【创建刀具】→【平底刀】→【下一步】，根据实际使用的刀具设置刀具直径、刀具长度、刀齿长度等数据，设置完毕后单击【下一步】，根据实际机床特性设置合适的进给量、下刀速率、提刀速率、主轴转速。设置完成后单击【完成】。

5）单击【刀柄】选项，根据机床实际装载的刀柄设置刀柄类型和参数。此步会关系到后续仿真模拟中的刀路碰撞检查，需按照实际测量值进行填写。

6）单击【切削参数】选项，切削方式：双向，底面预留量：0.2。截断方向超出量和引导方向超出量分别设置为 50% 和 80%，这是刀路切入切出的引导长度设置。两切削间移动方式单击【高速环】，设置完毕后单击。

7）单击【共同参数】选项，设定毛坯顶部：1（绝对坐标），深度：0（绝对坐标），提刀：25（增量坐标），下刀位置：3.0（增量坐标）。

8）单击【冷却液】→ Flood：On。

9）单击右下角的确定，生成图 6-31a 所示的刀具路径。

10）单击【仅显示已选择的刀路】。

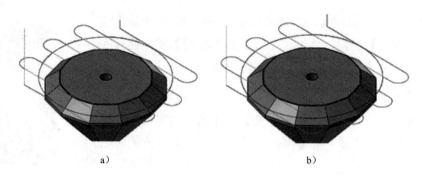

a)   b)

图 6-31   红酒杯底面加工路径

（2）杯底平面精加工

1）单击上一步生成的加工策略，单击右键将其复制，在红色▶所在的行单击右键进行粘贴。

2）单击复制的刀路下【参数】选项，单击【刀具】，在进给速率和主轴转速中更改精加工的相应参数，完成后单击☑确定，一般来说精加工较粗加工进给速率降低，主轴转速增加。

3）单击【切削参数】选项，底面预留量：0，完成后单击☑确定，生成如图 6-31b 所示的刀具路径。

6.3.3.3   螺纹孔啄钻

1）单击【线框】选项卡，使用【绘点】命令在原点画一个点。

2）单击【刀路】命令，选择 2D【钻孔】，弹出选点对话框，选择上一步绘制好的点，单击☑确定。

3）在系统弹出的对话框中的【刀路类型】中选择【钻孔】命令，单击【刀具】，在右侧对话框中单击右键创建新刀具，在【孔加工】中选择【钻头】后单击【下一步】，修改钻头直径为 7.5，如实填好钻头实际的长度后单击【完成】。

4）单击【刀柄】命令，根据机床实际装载的刀柄设置刀柄类型和参数。

5）单击【切削参数】命令，单击【循环方式】右侧下拉箭头，选择深孔啄钻（G83），在下方填入 Peck：5，暂停时间：0.5，意思是每钻 5mm 停顿 0.5s 后退刀排屑，再进刀继续钻孔。

6）单击【共同参数】选项，设定参考高度：5（增量坐标），毛坯顶部：0（绝对坐标），在选择【深度】的时候单击对话框下方的▣，然后单击要钻孔的顶点，系统会自动算出深度。

7）单击☑确定，系统自动生成如图 6-32 所示的刀具路径。

图 6-32   深孔啄钻刀具路径

6.3.3.4 杯底侧面粗、精加工

（1）侧面的粗加工

1）单击【线框】选项卡，单击【单边缘曲线】命令，选择一个斜侧面后，斜侧面出现箭头，当箭头在下边缘时单击确定，系统绘制出下边缘轮廓线，如图 6-33 所示。依次画出每个斜侧面的下边缘轮廓线即可组成一个封闭的环。

图 6-33　单边缘曲线画法

2）单击【刀路】命令，选择 2D【外形】，弹出选点对话框，选择上一步的封闭环轮廓，单击☑确定。

3）单击【刀具】命令，选择 ϕ10mm 立铣刀，按照表 6-2 填入粗加工的进给速度和主轴转速，单击☑确定，如图 6-34 所示。

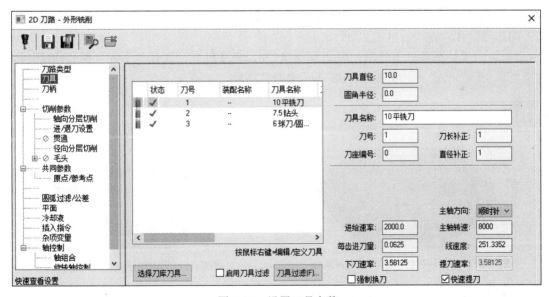

图 6-34　设置刀具参数

4）单击【刀柄】命令，根据机床实际装载的刀柄设置刀柄类型和参数。

5）单击【切削参数】，设置壁边预留量：0.2，底面预留量：0。在【轴向分层切削】左侧单击☑，在【最大粗切步进量】中填入 1，在【不提刀】左侧单击☑，单击☑确定。

6）单击【切削参数】→【进 / 退刀设置】，在进刀的【长度】中填入 30%，【半径】中填入 50%。单击⇥将设置同步到退刀，单击☑确定。

7）单击【线框】选项卡，单击【单边缘曲线】命令，选择任意侧面的下边缘，绘制下

边缘轮廓线，如图6-35所示。

8）单击【共同参数】选项，设定毛坯顶部：1（绝对坐标），提刀：25（增量坐标），下刀位置：3.0（增量坐标）。单击【深度】命令，选择上一步轮廓线的任一端点，系统会自动计算出深度，如图6-36所示。

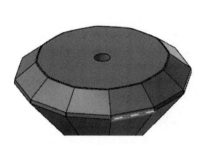

图6-35　侧面下边缘轮廓　　　　　　　　图6-36　侧面下边缘加工深度选择

9）单击✓确定，系统自动生成如图6-37所示的刀具路径。

（2）侧面的精加工

1）单击上一步生成的加工策略，单击右键将其复制，在红色▶所在的行单击右键进行粘贴。

2）单击复制的刀路下【参数】选项，单击【刀具】，在进给速率和主轴转速中更改精加工的相应参数，完成后单击✓确定。

3）单击【切削参数】选项，壁边预留量：0，把【轴向分层切削】左侧的☑取消掉，完成后单击✓确定，生成如图6-38所示的刀具路径。

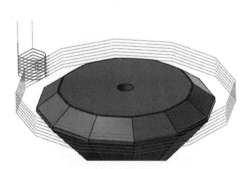
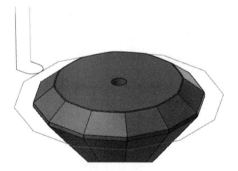

图6-37　侧面外形铣削粗加工刀具路径　　　　图6-38　侧面的精加工刀具路径

6.3.3.5　杯底斜侧面粗、精加工

（1）杯底斜侧面的粗加工

1）单击【刀路】命令，选择3D策略，选择【等距环绕】，弹出选点对话框，【加工图形】选择所有侧面，【避让图形】选择图形旋转底面，修改壁边预留量：0.2，底面预留量：0.2，单击✓确定，如图6-39所示。

2）单击【刀具】命令，选择ϕ10mm立铣刀，按照表6-2填入粗加工的进给速度和主轴转速，单击✓确定，如图6-40所示。

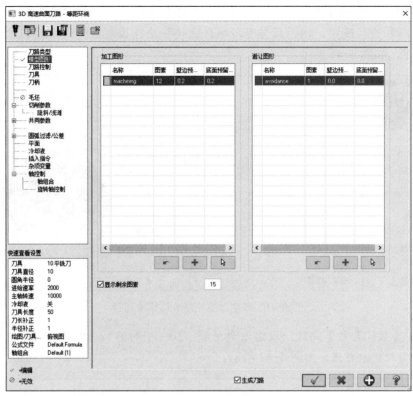

图 6-39　斜侧面的粗加工面元素选择

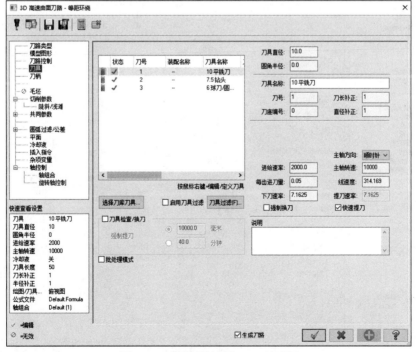

图 6-40　斜侧面的粗加工刀具选择

3）单击【刀柄】命令，根据机床实际装载的刀柄设置刀柄类型和参数。

4）单击【切削参数】命令，在【径向切削间距】中填入：1（此项控制径向分层厚度，根据刀具材料和直径确定，如刀具强度较低且直径较小建议取 0.5～0.8，以避免断刀），单击 ✓ 确定，如图 6-41 所示。

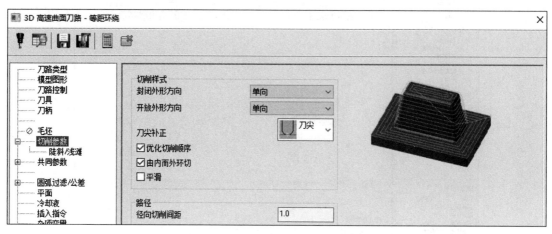

图 6-41　斜侧面的径向分层厚度选择

5）单击【共同参数】选项，设定安全平面：10（绝对值），引线方式：可自行选择相同或不同的切入切出方式，如图 6-42 所示。

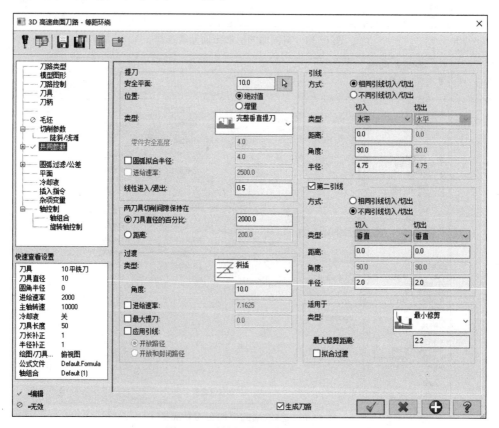

图 6-42　斜侧面的共同参数选择

6）单击☑确定，系统自动生成如图 6-43 所示的刀具路径。

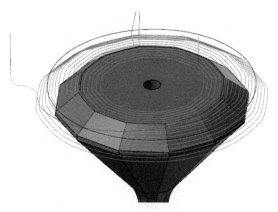

图 6-43　斜侧面的粗加工刀具路径

（2）杯底斜侧面的精加工

1）单击【刀路】命令，选择 3D 策略，选择【平行】，弹出选点对话框，在【加工图形】选择所有侧面，为避免过切底面，应避让图形旋转底面。修改壁边预留量：0，底面预留量：0，单击☑确定，如图 6-44 所示。

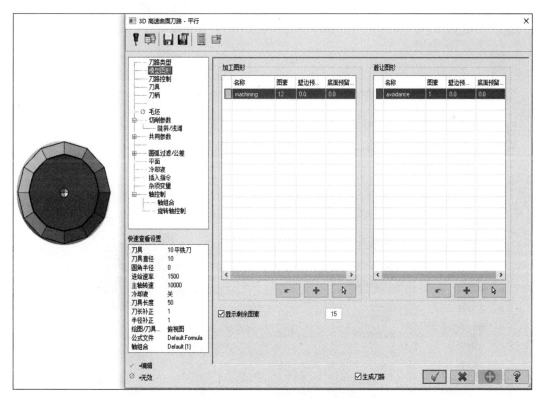

图 6-44　斜侧面的精加工元素选择

2）单击【刀具】命令，按照表 6-2 填入精加工的进给速度和主轴转速，单击☑确定，如图 6-45 所示。

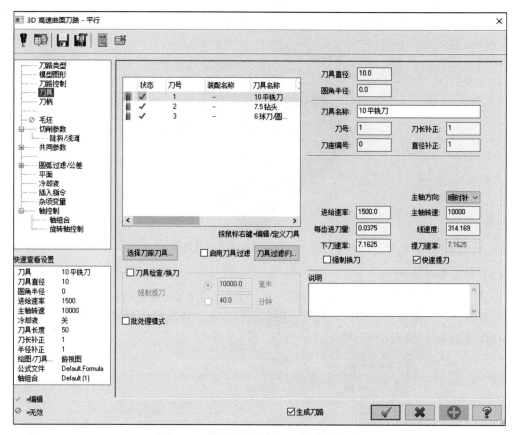

图 6-45　斜侧面的精加工刀具参数设定

3）单击【刀柄】选项，根据机床实际装载的刀柄设置刀柄类型和参数。

4）单击【切削参数】选项，设定切削间距：0.2，加工角度可自行设定，如图 6-46 所示。

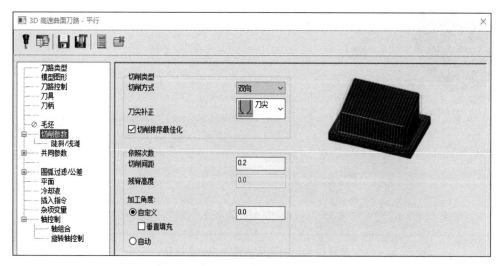

图 6-46　斜侧面的精加工切削参数设置

5）单击【共同参数】选项，设定安全平面：10，最大修剪距离：0.8，如图 6-47 所示。

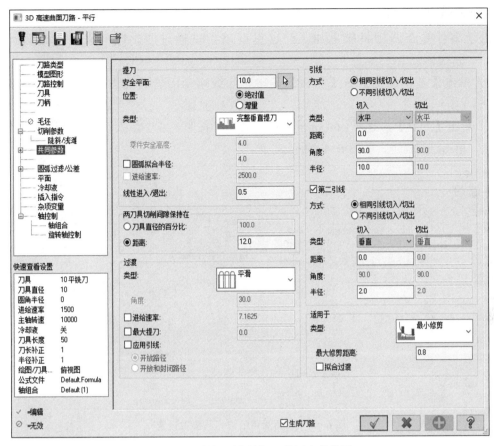

图 6-47　斜侧面的精加工共同参数设置

6）单击 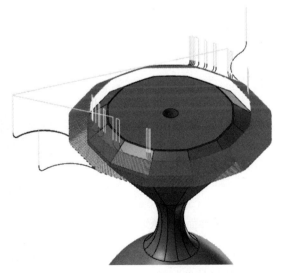 确定，系统自动生成如图 6-48 所示的刀具路径。

图 6-48　斜侧面的精加工刀具路径

6.3.3.6 底面圆角精修

由于零件是在四轴机床上加工，这里可以尝试通过四轴联动来实现底面圆角的精修。

1）单击【多轴加工】→【沿面】策略。此策略是沿着曲面进行自动加工的多轴加工方法。

2）单击【刀具】，选择 $\phi 6R3$mm 的球形铣刀，按照表 6-2 填入粗加工的进给速度和主轴转速，单击 ✅ 确定，如图 6-49 所示。

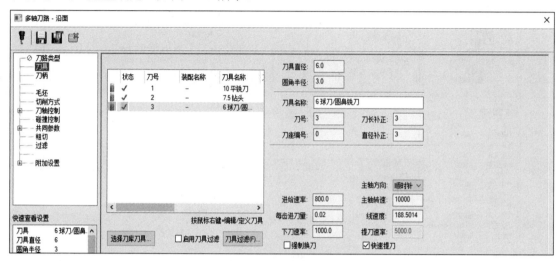

图 6-49 底面圆角精修刀具参数设定

3）单击【刀柄】命令，根据机床实际装载的刀柄设置刀柄类型和参数。

4）单击【切削方式】命令，单击【曲面】右侧的箭头选择加工面，如图 6-50 所示。选择完毕之后单击【结束选择】，弹出图 6-51 所示的对话框，在此可以选择更改切削方向、步进方向、起始点等。

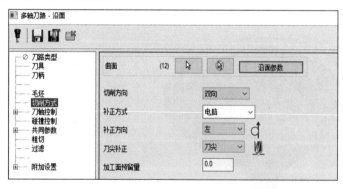
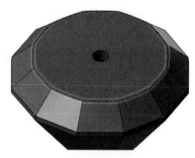

图 6-50 底面圆角精修加工元素选择

5）单击【刀轴控制】，在右侧【刀轴控制】下拉菜单中选择【曲面】，【输出方式】选择 4 轴，【旋转轴】选择 X 轴（如果第四轴是 B 轴的四轴机床，则选择 Y 轴），如图 6-52 所示。

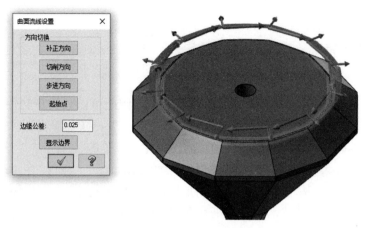

图 6-51　底面圆角精修加工曲面流线设置（一）

图 6-52　底面圆角精修加工曲面流线设置（二）

6）单击【碰撞控制】选项，选择杯底面作为干涉面，防止加工时过切已加工表面，如图 6-53 所示。

7）单击【共同参数】选项，设定安全高度：10（增量坐标），参考高度：5，下刀位置：3。

8）单击☑确定，系统自动生成如图 6-54 所示的刀具路径。将文件保存为"红酒杯工装 1.mcam"。

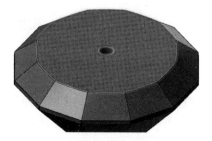

图 6-53　底面圆角精修加工干涉面设置

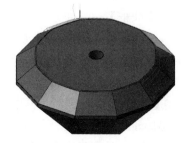

图 6-54　底面圆角精修加工刀具路径

6.3.4 杯顶面加工

6.3.4.1 加工模型的准备

1. 模型导入

1）导入文件。多轴零件多数是通过扫描绘制的，因此可以直接将文件导入 Mastercam 软件中。具体操作步骤是单击选项卡上【文件】→【打开】→【计算机】，打开文件路径，找到想要加工的零件名称，如果没有显示相应的文件，可单击
全部 Mastercam 文件 (*.mc*;'' 按钮选择文件类型。

2）工件原点设定。按【F9】键调出系统坐标轴，用鼠标选定工件后单击【转换】按钮，通过【平移】和【旋转】按钮使杯底面中心点和系统坐标系原点重合，如图 6-55 所示。

2. 设定机床

单击选项卡【机床】→【机床定义】（如果弹出警告则单击☑），弹出【机床选择】对话框，在【组件文件】下方的对话框中选择想要加载的机床。本例以 VMC A Axis 四轴机床进行演示。

图 6-55　工件放置图

3. 工件设定

1）单击【机床】→【铣床】→【默认】，弹出【刀路】选项卡。

2）双击【机床群组 -1】下的【属性】，单击【毛坯设置】弹出对话框，单击【形状】下方的【圆柱体】选项，【轴向】选择 Z，设置毛坯参数 Z：90、直径：55，设置毛坯原点 Z：-89。

6.3.4.2 杯顶面粗、精加工

单击操作管理器上【刀具群组 -1】，在刀具群组 -1 上右击，依次选择【群组】→【重新命名】，输入刀具群组名称：工序 1 杯顶杯内加工。

（1）杯顶面粗加工

1）单击【层别】选项，设置层别编号，层别名称：辅助线层。并单击右键将其设为主层。

2）单击【线框】→【单边缘取曲线】选项，选择杯顶最外层轮廓，画出外围轮廓线，如图 6-56 所示。

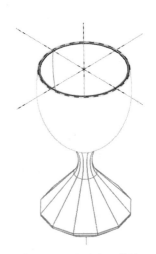

图 6-56　单边缘取曲线

3）单击【刀路】选项，在 2D 选项框中选择【面铣】，系统弹出加工轮廓串连选项界面，单击上一步画好的圆，然后单击☑。

4）单击【刀具】，在右侧对话框中单击右键，依次选择【创建刀具】→【平底刀】→【下一步】，设置 ϕ10mm 平铣刀，根据实际使用的刀具设置刀具长度、刀齿长度等数据，设置完毕后单击【下一步】，根据表 6-3 设置进给速度、主轴转速。设置完成后单击【完成】。

5）单击【刀柄】选项，根据机床实际装载的刀柄设置刀柄类型和参数。

6）单击【切削参数】选项，切削方式：双向，底面预留量：0.2。截断方向超出量和引导方向超出量分别设置为 50% 和 80%，这是刀路切入切出的引导长度设置。两切削间移动方式单击【高速环】，设置完毕后单击✓。

7）单击【共同参数】选项，设定毛坯顶部：1（绝对坐标），深度：0（绝对坐标），提刀：25（增量坐标），下刀位置：3.0（增量坐标）。

8）单击【冷却液】→ Flood：On。

9）单击右下角的✓确定，生成图 6-57a 所示的刀具路径。

10）单击【仅显示已选择的刀路】。

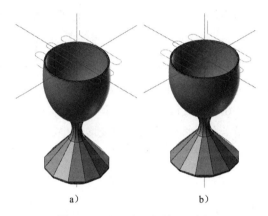

图 6-57 红酒杯顶面加工路径

（2）杯顶面精加工

1）单击上一步生成的加工策略，单击右键将其复制，在红色▶所在的行单击右键进行粘贴。

2）单击复制的刀路下【参数】选项，单击【刀具】，在进给速率和主轴转速中更改精加工的相应参数，完成后单击✓确定，一般来说精加工较粗加工进给速率降低，主轴转速增加。

3）单击【切削参数】选项，底面预留量：0，完成后单击✓确定，生成如图 6-57b 所示的刀具路径。

6.3.5 杯内壁粗、精加工

1. 杯内壁粗加工

1）单击【层别】选项，选择辅助线层，单击右键将其设为主层。

2）单击【线框】→【单边缘取曲线】选项，选择杯顶最内层轮廓，画出内壁切削范围轮廓线，如图 6-58 所示。

3）单击【刀路】→【平行】 ，弹出系统对话框，工件形状选择【凹】，单击✓确定，选择内壁表面，如图 6-59 所示，单击【结束选择】，再在弹出的对话框中单击【切削范围】，选择上一步的内壁切削范围轮廓线，单击☑️确定。

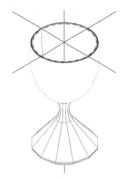

图 6-58　内壁切削范围轮廓线

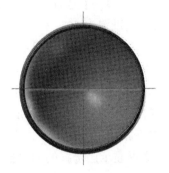

图 6-59　内壁表面

4）单击【刀具】，在右侧对话框中单击右键，依次选择【创建刀具】→【平底刀】→【下一步】，设置 φ8mm 平铣刀，根据实际使用的刀具设置刀具长度、刀齿长度等数据，设置完毕后单击【下一步】，根据表 6-3 设置进给速度、主轴转速。设置完成后单击【完成】。

5）单击右侧【曲面参数】，修改参考高度：25（增量坐标），下刀位置：5（增量坐标），加工面毛坯预留量：0.1，如图 6-60 所示。

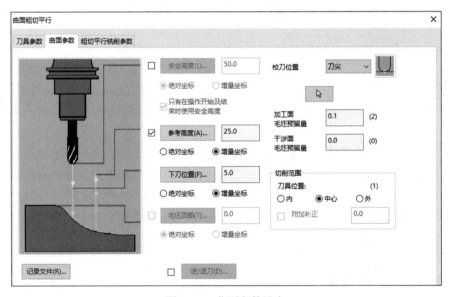

图 6-60　曲面参数设定

6）单击最右侧【粗切平行参数】，最大切削间距：1（增量坐标），Z 最大步进量：1，加工面毛坯预留量：0.1，加工角度可视需求进行修改。参数如图 6-61 所示。

7）单击底部【切削深度】，点选【绝对坐标】，最高位置：0，单击【最低位置】，然后单击【选择深度】，转换视角，选择图 6-62 右所示最低点作为深度，系统会自动计算深度值。

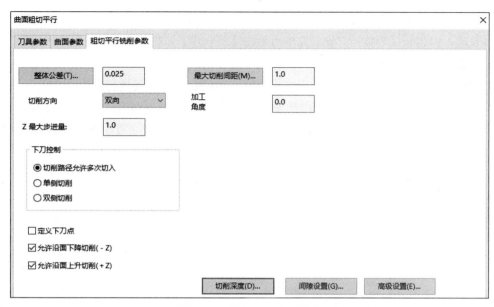

图 6-61 粗切平行参数设定

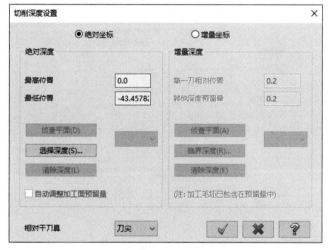

图 6-62 切削深度设置

8）单击【间隙设置】，在切削排序最佳化前单击☑。

9）单击右下角的 ☑ 确定，生成图 6-63 所示的刀具路径。

2. 杯内壁精加工

1）单击【刀路】→【等高】🔲，弹出系统对话框，在模型图形对话框中单击右键选择内壁表面，单击【结束选择】，修改壁边预留量：0，底面预留量：0。

2）在对话框中单击【切削范围】，选择上一步的内壁切削范围轮廓线，在包括轮廓线前单击☑。

3）单击【刀具】，在右侧对话框中单击右键，依次选择

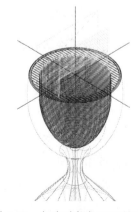

图 6-63 杯内壁粗加工刀具路径

【创建刀具】→【球形铣刀】→【下一步】，设置 ϕ6mm 球头铣刀，根据实际使用的刀具设置刀具长度、刀齿长度等数据，设置完毕后单击【下一步】，根据表 6-3 设置进给速度、主轴转速。设置完成后单击【完成】。

4）单击【刀柄】命令，根据机床实际装载的刀柄设置刀柄类型和参数。

5）单击【切削参数】，在【切削排序】选项中选择：最佳化，在【下切】中填入：0.5。

6）单击【共同参数】，安全平面：25（绝对量），最大修剪距离：0.8，如图 6-64 所示。

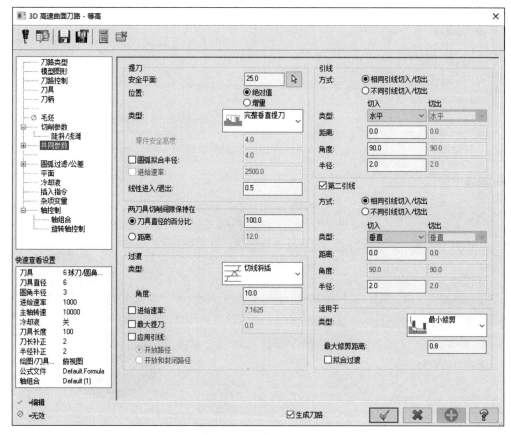

图 6-64　杯内壁精加工共同参数

7）单击【冷却液】→ Flood：On。

8）单击右下角的 ✓ 确定，生成图 6-65a 所示的刀具路径。

经过模拟仿真发现，在杯底仍有部分残料残留，如图 6-65b 所示，故还需再增加一步精修，将残留的加工量修剪完。

3. 杯底残料加工

1）单击【层别】选项，设置层别编号，层别名称：辅助线层，单击右键将其设为主层。

2）单击【线框】→【已知点画圆】选项，选择俯视图为作图面，以原点为圆心，画一个 ϕ5mm 的圆作为加工轮廓范围，如图 6-66 所示。

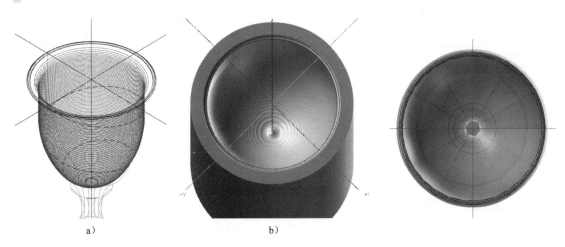

a)　　　　　　　　　　　　　b)

图 6-65　杯内壁精加工刀具路径　　　　　图 6-66　杯底残料加工轮廓范围

3）单击【刀路】选项，在 3D 选项框中选择【面铣】 ，系统弹出加工轮廓串连选项界面，单击上一步画好的圆，然后单击 。

4）单击【刀具】，在右侧对话框中单击右键，依次选择【创建刀具】→【平底刀】→【下一步】，设置 ϕ6mm 球头铣刀，根据实际使用的刀具设置刀具长度、刀齿长度等数据，设置完毕后单击【下一步】，根据表 6-3 设置进给速度、主轴转速。设置完成后单击【完成】。

5）单击【刀柄】命令，根据机床实际装载的刀柄设置刀柄类型和参数。

6）单击【切削参数】选项，切削方向：单向，次切削间距：0.2，如图 6-67 所示。

图 6-67　杯底残料加工切削参数

7）单击【共同参数】选项，设定安全平面：25（绝对坐标），相同引线切入 / 切出，最大修剪距离：0.5，具体参数如图 6-68 所示。

8）单击【冷却液】→ Flood：On。

9）单击右下角的 确定，生成图 6-69 所示的刀具路径。

10) 单击【仅显示已选择的刀路】。

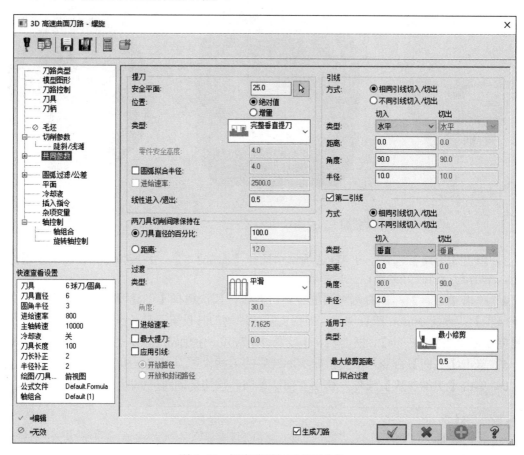

图 6-68　杯底残料加工共同参数

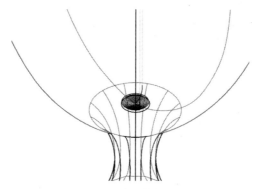

图 6-69　杯底残料加工路径

4. 杯顶面倒圆

1) 单击【刀路】→【等高】 ，弹出系统对话框，在模型图形对话框中单击右键选择需要倒圆的面，选择已加工表面作为避让面，如图 6-70 所示。单击【结束选择】，修改壁边预留量：0，底面预留量：0。

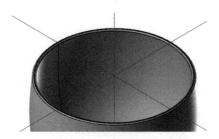

图 6-70　杯顶面倒圆元素选择

2）单击【刀具】，在右侧对话框中创建一把 φ6mm 球头铣刀，根据实际使用的刀具设置刀具长度、刀齿长度等数据，设置完毕后单击【下一步】，根据表 6-1 设置进给速度、主轴转速。设置完成后单击【完成】。

3）单击【刀柄】，根据机床实际装载的刀柄设置刀柄类型和参数。

4）单击【切削参数】，在【切削排序】选项中选择：最佳化，在【下切】中填入：0.1。

5）单击【共同参数】，安全平面：25（绝对量），最大修剪距离：0.5，如图 6-71 所示。

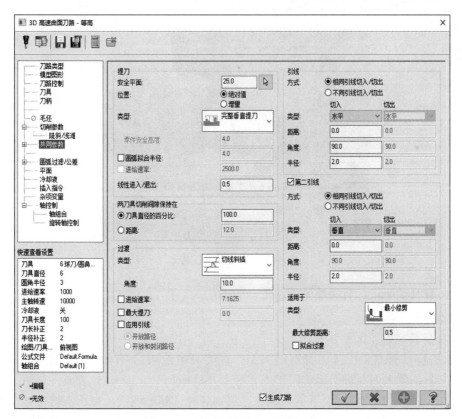

图 6-71　杯顶面倒圆加工共同参数

6）单击【冷却液】→ Flood：On。

7）单击右下角的 ✓ 确定，生成图 6-72 所示的刀具路径。

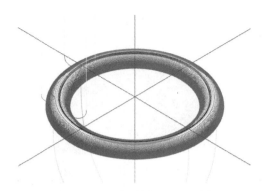

图 6-72　杯顶面精加工刀具路径

6.3.6　红酒杯的杯身及底座加工

在加工杯身及底座的时候，选择前视面作为加工表面，采用整体粗加工的策略能够极大地减少加工时长。此时机床将旋转第四轴，工件的径向将作为 Z 轴，工件的轴向作为 Y 轴（第四轴为 B 轴的四轴机床则为 X 轴），在如图 6-73 所示的情况下进行加工。

图 6-73　前视面加工视角

6.3.6.1　杯身及底座正、背面整体粗加工

具体操作如下：

（1）杯身及底座正面整体粗加工

1）单击操作管理器上【刀具群组 -1】，在刀具群组 -1 上右击，依次选择【群组】→【重新命名】，输入刀具群组名称：工序 2 杯身及底座加工。

2）单击【层别】选项，设置层别编号，层别名称：辅助线层，单击右键将其设为主层。

3）单击【线框】选项，选择前视面作为绘图平面，绘制草图，如图 6-74 所示。

4）单击【层别】选项，设置新的层别编号，层别名称：曲面层，单击右键将其设为主层。

5）单击【曲面】选项，选择【由实体生成曲面】，框选整个实体，单击【结束选择】。

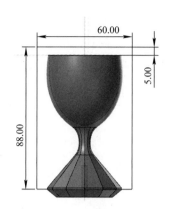

图 6-74　杯身及底座正面整体粗切范围草图轮廓

6）单击【3D】→【区域粗切】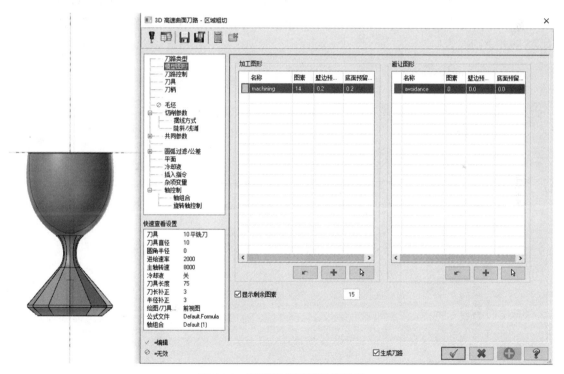 命令，依次选择【模型图形】→【加工图形】，单击右键选择切削范围内前视面能看到的所有面元素，单击【结束选择】，然后更改壁边预留量：0.2，底面预留量：0.2，如图 6-75 所示。

图 6-75　区域粗切图形元素选择

7）单击【刀路控制】→【切削范围】选项，单击边界串连的箭头选择图 6-74 所示的矩形线框作为切削范围。

8）单击【刀具】，在右侧对话框中单击右键，依次选择【创建刀具】→【平底刀】→【下一步】，设置 ϕ10mm 平铣刀，根据实际使用的刀具设置刀具长度、刀齿长度等数据，设置完毕后单击【下一步】，根据表 6-3 设置进给速度、主轴转速。设置完成后单击【完成】。

9）单击【刀柄】命令，根据机床实际装载的刀柄设置刀柄类型和参数。

10）单击【切削参数】选项，在切削排序最佳化前单击☑，设定深度切削分层：1。单击【摆线方式】选项，选择【降低刀具负载】。单击【陡斜/浅滩】选项，设定最高位置：28，最低位置：-1，如图 6-76 所示。如此做的目的是让刀具在深度方向过切一小段距离，防止粗切不充分。

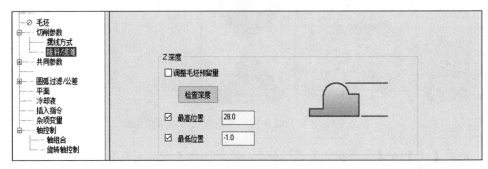

图 6-76　切削深度设置

11）单击【共同参数】选项，设定安全高度：30（绝对量），最大修剪距离：1.5。

12）单击【平面】选项，单击【刀具平面】和【绘图平面】的□图标，调整为前视面，如图 6-77 所示。

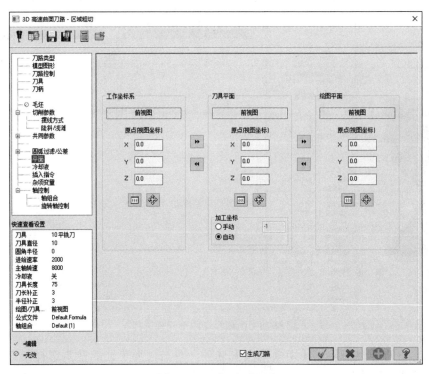

图 6-77　工作平面设置

13）单击【冷却液】→ Flood：On。

14）单击【旋转轴控制】选项，【旋转方式】：3 轴，旋转轴：X 轴（如果第四轴为 B 轴，则旋转轴为 Y 轴），如图 6-78 所示。

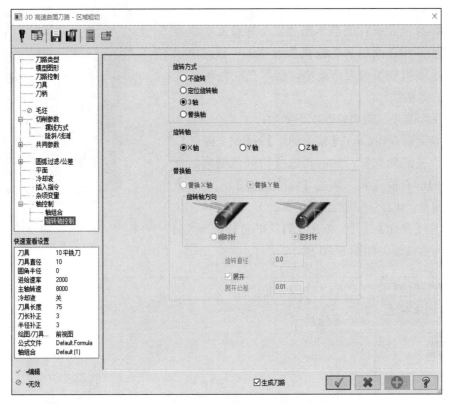

图 6-78　轴控制参数设定

注：

四轴加工旋转轴的设置：

单击"旋转轴控制"按钮，进入"旋转轴的设定"窗口，在旋转轴形式中，分别有以下几种。

① "定位旋转轴"加工：转轴定位加工是 Mastercam 2022 软件四轴加工基本用法。在此加工策略下，机床会先旋转某一固定角度，然后在此工位上进行X、Y、Z 三轴加工，完成加工后再旋转下一角度继续进行加工。

② "3 轴"加工：旋转轴的"3 轴"加工是 Mastercam 2022 软件四轴加工常用方法之一，用于加工面为不规则面，Z 轴深度需随形状能随时移动的情况。

③ "替换轴"加工：旋转轴的"替换轴"加工用于加工在同样直径圆上，以旋转轴代替其中一个加工轴进行加工的情况。旋转轴的"替换轴"加工为 Mastercam 2022 软件四轴加工应用最为广泛的一种加工方式。

"替换轴"加工的基本方法如下：

步骤一：选择"替换轴"四轴加工方式。

步骤二：设置要取代的轴。因为该零件要在带数控转台（A 轴）的立式加工中心上加工，因此需取代 Y 轴，即 Y 轴始终在圆柱体的最高母线上。在工件坐标系里，Y 轴坐标始终为 0。

步骤三：设置旋转方向。选择逆时针（顺、逆时针选项决定 A 轴旋转的方向）。

步骤四：设置旋转轴直径。

15）单击右下角的 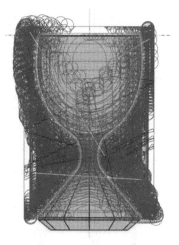✔确定，生成图6-79所示的刀具路径。

（2）杯身及底座背面整体粗加工 杯身及底座背面整体粗加工和正面粗加工设置参数基本一致，所以可以复制正面粗加工的刀路策略，然后在红色▶所在的行单击右键粘贴。

特别注意的是，需要修改以下参数：

1）切换到后视图，单击【模型图形】→【加工图形】，单击右键，先清除选择，然后再选择切削范围内后视面能看到的所有面元素，单击【结束选择】，然后更改壁边预留量：0.2，底面预留量：0.2。

2）单击【平面】选项，单击【刀具平面】下的▣图标，调整为后视面，如图6-80所示。

图6-79　杯身及底座正面整体粗加工刀具路径

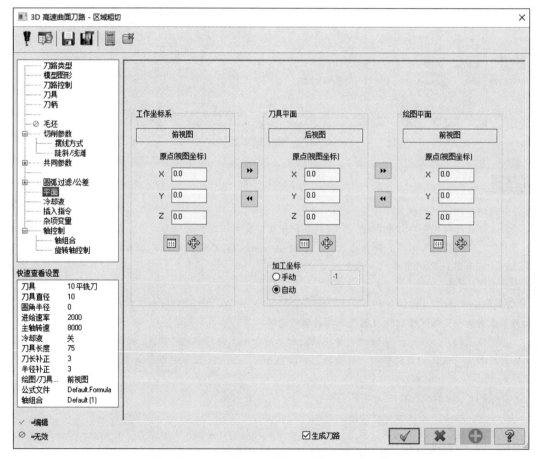

图6-80　杯身及底座背面整体粗加工平面设定

3）单击右下角的 ✔确定，生成图6-81所示的刀具路径。

6.3.6.2 杯身及底座正、背面整体半精加工

杯身及底座整体粗加工依然可以选择 3D 区域粗切进行，与粗切不同的是，半精加工需要改用球头铣刀进行精修，转速需要加快，进给速度降低。由于底座的形状是规则的平面，切削间距只要足够小，就可以不用再次进行精修。而杯身面由于其形状的特殊性，则需要再次进行精修。

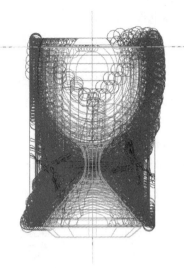

具体操作步骤如下：

（1）杯身及底座正面整体半精加工

1）单击【3D】→【区域粗切】 命令，在【刀路类型】→【粗切】下选择：区域粗切。

2）在【模型图形】→【加工图形】上单击右键选择切削范围内前视面能看到的所有面元素，单击【结束选择】，然后更改壁边预留量：0，底面预留量：0，如图 6-82 所示。

图 6-81 杯身及底座背面整体粗加工刀具路径

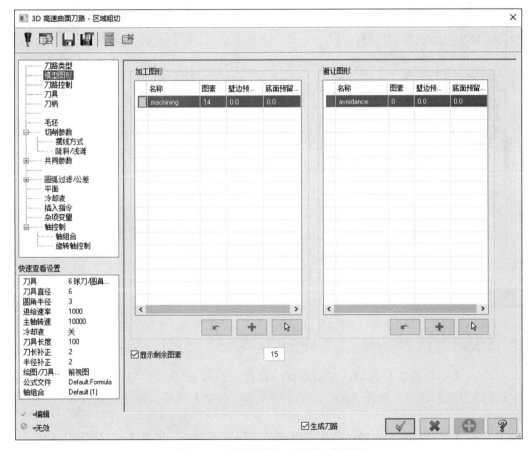

图 6-82 正面半精加工图形元素选择

3）单击【刀路控制】→【切削范围】选项，单击边界串连的箭头选择图 6-74 所示的

矩形线框作为切削范围。

4）单击【刀具】，在右侧对话框中单击右键，依次选择【创建刀具】→【平底刀】→【下一步】，设置φ6mm 球头铣刀，根据实际使用的刀具设置刀具长度、刀齿长度等数据，设置完毕后单击【下一步】，根据表 6-3 设置进给速度、主轴转速。设置完成后单击【完成】。

5）单击【刀柄】选项，根据机床实际装载的刀柄设置刀柄类型和参数。

6）单击【毛坯】选项，在【剩余材料】前单击☑，选择【指定操作】，指定杯身及底座正面整体粗加工前视面加工的策略，如图 6-83 所示。

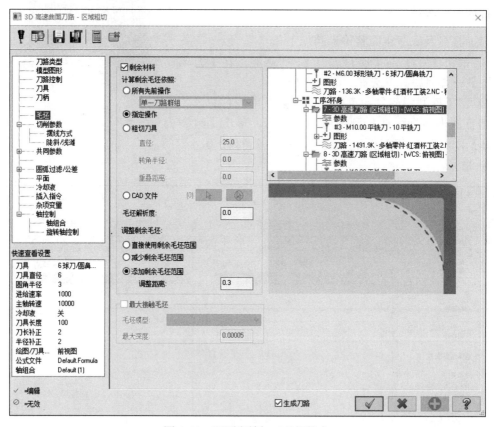

图 6-83 正面半精加工毛坯指定

注:

> Mastercam 2022 软件具有承接前段加工材料的功能，在对应策略的毛坯中设置指定策略即可将该策略加工完成的工件作为新的毛坯进行下一步加工，可大大节省加工时间。

7）单击【切削参数】选项，在切削排序最佳化前单击☑，设定深度切削分层：0.4。单击【摆线方式】选项，选择"关"。单击【陡斜 / 浅滩】选项，设定最高位置：28，最低位置：-3。

8）单击【共同参数】选项，设定安全高度：30（绝对量），最大修剪距离：1.2。

9）单击【平面】选项，单击【刀具平面】下的回图标，调整为前视面。

10）单击【冷却液】→ Flood：On。

11）单击【轴控制】选项，【旋转方式】：3 轴，旋转轴：X 轴。

12）单击右下角的█✓█确定，生成图 6-84 所示的刀具路径。

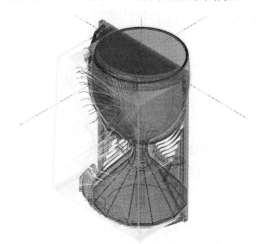

图 6-84　正面半精加工刀具路径

（2）杯身及底座背面整体半精加工　杯身及底座背面整体半精加工和正面半精加工设置参数基本一致，所以可以复制正面半精加工的刀路策略，然后在红色▶所在的行单击右键粘贴。

特别注意的是，需要修改以下参数：

1）切换到后视图，在【模型图形】→【加工图形】上单击右键，先清除选择，然后再选择切削范围内后视面能看到的所有面元素，单击【结束选择】，然后更改壁边预留量：0，底面预留量：0。

2）单击【平面】选项，单击【刀具平面】下的▦图标，调整为后视面。

3）单击右下角的█✓█确定，生成图 6-85 所示的刀具路径。

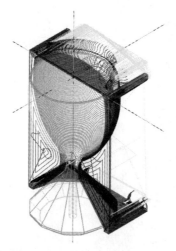

图 6-85　杯身及底座背面整体半精加工刀具路径

6.3.6.3 杯身精加工

由于杯身的几何结构并不复杂，所以在进行加工时不必考虑刀具直径的问题。杯身的精加工与半精加工的主要区别在于精加工每层的切削深度、进给速度以及主轴转速的变化。每层步进量越小，加工出来的成品其表面越光滑，但是为节省加工时间，提升加工效率，每层的步进量不宜太小。

具体的操作步骤如下：

（1）杯身正面半精加工

1）单击【3D】→【区域粗切】 命令，在【刀路类型】→【粗切】下选择：区域粗切。

2）单击【层别】选项，选择辅助线层，单击右键将其设为主层。

3）单击【线框】选项，选择前视面作为绘图平面，绘制 60mm×49mm 矩形草图，如图 6-86 所示。

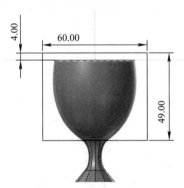

图 6-86　精加工草图轮廓

4）在【模型图形】→【加工图形】上单击右键选择杯身侧壁，单击【结束选择】，然后更改壁边预留量：0，底面预留量：0，如图 6-87 所示。

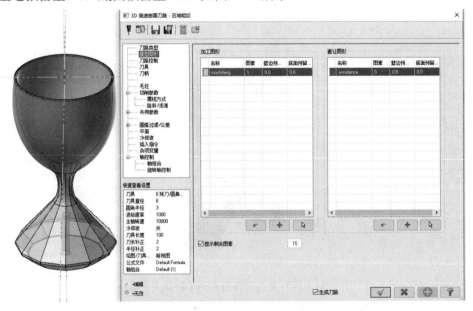

图 6-87　杯身正面半精加工图形元素选择

5）单击【刀路控制】→【切削范围】选项，单击边界串连的箭头选择图6-74所示的矩形线框作为切削范围。

6）单击【刀具】，在右侧对话框中单击右键，依次选择【创建刀具】→【平底刀】→【下一步】，设置ϕ6mm球头铣刀，根据实际使用的刀具设置刀具长度、刀齿长度等数据，设置完毕后单击【下一步】，根据表6-3设置进给速度、主轴转速。设置完成后单击【完成】。

7）单击【刀柄】命令，根据机床实际装载的刀柄设置刀柄类型和参数。

8）单击【毛坯】选项，在【剩余材料】前单击☑，单击【指定操作】，指定杯身及底座正面整体半精加工前视面加工的策略，如图6-88所示。

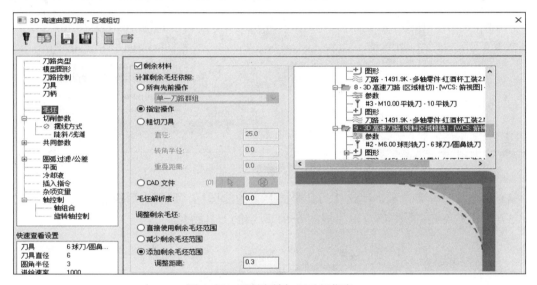

图6-88 正面半精加工毛坯指定

9）单击【切削参数】选项，在【切削排序最佳化】前单击☑，设定深度切削分层：0.1。单击【摆线方式】选项，选择"关"。单击【陡斜/浅滩】选项，设定最高位置：28，最低位置：-3。

10）单击【共同参数】选项，设定安全高度：30（绝对量），最大修剪距离：0.5。

11）单击【平面】选项，单击【刀具平面】下的▣图标，调整为前视面。

12）单击【冷却液】→ Flood：On。

13）单击【轴控制】选项，【旋转方式】：3轴，旋转轴：X轴。

14）单击右下角的☑确定，生成图6-89所示的刀具路径。

（2）杯身及底座背面整体精加工 杯身及底座背面整体精加工和正面精加工设置参数基本一致，所以可以复制正面精加工的刀路策略，然后在红色▶所在

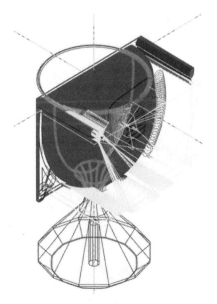

图6-89 正面半精加工刀具路径

的行单击右键粘贴。

特别注意的是，需要修改以下参数：

1）单击【毛坯】选项，在【剩余材料】前单击☑，单击【指定操作】，指定杯身背面整体精加工前视面加工的策略，如图 6-90 所示。

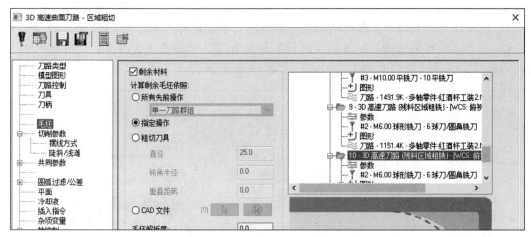

图 6-90　背面精加工毛坯设定

2）单击【平面】选项，单击【刀具平面】下的▣图标，调整为后视面。

3）单击右下角的☑确定，生成图 6-91 所示的刀具路径。

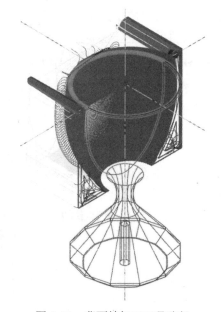

图 6-91　背面精加工刀具路径

6.3.7　结果仿真

在所有的刀具路径编辑创建完毕之后，可以进行模拟仿真和上机验证操作。进行模拟仿真和上机验证操作能有效验证刀具路径的可靠性，防止加工过程中过切、干涉、撞刀等错误的发生。

具体操作步骤如下：

1）单击操作管理器上的工序，选中所有的刀具路径。

2）单击操作管理器上的【验证已选择的操作】，弹出 Mastercam 模拟器对话框。

3）如需进行刀路模拟，则单击【模拟】按钮，该功能会显示刀具路径，主要用于检查刀具路径的可靠性。可以在右侧的选项卡中选择显示的部件，如图 6-92 所示。

图 6-92　Mastercam 模拟器显示功能选项卡

4）如需进行刀路验证，则单击【验证】按钮，再单击▶开始播放，此功能能模拟刀具切削毛坯的加工过程，能直观反映切削结果，可有效验证工件是否发生过切，或者切削不到位，及时修改刀具参数。红酒杯工件的最终加工效果如图 6-93 所示。将文件保存为"红酒杯工装 2.mcam"。

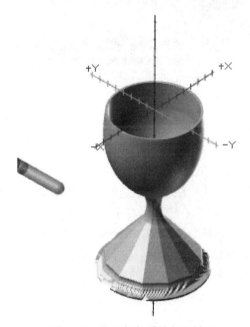

图 6-93　红酒杯的最终加工效果

注：

底座在第一步工装已加工完成，此步不再模拟展示。

5）如需进行实际的加工模拟，则单击【模拟】按钮 ，再单击 ▶ 开始播放，该功能能加载加工机床，模拟实际的加工过程，能有效避免撞刀、干涉现象的发生，如图 6-94 所示。

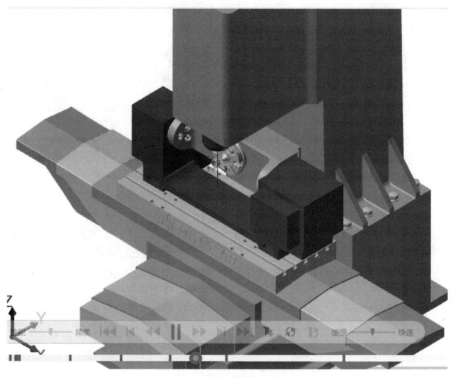

图 6-94　模拟工件加工过程

本 章 小 结

本章主要介绍了 Mastercam 2022 软件四轴加工的常用策略。先以斜面打孔零件为例，介绍了三轴加工向四轴加工的转化方法，这也是最为典型和基本的四轴加工策略；再以红酒杯零件的加工为例，从分析其加工工艺路线着手，将加工过程分为三步，从底面装夹面的加工到杯身的整体粗加工，再到杯身的精修，每一步都详细分析了其装夹方案、加工参数、刀具策略；最后介绍了工件的结果仿真方法，并模拟了加工结果。通过本案例的学习，读者可以基本掌握 Mastercam 2022 软件四轴加工的方法。

第7章

零件的五轴加工

Mastercam 2022 具有成熟的五轴加工策略，其主要功能包括：

1）五轴路径生成：Mastercam 2022 支持生成各种复杂的五轴加工路径，包括铣削、钻孔、攻丝等，并能生成多种不同的刀具轨迹，比如圆弧、直线等。

2）高级解决方案：Mastercam 2022 提供了高级的解决方案，如面接触分析、刀具防护、柔性加工等，以确保加工的准确性和安全性。

3）多功能工具库：Mastercam 2022 提供了丰富的工具库，涵盖各种不同类型的刀具，如球头铣刀、圆柱铣刀、齿轮铣刀等，并可根据用户的需求进行定制。

4）实时预览：Mastercam 2022 提供了实时预览功能，用户可以在生成路径之前，实时查看加工效果，并及时调整加工参数，避免生成不合适的路径。

5）全面支持：Mastercam 2022 支持多种常用的 CAM 文件格式，并且提供完整的在线帮助文档，帮助用户更好地使用软件，并提供在线技术支持，以解决用户的疑问。

Mastercam 2022 的五轴 CNC 加工操作步骤大致如下：首先，导入 CAD 模型并设置加工参数；其次，通过使用工具库中的刀具和算法，生成五轴加工路径；再次，在实时预览的情况下，检查加工效果；最后，生成 G 代码并导出到 CNC 机床中进行加工。

7.1 "大力神"杯的加工

"大力神"杯的加工分为两个工装步骤，其中第一个工装步骤可利用卡盘进行初步装夹，之后进行底座底面和侧面的粗、精加工。第一个工装步骤完成后底座上有一个 ϕ7.5mm 的孔，卸下零件进行攻丝形成 M9 的螺纹孔，然后通过此螺纹孔连接紧固在机床夹具进行第二次工装，如图 7-1 所示。完成第二步工装再进行"大力神"杯的整体粗加工、半精加工和精加工。

技术要求：

1）以小批量生产编程。

2）不准用砂布及锉刀等修饰表面。

3）未注公差尺寸按 GB/T 1804—m。

4）备料材料为铝合金，形状为圆柱体，尺寸为

图 7-1　"大力神"杯的第二步工装

ϕ53mm×100mm（零件底座直径为ϕ52.5），底部钻螺纹孔 M9 用于工装。

7.1.1 工艺分析

通过图 7-2 可知，"大力神"杯零件可分为两部分主体，即杯身和杯底座。其中杯身是由众多不规则的曲面组成，杯底座相对来说较为规则。杯身曲面通过四轴及四轴以上的加工策略才能完成加工，而杯底座采用三轴策略就可完成，但是如果用五轴策略可以节省加工时长，并可以使得加工表面更加光滑。与第 6 章的红酒杯零件相似，"大力神"杯零件也需要进行两次工装，在第一次工装加工出螺纹孔 M9 用于第二次工装。

图 7-2 "大力神"杯零件图

五轴策略虽然加工更为方便精细，但是加工的时长也较长，会降低加工效率。本例为了达到最佳的加工效果，在粗加工和半精加工的时候尽可能使用四轴加工，在精加工的时候使用五轴加工策略。综合考虑加工效率和刀具的要求，"大力神"杯的各个工序加工内容及切削参数见表 7-1 和表 7-2。

表 7-1 第一步工装各工序加工内容及切削参数

序　号	加工部位	刀　具	主轴转速 / (r/min)	进给速度 / (mm/min)
1	杯底平面	ϕ10mm 立铣刀	粗：8000，精：10000	粗：2000，精：1000
2	M9 螺纹孔	ϕ7.5mm 麻花钻头	2000	150
3	外形铣削	ϕ10mm 立铣刀	粗：8000，精：10000	粗：2000，精：1000

表 7-2 第二步工装各工序加工内容及切削参数

工　序	序　号	加工部位	刀　具	主轴转速 / (r/min)	进给速度 / (mm/min)
粗加工	1	杯身前面整体粗加工	ϕ10mm 立铣刀	8000	2000
	2	杯身背面整体粗加工	ϕ10mm 立铣刀	8000	2000
半精加工	3	杯底座斜平面精修	ϕ10mm 立铣刀	10000	1000
	4	杯底座曲面精修	ϕ6R3mm 球刀	10000	800

（续）

工　序	序　号	加 工 部 位	刀　具	主轴转速 /（r/min）	进给速度 /（mm/min）
半精加工	5	杯底座倒圆角	$\phi6R3$mm 球刀	10000	800
	6	杯身半精加工	$\phi4R2$mm 球刀	10000	700
精加工	7	杯身整体精修	$\phi1R0.5$mm 球刀	12000	500

第一步工装策略较为简单，可用简单的二轴和三轴策略完成，读者可参考 6.3 节的内容以及表 7-1 自行编辑刀具路径，本章着重讲解第二步工装内容，不再赘述第一步工装内容。

7.1.2 "大力神"杯的粗加工

7.1.2.1 加工模型准备

1. 模型导入

1）导入文件。多轴零件多数是通过扫描绘制的，因此可以直接将文件导入 Mastercam 2022 软件中。具体操作步骤是单击选项卡上【文件】→【打开】→【计算机】，打开文件路径，找到想要加工的零件名称，如果没有显示相应的文件，可单击 全部 Mastercam 文件 (*.mc*: 按钮选择文件类型。

2）工件原点设定。按【F9】键调出系统坐标轴，用鼠标选定工件后单击【转换】按钮，通过【平移】和【旋转】按钮使杯底面中心点和系统坐标系原点重合，如图 7-3 所示。

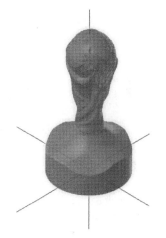

图 7-3　工件放置图

2. 设定机床

单击选项卡【机床】→【机床定义】（如果弹出警告则单击 ✔），弹出【机床选择】对话框，在【组件文件】下方的对话框中选择想要加载的机床。Mastercam 2022 自带了多种默认的机床，如果需要载入自定义机床需将机床文件置入 Mastercam 2022 机床管理文件夹路径内。五轴机床相对于三轴机床多两个旋转自由度，A 轴对应 X 轴的旋转自由度，B 轴对应 Y 轴的旋转自由度，C 轴对应 Z 轴的旋转自由度。常见的五轴机床是 XYZ+AC 或 XYZ+BC 型的。本例以 HMC AC 五轴机床进行演示。

3. 工件设定

1）单击【机床】→【铣床】→【默认】，弹出【刀路】选项卡。

2）双击【机床群组 -1】下的【属性】选项，单击【毛坯设置】弹出对话框，单击【形状】下方的【圆柱体】选项，【轴向】选择 Z，设置毛坯参数 Z：100、直径：53，设置毛坯原点 Z：0。

7.1.2.2 毛坯设定

1）单击【刀路】选项卡，在下方【毛坯】选项中单击【毛坯模型】，弹出【毛坯模型】对话框。

2）单击【最初毛坯形状】，选择【圆柱体】，【轴向】选择【Z】。

3）设置圆柱体长度：100，直径：53

4）单击☑生成毛坯，如图 7-4 所示。

5）选中毛坯刀路策略，单击≋可隐藏毛坯。

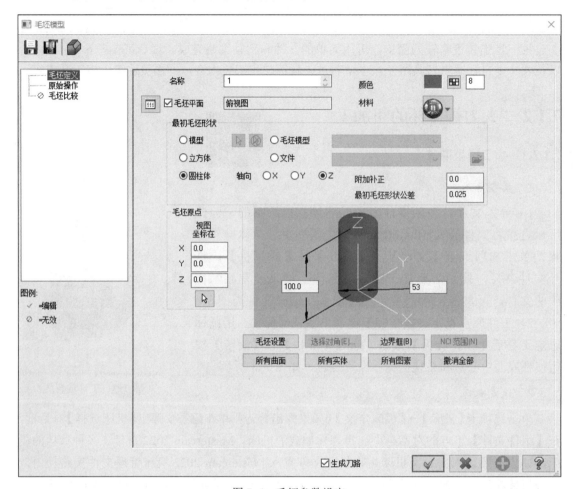

图 7-4　毛坯参数设定

注：

刀路中的毛坯设定在 Mastercam 2022 五轴策略中是十分重要的一步，它的作用是设定毛坯的状态，使得软件能够根据此毛坯计算出整体粗加工的切削量。

7.1.2.3 "大力神"杯正面整体粗加工

具体操作步骤如下：

1）单击操作管理器上【刀具群组 -1】，鼠标停留在刀具群组 -1 上右击，依次选择【群组】→【重新命名】，输入刀具群组名称：粗加工。

2）单击【层别】选项，设置层别编号，层别名称：辅助线层，单击右键将其设为主层。

3）单击【线框】选项，选择前视面作为绘图平面，绘制草图，如图 7-5 所示。

4）单击【层别】选项，设置新的层别编号，层别名称：曲面层，单击右键将其设为主层。

5）单击【曲面】选项，选择【由实体生成曲面】，框选整个实体，单击【结束选择】，然后回车。

6）单击【3D】→【区域粗切】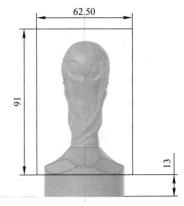命令，在【模型图形】→【加工图形】上单击右键选择切削范围内前视面能看到的所有面元素，单击【结束选择】，然后更改壁边预留量：0.5，底面预留量：0.5，如图 7-6 所示。

7）单击【刀路控制】→【切削范围】选项，单击边界串连的箭头选择图 7-5 所示的矩形线框作为切削范围。

8）单击【刀具】，在右侧对话框中单击右键，依次选择【创建刀具】→【平底刀】→【下一步】，设置 ϕ10mm 平铣刀，根据实际使用的刀具设置刀具长度、刀齿长度等数据，设置完毕后单击【下一步】，根据表 7-2 设置刀具的进给量、下刀速率、提刀速率、主轴转速。设置完成后单击【完成】。

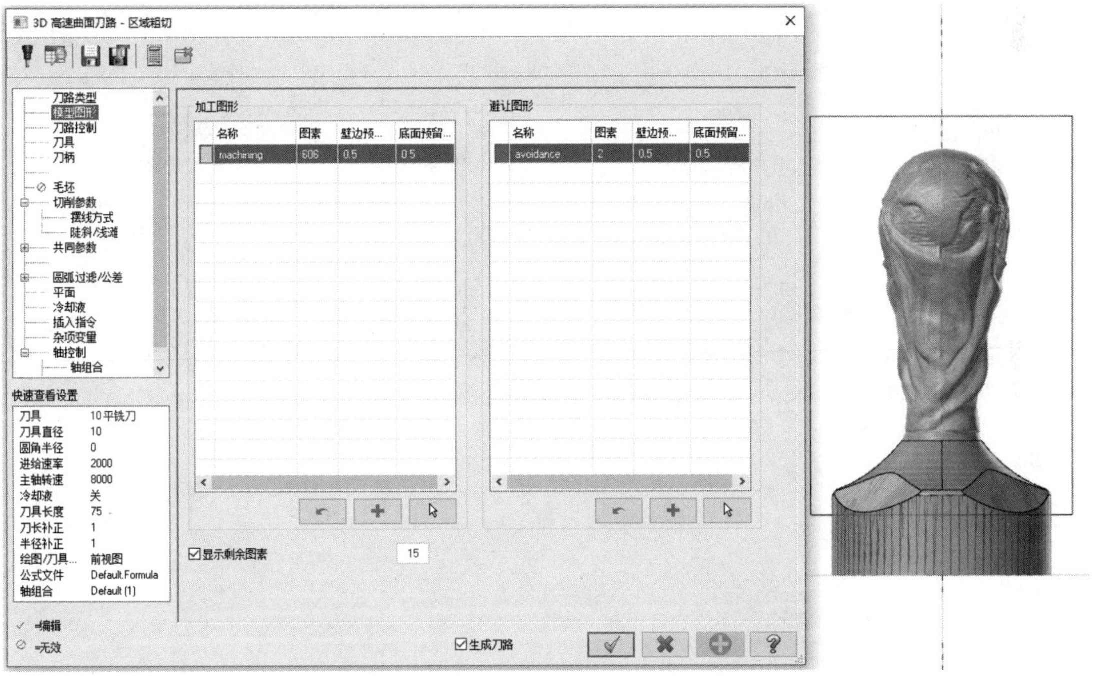

图 7-5　"大力神"杯正面整体粗加工切削范围草图轮廓

图 7-6　"大力神"杯正面区域粗切图形元素选择

9）单击【刀柄】命令，根据机床实际装载的刀柄设置刀柄类型和参数。

10）单击【切削参数】选项，在【切削排序最佳化】前单击☑，设定深度切削分层：1。单击【摆线方式】选项，选择【降低刀具负载】。单击【陡斜/浅滩】选项，设定最高位置：28，最低位置：-1，如图 7-7 所示。

11）单击【共同参数】选项，设定安全高度：30（绝对量），最大修剪距离：1.5。

12）单击【平面】选项，单击【刀具平面】和【绘图平面】下的▦图标，调整为前视面，如图 7-8 所示。

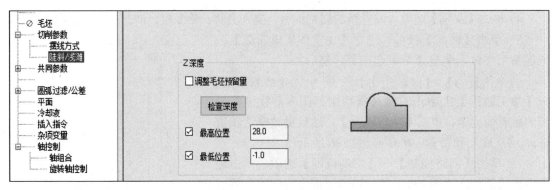

图 7-7　切削深度设置

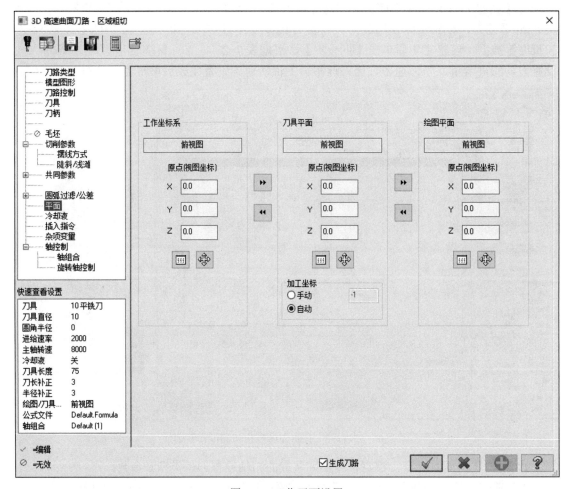

图 7-8　工作平面设置

13）单击【冷却液】→ Flood：On。

14）单击【轴控制】选项，【旋转方式】选：3 轴，旋转轴：X 轴（如果第四轴为 B 轴，则旋转轴为 Y 轴），如图 7-9 所示。

15）单击右下角的 ▢☑ 确定，生成图 7-10 所示的刀具路径。

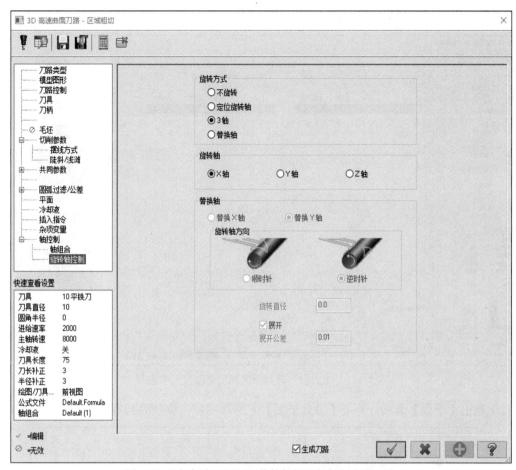

图 7-9 "大力神"杯正面整体粗加工轴控制参数设定

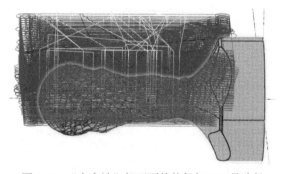

图 7-10 "大力神"杯正面整体粗加工刀具路径

7.1.2.4 "大力神"杯背面整体粗加工

杯身及底座背面整体粗加工和正面粗加工设置参数基本一致，所以可以复制正面粗加工的刀路策略，然后在红色▶所在的行单击右键粘贴。

特别注意的是，需要修改以下参数：

1）切换到后视图，在【模型图形】→【加工图形】上单击右键，先清除选择，然后再选择切削范围内后视面能看到的所有面元素，单击【结束选择】，然后更改壁边预留量：0.5，底面预留量：0.5，如图 7-11 所示。

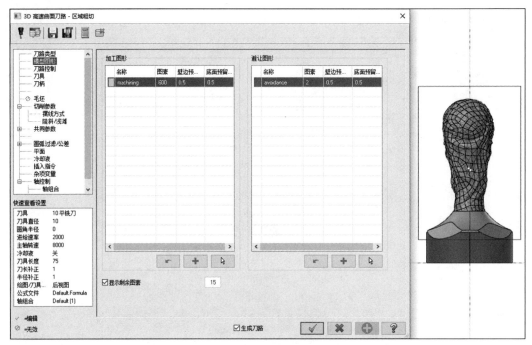

图 7-11 "大力神"杯背面区域粗切图形元素选择

2）单击【平面】选项，单击【刀具平面】下的 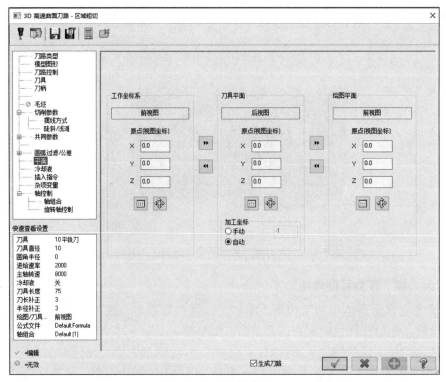 图标，调整为后视面，如图 7-12 所示。

图 7-12 "大力神"杯背面整体粗加工平面设定

3）单击右下角的 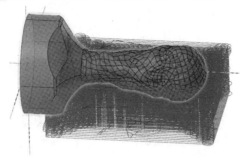 确定，生成图 7-13 所示的刀具路径。

图 7-13　"大力神"杯背面整体粗加工刀具路径

7.1.3　"大力神"杯的半精加工

1. 杯底座斜平面的五轴加工

具体操作步骤如下：

1）单击操作管理器上【刀具群组 -2】，鼠标停留在刀具群组 -2 上右击，依次选择【群组】→【重新命名】，输入刀具群组名称：半精加工。

2）单击【层别】选项，设置层别编号，层别名称：辅助线层，单击右键将其设为主层。

3）单击【线框】→【所有边缘曲线】 ，依次单击底座上的 4 个斜平面，生成边界曲线，如图 7-14 所示。

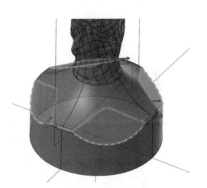

图 7-14　绘制边界曲线

4）单击【刀路】→【多轴加工】，选择【平行】命令。

5）单击【刀具】，在右侧对话框中单击右键，依次选择【创建刀具】→【平底刀】→【下一步】，设置 ϕ10mm 平铣刀，根据实际使用的刀具设置刀具长度、刀齿长度等数据，设置完毕后单击【下一步】，根据表 7-2 设置刀具的进给量、下刀速率、提刀速率、主轴转速。设置完成后单击【完成】。

6）单击【刀柄】命令，根据机床实际装载的刀柄设置刀柄类型和参数。

7）单击【切削方式】命令，在【平行到】选项下选择【曲线】，单击右方的箭头，选择图 7-5 所示的边界曲线。在【加工面】选项下选择【加工几何图形】，单击右方的箭头，选择 4 个斜面，如图 7-15 所示。在【最大步进量】中填入：1。

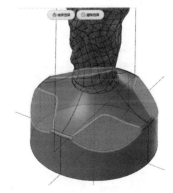

图 7-15　加工几何图形选择

注：

此步【平行到】下有【曲线】、【曲面】、【角度】三个选项，分别对应刀轴的平行方式，此例宜采用【曲线】的平行方式，刀轴绕曲线做平行切削。

8）单击【刀轴控制】命令，【输出方式】选择：5轴，最大步进量：3，【刀轴控制】：倾斜曲面。

注：

此步【刀轴控制】下有较多选项，读者可自行区分各个选项的不同作用。

9）单击【碰撞控制】选项，勾选【刀齿】、【刀肩】、【刀杆】、【刀柄】，右侧策略选择【修剪和重新连接刀路】和【仅修剪碰撞】。单击【避让几何图形】左侧的☑，再单击右侧的箭头即可选择需要避让的几何图形，如图7-16所示。

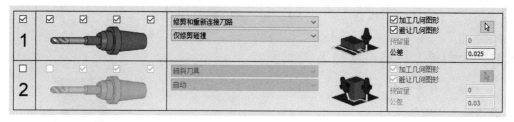

图7-16 碰撞控制选项参数选择

10）单击【连接方式】选项，在【开始点】右侧选择【从安全高度】和【使用切入】。在【结束点】右侧选择【返回安全高度】和【使用切出】。在【小间隙】右侧选择【平滑曲线】和【不使用切入/切出】。在【大间隙】右侧选择【返回安全高度】和【不使用切入/切出】。分界值：50%。安全区域选择【球形】，由于零件的直径只有52.5mm，所以球形半径填50即可。此步控制刀具在各个斜面间的切入切出方式以及各个间隙间的移动方式，选择合理的参数可减小断刀发生的概率，也可使刀路更加合理，缩短加工时长。具体的参数设置如图7-17所示。

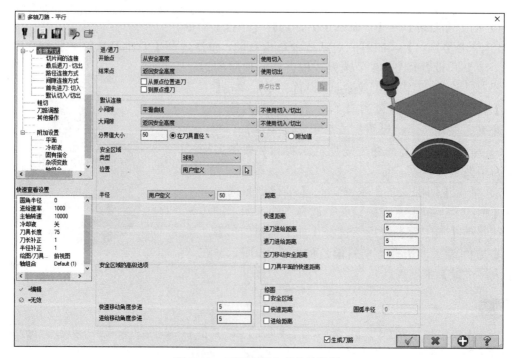

图7-17 刀路连接方式参数设置

11）单击【附加设置】→【冷却液】→ Flood：On。

12）单击右下角的 ☑ 确定，生成图7-18所示的刀具路径。

2. 杯底座曲面的精修

1）单击【层别】选项，选择辅助线层，单击右键将其设为主层。

2）单击【线框】→【所有边缘曲线】 🔲 所有曲线边缘，依次单击底座上的4个曲面，生成边界曲线，如图7-19所示。

3）单击【刀路】→【多轴加工】，选择【平行】命令。

4）单击【刀具】，在右侧对话框中单击右键，依次选择【创建刀具】→【平底刀】→【下一步】，设置 ϕ6mm球头铣刀，根据实际使用的刀具设置刀具长度、刀齿长度等数据，设置完毕后单击【下一步】，根据表7-2设置刀具的进给量、下刀速率、提刀速率、主轴转速。设置完成后单击【完成】。

5）单击【刀柄】命令，根据机床实际装载的刀柄设置刀柄类型和参数。

6）单击【切削方式】命令，在【平行到】选项下选择【曲线】，单击右方的箭头，选择图7-19所示的边界曲线。在【加工面】选项下选择【加工几何图形】，单击右方的箭头，选择4个斜面，如图7-20所示。在【最大步进量】中填入：0.2。

7）单击【刀轴控制】命令，【输出方式】选择：5轴，最大步进量：3，【刀轴控制】：倾斜曲面。

8）单击【碰撞控制】选项，勾选【刀齿】、【刀肩】、【刀杆】、【刀柄】，右侧策略选择【修剪和重新连接刀路】和【仅修剪碰撞】。单击【避让几何图形】左侧的 ☑，设置预留量：0，具体参数如图7-21所示。再单击右侧的箭头即可选择需要避让的几何图形，如图7-22所示。

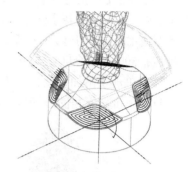

图7-18 底座斜面加工路径

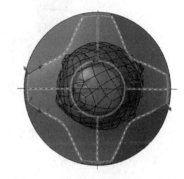

图7-19 底座曲面精修边界曲线

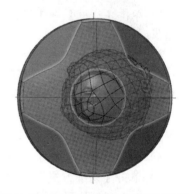

图7-20 底座曲面精修几何图形选择

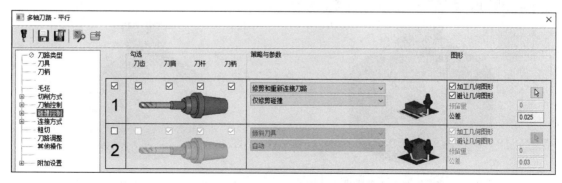

图7-21 底座曲面精修避让参数

9）单击【连接方式】选项，在【开始点】右侧选择【从安全高度】和【使用切入】。在【结束点】右侧选择【返回安全高度】和【使用切出】。在【小间隙】右侧选择【平滑曲线】和【不使用切入 / 切出】。在【大间隙】右侧选择【返回安全高度】和【不使用切入 / 切出】。分界值：50%。安全区域选择【球形】，球形半径：50。

10）单击【附加设置】→【冷却液】→ Flood：On。

11）单击右下角的 ✅ 确定，生成图 7-23 所示的刀具路径。

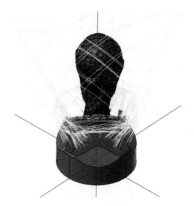

图 7-22　底座曲面精修避让图形　　　　图 7-23　底座曲面精修加工路径

3. 杯底座倒圆角

1）单击【层别】选项，选择辅助线层，单击右键将其设为主层。

2）单击【线框】→【所有边缘曲线】 ✍ ，依次单击底座上的 4 个倒角曲面，生成边界曲线，如图 7-24 所示。

3）单击【刀路】→【多轴加工】，选择【平行】命令。

4）单击【刀具】，在右侧对话框中单击右键，依次选择【创建刀具】→【平底刀】→【下一步】，设置 φ6mm 球头铣刀，根据实际用的刀具设置刀具长度、刀齿长度等数据，设置完毕后单击【下一步】，根据表 7-2 设置刀具的进给量、下刀速率、提刀速率、主轴转速。设置完成后单击【完成】。

5）单击【刀柄】命令，根据机床实际装载的刀柄设置刀柄类型和参数。

6）单击【切削方式】命令，在【平行到】选项下选择【曲线】，单击右方的箭头，选择图 7-19 所示的边界曲线。在【加工面】选项下选择【加工几何图形】，单击右方的箭头，选择 4 个圆角，如图 7-25 所示。在【最大步进量】中填入：0.2。

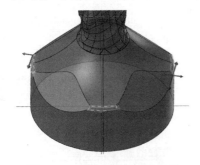

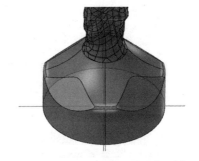

图 7-24　底座倒圆角边界曲线　　　　图 7-25　底座倒圆角几何图形选择

7）单击【刀轴控制】命令，【输出方式】选择：5 轴，最大步进量：3，【刀轴控制】：倾斜曲面。

8）单击【碰撞控制】选项，勾选【刀齿】、【刀肩】、【刀杆】、【刀柄】，右侧策略选择【修剪和重新连接刀路】和【仅修剪碰撞】。单击【避让几何图形】左侧的☑，再单击右侧的箭头即可选择需要避让的几何图形，如图 7-26 所示。

9）单击【连接方式】选项，在【开始点】右侧选择【从安全高度】和【使用切入】。在【结束点】右侧选择【返回安全高度】和【使用切出】。在【小间隙】右侧选择【平滑曲线】和【不使用切入 / 切出】。在【大间隙】右侧选择【返回安全高度】和【不使用切入 / 切出】。分界值：50%。安全区域选择"球形"，球形半径：50。

10）单击【附加设置】→【冷却液】→ Flood：On。

11）单击右下角的☑确定，生成图 7-27 所示的刀具路径。

图 7-26 底座倒圆角避让图形

图 7-27 底座曲面精修加工路径

4. 杯身半精加工

杯身整体半精加工具体操作步骤如下：

1）单击【刀路】→【多轴加工】选项，在多轴加工策略中选择【统一的】🔩刀路策略，此策略可以根据选定的加工图形上的曲线、曲面、自动或者平面模型创建刀路。

2）单击【刀具】，在右侧对话框中单击右键，依次选择【创建刀具】→【平底刀】→【下一步】，设置 ϕ4mm 球头铣刀，根据实际使用的刀具设置刀具长度、刀齿长度等数据，设置完毕后单击【下一步】，根据表 7-2 设置刀具的进给量、下刀速率、提刀速率、主轴转速。设置完成后单击【完成】。

3）单击【切削方式】选项，在【加工】下方的【加工几何图形】右侧的箭头处单击，框选"大力神"杯整个杯身的所有曲面，完成后单击【结束选择】，如图 7-28 所示。然后在右下方的【步进量】选项中的【最大步进量】中填入：0.15。

4）单击【刀轴控制】选项，【输出方式】选择：5 轴，【最大角度步进量】：3，【刀轴控制】选择：倾斜轴角度，【倾斜角度】设置：40，Z 轴。在平滑前单击☑，如图 7-29 所示。

图 7-28 杯身半精加工
图形元素选择

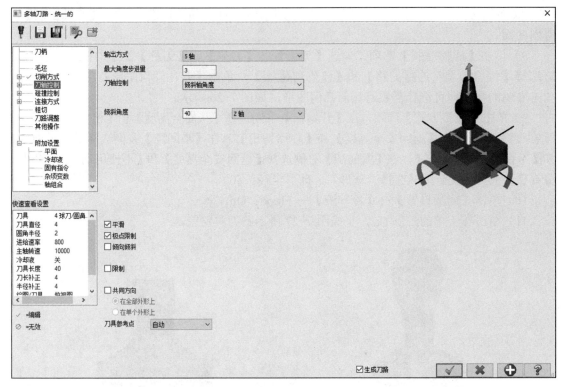

图 7-29　杯身半精加工刀轴控制

注：

　　【刀轴控制】下拉选项中有曲面、倾斜曲面、固定轴角度、绕轴旋转等多个选择，其达到的效果也不尽相同，感兴趣的读者可以自行查阅相关资料或者亲身操作了解其作用。这里选择的倾斜轴角度策略是为了满足机床工作台绕 A 轴旋转时的角度限制（参加机床参数中 A 轴的极限角度），使刀轴在 Z 轴 40°范围内倾斜，防止加工过程中刀轴上的零件与工作台发生碰撞。

　　5）单击【刀轴碰撞】选项，勾选【刀齿】、【刀肩】、【刀杆】、【刀柄】，右侧策略选择【修剪和重新连接刀路】和【仅修剪碰撞】。单击【避让几何图形】左侧的☑，再单击右侧的箭头即可选择如图 7-30 所示的避让几何图形。

　　6）单击【连接方式】选项，在【开始点】右侧选择【从安全高度】和【使用切入】。在【结束点】右侧选择【返回安全高度】和【使用切出】。在【小间隙】右侧选择【平滑曲线】和【不使用切入/切出】。在【大间隙】右侧选择【返回安全高度】和【不使用切入/切出】。分界值：50%。安全区域选择【圆柱】，球形半径填：50。调整【距离】中【快速距离】：10，进刀进给距离：3，退刀进给距离：3，空刀移动安全距离：5。具体的参数设置如图 7-31 所示。

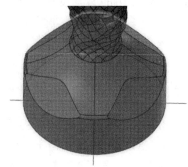

图 7-30　杯身半精加工避让几何图形

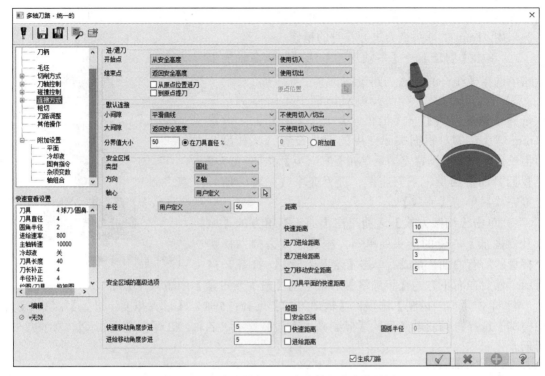

图 7-31　杯身半精加工刀路连接方式参数设置

由于粗加工只剩下 0.5mm 的余量，所以不需要进行 Z 向的轴向分层。

7）单击【附加设置】→【冷却液】→ Flood：On。

8）单击右下角的 ☑ 确定，生成图 7-32 所示的刀具路径。

进行刀路模拟仿真，可以得到半精加工后的效果，如图 7-33 所示。

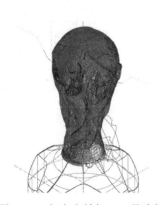

图 7-32　杯身半精加工刀具路径

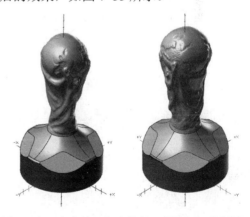

图 7-33　"大力神"杯半精加工后的加工模拟图

7.1.4 "大力神"杯的精加工

1. 杯身精修

杯身包含较多的不规则曲面，且自身有较多小间隙和沟壑，为了能够做到精细加工，所选刀具直径应尽量小。另一方面，如果刀具直径过小，容易发生断刀和刀具的磨损，所以本例采用 ϕ1mm 的球头铣刀进行杯身的精修。

1）单击【刀路】→【多轴加工】选项，在多轴加工策略中选择【统一的】 刀路策略。

2）单击【刀具】，在右侧对话框中单击右键，依次选择【创建刀具】→【平底刀】→【下一步】，设置 ϕ1mm 球头铣刀，根据实际使用的刀具设置刀具长度、刀齿长度等数据，设置完毕后单击【下一步】，根据表 7-2 设置刀具的进给量、下刀速率、提刀速率、主轴转速。设置完成后单击【完成】。

3）单击【切削方式】选项，在【加工】下方的【加工几何图形】右侧的箭头处单击，框选"大力神"杯整个杯身的所有曲面，完成后单击【结束选择】，如图 7-34 所示。然后在右下方的【步进量】选项中的【最大步进量】中填入：0.1。

图 7-34 杯身精加工图形元素选择

4）单击【刀轴控制】选项，【输出方式】选择：5 轴，【最大角度步进量】：3，【刀轴控制】选择：倾斜轴角度，【倾斜角度】设置：40，Z 轴。在平滑前单击☑，如图 7-35 所示。

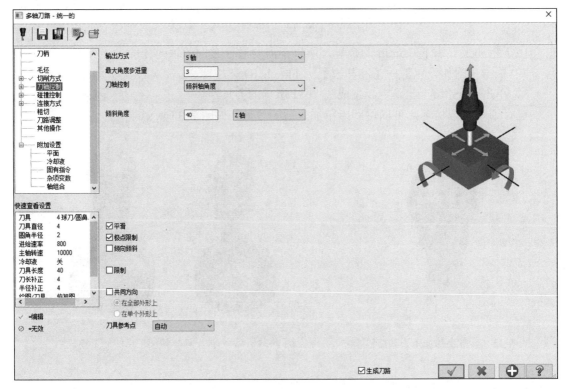

图 7-35 杯身精加工刀轴控制

5）单击【刀轴碰撞】选项，勾选【刀齿】、【刀肩】、【刀杆】、【刀柄】，右侧策略选择【修剪和重新连接刀路】和【仅修剪碰撞】。单击【避让几何图形】左侧的☑，再单击右侧的箭头即可选择如图 7-36 所示的避让几何图形。

6）单击【连接方式】选项，在【开始点】右侧选择
【从安全高度】和【使用切入】。在【结束点】右侧选择
【返回安全高度】和【使用切出】。在【小间隙】右侧
选择【平滑曲线】和【不使用切入 / 切出】。在【大间隙】
右侧选择【返回安全高度】和【不使用切入 / 切出】。
分界值：50%。安全区域选择【圆柱】，球形半径填：
50。调整【距离】中【快速距离】：10，进刀进给距离：
2，退刀进给距离：2，空刀移动安全距离：10。具体的
参数设置如图 7-37 所示，Z 向不需要设置的轴向分层。

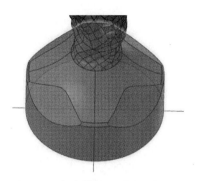

图 7-36　杯身精加工避让几何图形

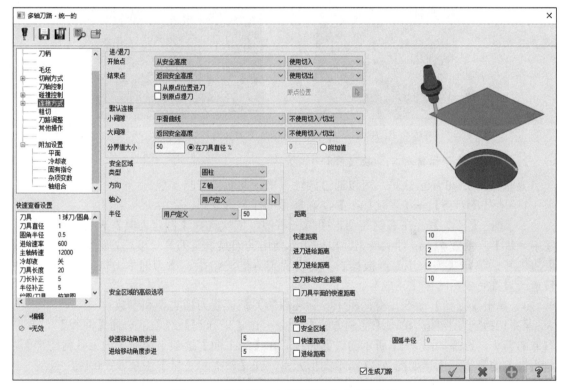

图 7-37　杯身精加工刀路连接方式参数设置

7）单击【附加设置】→【冷却液】→ Flood：On。

8）单击右下角的 ✓ 确定，生成图 7-38 所示的刀具路径。

进行刀路模拟仿真，可以得到精加工后的效果，如图 7-39 所示。

通过对比图 7-33 和图 7-39 的模拟加工效果，可以看出精加工把零件的细节都刻画出来，
"大力神"杯的整体轮廓也都清晰地展现出来，但是可以看到有些地方仍然存在一些瑕疵，
如图 7-39 右所示，所以在最终完成之前还需进行更细致的精修。

分析刀具路径可以发现，在图形处由于几何曲率变化过大，如图 7-40 所示，导致刀具
路径过疏，所以需要在此特征附近进行进一步的精修。

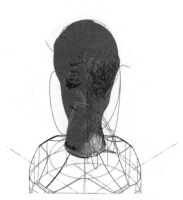

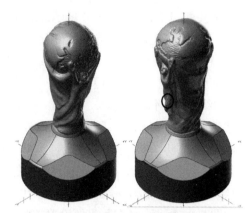

图 7-38 杯身精加工刀具路径　　　图 7-39 "大力神"杯精加工后的加工模拟图

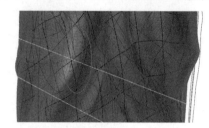

图 7-40 "大力神"杯精加工刀具路径缺陷

2. "大力神"杯精加工（缺陷修补）

要修补图 7-40 所示缺陷，可以通过四轴"平行曲面"策略实现。

1）单击【刀路】→【多轴加工】，选择【平行】命令。

2）单击【刀具】，在右侧对话框中单击右键，依次选择【创建刀具】→【平底刀】→【下一步】，设置 ϕ1mm 球头铣刀，根据实际使用的刀具设置刀具长度、刀齿长度等数据，设置完毕后单击【下一步】，根据表 7-2 设置刀具的进给量、下刀速率、提刀速率、主轴转速。设置完成后单击【完成】。

3）单击【刀柄】命令，根据机床实际装载的刀柄设置刀柄类型和参数。

4）切换到左视图，单击【切削方式】命令，在【平行到】选项下选择【曲线】，单击右方的箭头，选择如图 7-41 所示的边界曲线。在【加工面】选项下选择【加工几何图形】，单击右方的箭头，选择如图 7-42 所示图形元素。在【最大步进量】中填入：0.1。

图 7-41 "大力神"杯精加工（修补）边界曲线　图 7-42 "大力神"杯精加工（修补）几何图形选择（左）

5）单击【刀轴控制】命令，【输出方式】选择：4 轴，最大步进量：3，【刀轴控制】：

曲面。单击子树中【第四轴】，选择【第四轴】：Z轴。

6）单击【碰撞控制】选项，勾选【刀齿】、【刀肩】、【刀杆】、【刀柄】，右侧策略选择【修剪和重新连接刀路】和【仅修剪碰撞】。单击【避让几何图形】左侧的☑，设置预留量：0，具体参数如图 7-43 所示。

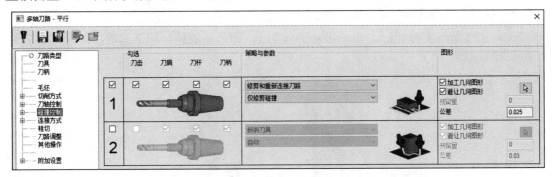

图 7-43 "大力神"杯精加工（修补）几何图形避让参数

7）单击【连接方式】选项，在【开始点】右侧选择【从安全高度】和【使用切入】。在【结束点】右侧选择【返回安全高度】和【使用切出】。在【小间隙】右侧选择【平滑曲线】和【不使用切入/切出】。在【大间隙】右侧选择【返回安全高度】和【不使用切入/切出】。分界值：50%。安全区域选择【球形】，球形半径：50。

8）单击【附加设置】→【冷却液】→ Flood：On。

9）单击右下角的☑确定，生成图 7-44 所示的刀具路径。

10）复制刀具路径，在红色▶所在的行单击右键粘贴。

11）切换到右视图，单击【切削方式】在【加工面】选项下选择【加工几何图形】，单击右方的箭头，选择如图 7-45 所示图形元素。在【最大步进量】中填入：0.1。

12）单击右下角的☑确定，生成图 7-46 所示的刀具路径。

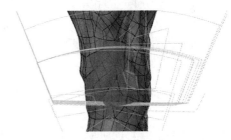

图 7-44 "大力神"杯精加工（修补）刀具路径（左）

图 7-45 "大力神"杯精加工（修补）
几何图形选择（右）

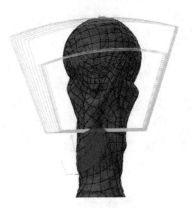

图 7-46 "大力神"杯精加工（修补）
刀具路径（右）

7.1.5 结果仿真

1. 刀路验证

1）完成所有刀具路径的编辑之后，选择所有的刀具路径，单击操作管理器上的【验证已选择的操作】 ，弹出 Mastercam 模拟器对话框。

2）单击【验证】按钮 ，再单击 开始播放，即可播放整个加工过程，得到如图 7-47 所示的验证结果。

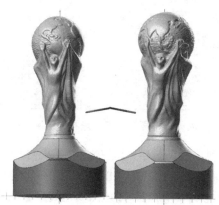

图 7-47 "大力神"杯刀路验证仿真结果

从仿真过程以及图 7-47 的仿真结果可知，通过粗加工→半精加工→精加工的加工工艺，逐步刻画出"大力神"的轮廓。此过程主要运用的加工策略包括：毛坯设定（刀具）、刀路 3D 区域粗切（四轴）、平行切削（四轴）、平行切削（五轴）、多面统一加工（五轴）。灵活运用多轴刀路可以简化加工流程，缩短加工时长，提升加工效率。

2. 模拟加工

1）选择所有的刀具路径，单击操作管理器上的【验证已选择的操作】 ，弹出 Mastercam 模拟器对话框。

2）单击【模拟】按钮 ，再单击 开始播放，即可模拟整个加工过程，得到如图 7-48 和图 7-49 所示的模拟加工结果。

图 7-48 "大力神"杯模拟加工结果（一）

图 7-49 "大力神"杯模拟加工结果（二）

通过 Mastercam 2022 仿真加工在计算机上进行 CNC 五轴加工的虚拟仿真，其作用是通过对加工过程进行全面的预先仿真，帮助优化加工方案，检查加工过程中的错误和潜在问题，提高加工效率和质量，并降低生产成本和损失。通过 CNC 五轴模拟仿真，我们可以更好地掌握加工过程，更快速、精准地制作出复杂的零件和构件。

7.2 叶轮的加工

技术要求：

1）以小批量生产编程。

2）不准用砂布及锉刀等修饰表面。

3）未注公差尺寸按 GB/T 1804—m。

4）备料材料为铝合金，形状为圆柱体，尺寸为 ϕ140mm×55mm。

叶轮的加工可分为粗加工、半精加工和精加工三个阶段。首先加工叶轮的中心孔，此步骤可以通过钻孔策略来完成；然后是叶轮的整体粗加工，可以旋转四轴，通过 3D 策略"区域粗切"沿着毛坯的前后左右 4 个方向下刀，保证叶片能够在各个方向成形，减少半精加工的余量；接下来是半精加工，可利用 Mastercam 多轴策略"叶片专家"进行各个轮毂的半精加工；最后是精加工，此步需要精修叶轮的轮毂、叶片圆角以及叶片轮廓。

7.2.1 工艺分析

通过图 7-50 可以得知，叶轮直径较大，所需的加工量较大，所以在粗加工时应选择直径尽可能大的刀具进行加工，在各个方向上的每刀步进量应当选择较为合适的数值，既要保证刀具不会剧烈磨损，又要尽

图 7-50 典型五轴零件叶轮

可能缩短加工时长。中间孔深度较大，应当采用深孔啄钻的方式进行加工，及时排出切屑避免过热粘刀。由于半精加工的余量较大，且轮毂表面的曲率较小，在半精加工时，可以采用直径较小的平底刀进行轮毂的修整。在进行精加工时，需要采用直径较小的球刀对轮毂、叶轮圆角以及叶片的轮廓进行精加工，转速应足够快，使得加工表面更加光洁。

各工序的加工内容及切削参数见表 7-3。

表 7-3 叶轮各工序的加工内容及切削参数

工 序	序 号	加工部位	刀 具	主轴转速 / (r/min)	进给速度 / (mm/min)
钻孔	1	叶轮中心孔	ϕ17mm 钻头	5000	100
粗加工	2	叶轮整体粗加工	ϕ12mm 立铣刀	8000	1500
半精加工	3	叶轮轮毂表面	ϕ6mm 立铣刀	10000	1200
精加工	4	叶轮顶平面	ϕ12mm 立铣刀	10000	800
	5	叶轮圆柱侧面	ϕ12mm 立铣刀	10000	800
	6	叶轮轮毂面	ϕ4R2mm 球刀	10000	800
	7	叶轮圆角	ϕ4R2mm 球刀	10000	800
	8	叶轮叶片	ϕ4R2mm 球刀	10000	800

精加工虽然包括了叶轮顶平面和圆柱侧面的精加工，但是这两步可以在叶轮整体粗加工之后进行，不必在精修叶轮轮毂叶片时进行。

7.2.2　叶轮中心孔的加工

7.2.2.1　加工模型准备

1. 模型导入

1）导入文件。单击选项卡上【文件】→【打开】→【计算机】，打开文件路径，找到想要加工的零件名称，如果没有显示相应的文件，可单击 全部 Mastercam 文件 (*.mc*;*) 按钮选择文件类型。

2）工件原点设定。按【F9】键调出系统坐标轴，用鼠标选定工件后单击【转换】按钮，通过【平移】和【旋转】按钮使杯底面中心点和系统坐标系原点重合，如图 7-51 所示。

图 7-51　工件放置图

2. 设定机床

单击选项卡【机床】→【机床定义】（如果弹出警告则单击■），弹出机床选择对话框，在【组件文件】下方的对话框中选择想要加载的机床。Mastercam 2022 自带了多种默认的机床，如果需要载入自定义机床需将机床文件置入 Mastercam 2022 机床管理文件夹路径内。本例以 VMC AC Axis 五轴机床进行演示。

3. 工件设定

1）单击【机床】→【铣床】→【默认】，弹出【刀路】选项卡。

2）双击【机床群组-1】下的【属性】选项，单击【毛坯设置】弹出对话框，单击【形状】下方的【圆柱体】选项，【轴向】选择 Z，设置毛坯参数 Z: 55、直径: 140，设置毛坯原点 Z: 0。

4. 毛坯设定

1）单击【刀路】选项卡，在下方【毛坯】选项中单击【毛坯模型】，弹出【毛坯模型】对话框。

2）单击【最初毛坯形状】，选择【圆柱体】，【轴向】选择【Z】。

3）设置圆柱体长度：55，直径：140。

4）单击■生成毛坯，如图 7-52 所示。

5）选中毛坯刀路策略，单击 ≈ 可隐藏毛坯。

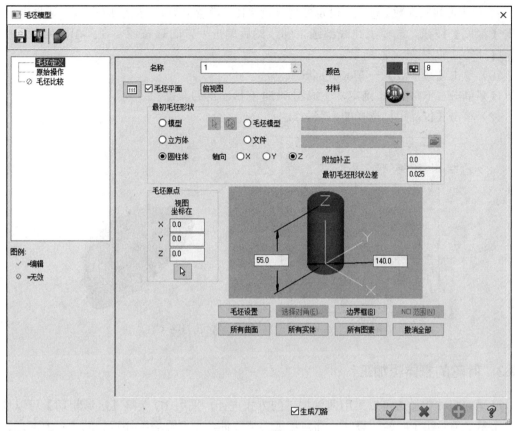

图 7-52　叶轮毛坯设定

7.2.2.2　深孔啄钻

叶轮中心孔为通孔，直径为 17mm，因此需选用 ϕ17mm 的钻头进行加工。由于孔深将近 55mm，所以需在钻削的过程中不断地把切屑排出，避免局部过热。具体操作如下：

1）单击【图层】选项，选择新建图层，命名为曲面。

2）选择曲面图层，单击【曲面】→【由实体生成曲面】，选择整个实体作为对象，生成曲面，并将曲面层作为主层，隐藏其他层。

3）单击【线框】→【单边缘曲线】，单击孔端面生成孔轮廓，如图 7-53 所示。

4）单击【刀路】选项，在 2D 选项框中选择【钻孔】

图 7-53　生成中心孔轮廓

，系统弹出加工轮廓串连选项界面，单击孔中心点，然后单击 ✅。

5）单击【刀具】选项，选择 ϕ17mm 钻头作为加工刀具。

6）单击【刀柄】选项，按照实际情况填写刀柄尺寸。

7）单击【切削参数】选项，加工方式：深孔啄钻，Peck：5。

8）单击【刀轴控制】，设置输出方式为 3 轴。

9）单击【共同参数】选项，设定参考高度：10（增量坐标），毛坯顶部：0（增量坐标），单击【深度】按钮，选择沉孔底部圆轮廓，然后单击下方的■按钮，在弹出的对话框中设置长度补偿，如图 7-54 左所示。

10）单击【冷却液】→ Flood：On。

11）单击右下角的■确定，生成图 7-54 右所示的刀具路径。

12）单击【仅显示已选择的刀路】。

图 7-54 钻孔深度设置（左）及钻孔刀路（右）

7.2.3 叶轮的整体粗加工

叶轮的整体粗加工可以采用四轴加工的方式进行，采用 3D 策略【区域粗切】可以快速去除余量。但是由于叶轮轮毂叶片几何特征的特殊性，需要沿着毛坯直径的 4 个方向进行加工才能有效去除轮毂的余量。具体步骤如下：

1）绘制刀具范围。单击【线框】→【线端点】绘制直线，由于刀具直径为 12mm，所以需要绘制出一个矩形框如图 7-55 所示，其中矩形一边和毛坯重合，其他三边与毛坯的距离为 6.1mm（刀具半径 + 余量 0.1mm）。

2）首先将视图切换到前视图，单击【刀路】→【区域粗切】，在【模型图形】中框选所有曲面，单击【结束选择】，如图 7-56 所示。

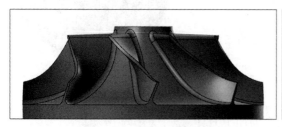

图 7-55 粗加工刀具范围　　　　　　　　图 7-56 加工图形选择

3）单击【刀路控制】，在【切削范围】框中选择第 1）步画好的曲线。

4）单击【刀具】，在对话框内单击右键选择创建新刀具，设置刀具直径为 φ12mm，其他参数根据实际值填入刀具参数内，根据表 7-3 设置转速和进给速度。

5）单击【刀柄】选项，按照实际情况填写刀柄尺寸。

6）单击【毛坯】，单击剩余材料前☑，在计算剩余毛坯参照选项中选择【所有先前操作】→【单一刀路群组】。

7）单击【切削参数】，在【切削排序最优化】前勾选☑，深度分层切削：2。

8）单击【陡斜 / 浅滩】，在【最低位置】前勾选☑，设置深度：-2，如图 7-57 所示。

图 7-57　陡斜 / 浅滩加工深度的设定

9）单击【共同参数】，设置提刀安全高度：100（绝对值）。

10）单击【平面】，刀具平面：前视面；绘图平面：前视面，如图 7-58 所示。

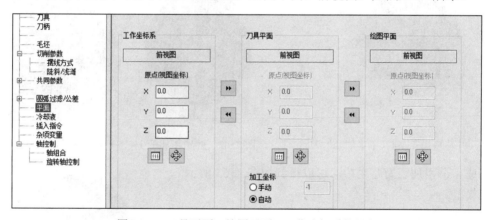

图 7-58　刀具平面、绘图平面、工作坐标系的设定

11）单击【冷却液】→ Flood：On。

12）单击右下角的☑确定，生成图 7-59 所示的刀具路径。

13）单击【仅显示已选择的刀路】，复制上述刀具路径，粘贴生成新刀路，将第 10）步的平面参数进行修改，刀具平面：后视图；绘图平面：后视图，如图 7-60 所示，然后单击☑确定，即可生成下半部分刀路，如图 7-61 所示。

同理，左半部分和右半部分的刀路可以通过复制此刀具策略，再修改刀具平面和绘图平面获

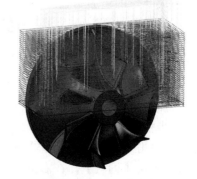

图 7-59　叶轮粗加工 1/4（上半部分）刀路

得。需要注意的是，左半部分的刀路刀具范围需要在左视图绘制与前视面相同大小的线框，并以此线框作为刀具切削范围。

在此给出左半部分的刀具路径如图 7-62 左侧所示，右半部分的刀具路径如图 7-62 右侧所示。

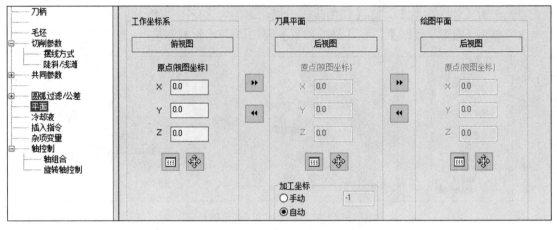

图 7-60　叶轮下半部分刀具平面参数设置

图 7-61　叶轮粗加工 1/4（下半部分）刀路

图 7-62　叶轮粗加工 1/4（左、右两半部分）刀路

完成 4 个粗加工刀路之后，可以得到如图 7-63 所示的毛坯模型。

7.2.4　叶轮的半精加工

完成叶轮的粗加工之后，叶轮轮毂表面仍具有较大的加工余量，如图 7-64 所示。叶轮的半精加工主要任务就是清除轮毂的余量，在此过程中也可以通过刀具侧刃对叶片进行适当的修整。

图 7-63　叶轮粗加工后毛坯模型

由于半径加工余量较大，不适合使用球刀进行加工，所以半精加工仍采用平底刀进行加工。加工策略可以采用"叶片专家"中的粗切策略，按照与轮毂平行的方式进行加工。具体操作步骤如下：

1）单击【刀路】→【多轴加工】→【叶片专家】，创建叶片加工策略。

2）单击【刀具】，在右侧对话框中单击右键创建新刀具，设定刀具直径 ϕ6mm，按照表 7-3 设定相应的转速和进给速度。

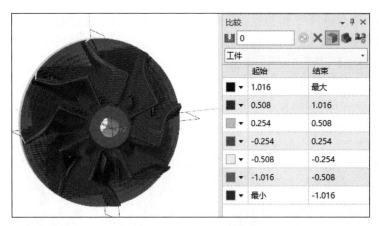

图 7-64 叶轮的粗加工余量比较

3）单击【刀柄】选项，按照实际情况填写刀柄尺寸。

4）单击【毛坯】，单击毛坯前☑，毛坯：自动检查。

5）单击【切削方式】，加工模式：粗切，策略：与轮毂平行，深度步进量最大数：4，最大距离：1，宽度层数：最大距离 4，如图 7-65 所示。

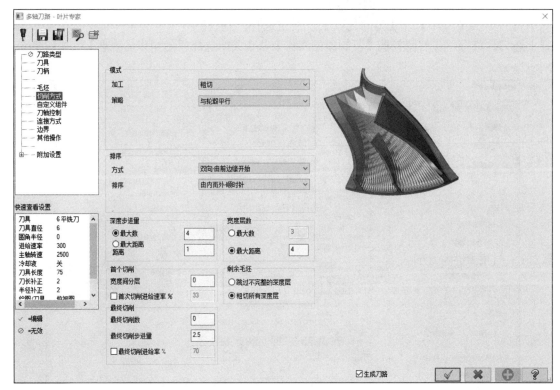

图 7-65 叶轮半精加工切削参数设定

6）单击【自定义组件】，单击【叶片分流圆角】右侧箭头，选取叶片元素，选好后单击【结束选择】，设定毛坯预留量：0.2，如图 7-66 左所示。单击【轮毂】，选择如图 7-66 右所示的元素后，单击【结束选择】，设定毛坯预留量：0.2，旋转轴：自动。

7）单击【刀轴控制】，可根据实际情况进行修改，本例采用默认参数即可。

8）单击【连接方式】，可根据实际情况进行修改，这里采用默认参数。

9）单击【边界】，设定前缘：0.5，后缘：0.5。

10）单击【冷却液】→ Flood：On。

11）单击右下角的 ✓ 确定，生成图7-67所示的刀具路径。

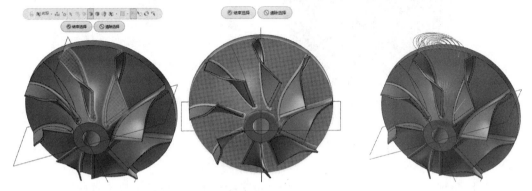

图7-66　叶轮分流圆角和轮毂选择　　　　图7-67　叶轮半精加工刀具路径

12）单击【仅显示已选择的刀路】。

13）单击【刀路】→【刀路转换】，类型选择：旋转，方式：刀具平面；原始操作选择上述刀具路径，在右侧勾选【复制原始操作】及【关闭选择原始操作后处理】，如图7-68所示。

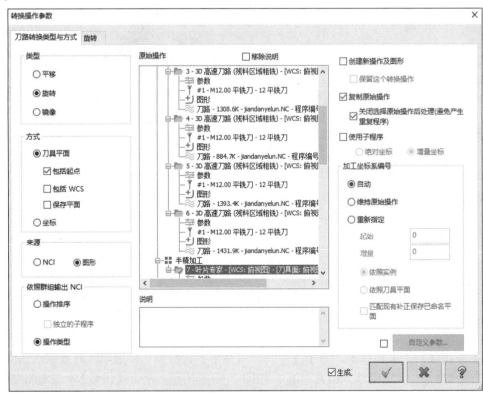

图7-68　刀路转换参数设定（一）

14）单击右侧【旋转】选项卡，实例次数：8，角度设置为45°，如图7-69所示。

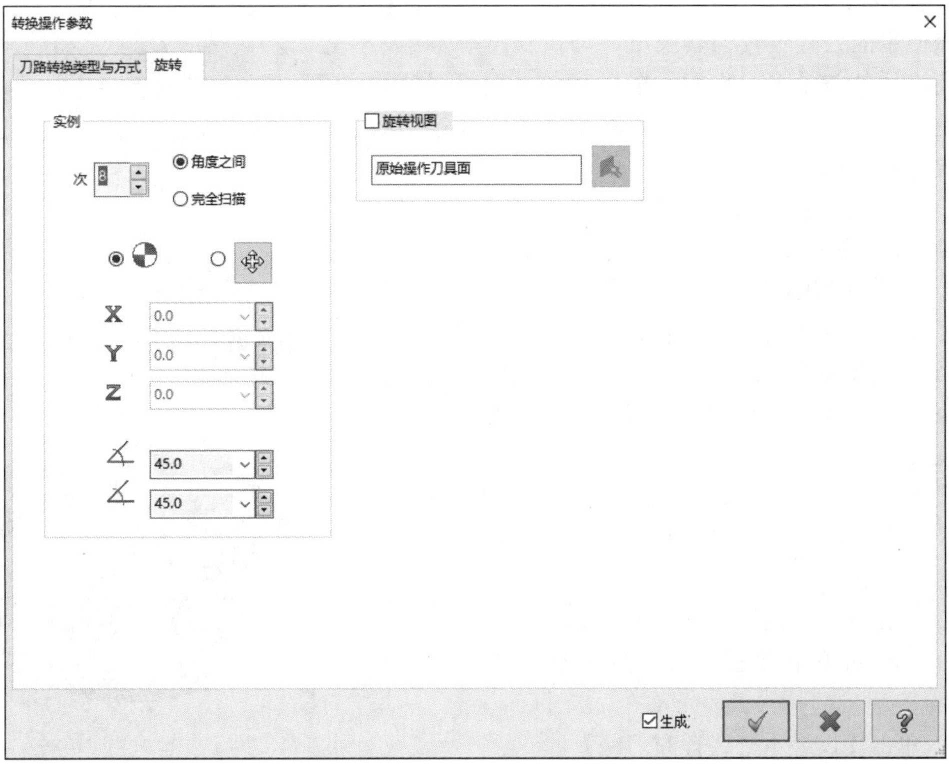

图 7-69　刀路转换参数设定（二）

15）单击 ✓ 生成刀路，可得到如图7-70所示的刀具路径。

7.2.5　叶轮的精加工

叶轮的精加工包括顶平面和圆柱面的精修、叶轮轮毂的精修、叶片圆角的精修以及叶片的精修。其中顶平面和圆柱面的精修是在粗切完进行的，采用的刀具是ϕ12mm的平底刀。而叶轮轮毂、叶片圆角和叶片的精修则是在半精加工完成之后进行的，采用的刀具是ϕ4R2mm的球头刀。

图 7-70　叶轮半精加工刀具路径

7.2.5.1　顶平面和圆柱面的精修

1. 叶轮顶平面的精修

叶轮顶平面的精修可采用2D策略进行，运用平面铣的加工策略即可完成。具体操作步骤如下：

1）单击【线框】→【单边缘取曲线】选项，选择叶轮顶部最外层轮廓，画出外围轮廓线，如图7-71所示。

2）单击【刀路】选项，在2D选项框中选择【面铣】，系统弹出加工轮廓串连选项界面，

单击上一步画好的圆，然后单击☑。

3）单击【刀具】在右侧选择 ϕ12mm 平铣刀，根据实际使用的刀具设置刀具长度、刀齿长度等数据，设置完毕后单击【下一步】，根据表 7-3 设置刀具的进给量、下刀速率、提刀速率、主轴转速。设置完成后单击【完成】。

4）单击【刀柄】命令，根据机床实际装载的刀柄设置刀柄类型和参数。

5）单击【切削参数】选项，切削方式：双向，底面预留量：0。截断方向超出量和引导方向超出量分别设置为 50% 和 80%，这是刀路切入切出的引导长度设置。两切削间移动方式单击【高速环】，设置完毕后单击☑。

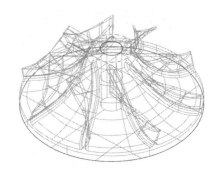

图 7-71　绘制叶轮顶部边缘取曲线

6）单击【共同参数】选项，设定毛坯顶部：1（绝对坐标），深度：0（绝对坐标），提刀：25（增量坐标），下刀位置：3.0（增量坐标）。

7）单击【冷却液】→ Flood：On。

8）单击右下角的☑确定，生成图 7-72 所示的刀具路径。

9）单击【仅显示已选择的刀路】。

图 7-72　叶轮顶平面精修刀具路径

2. 叶轮圆柱侧面的精修

叶轮圆柱侧面结构较为简单，余量较小，不需要进行粗加工，可直接进行精加工。采用的策略是 2D 外形策略。具体操作步骤如下：

1）单击【线框】→【单边缘取曲线】选项，选择叶轮底部最外层轮廓，画出外围轮廓线，如图 7-73 所示。

2）单击【刀路】→【外形】，选择绘制的外圆轮廓作为串连，单击☑确定。

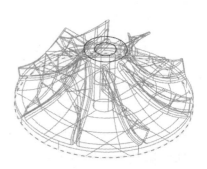

图 7-73　绘制叶轮底部边缘取曲线

3）单击【刀具】在右侧选择 ϕ12mm 平铣刀，根据实际使用的刀具设置刀具长度、刀齿长度等数据，设置完毕后单击【下一步】，根据表 7-3 设置刀具的进给量、下刀速率、提刀速率、主轴转速。设置完成后单击【完成】。

4）单击【刀柄】命令，根据机床实际装载的刀柄设置刀柄类型和参数。

5）单击【切削参数】选项，外形切削方式：2D，壁边预留量：0；底面预留量：0。

6）单击【轴向分层切削】，设置轴向分层切削最大切削步进量为 1.5，单击【不提刀】。

7）单击【进 / 退刀设置】，设置进退刀圆弧相切，半径：50%，在指定进刀点前勾选☑。

8）单击【共同参数】选项，设定毛坯顶部：5（绝对坐标），深度：0（增量坐标），提刀：10（增量坐标），下刀位置：3.0（增量坐标）。

9）单击【原点 / 参考点】，依次选择【参考位置】→【进入点】☑，设置进刀点：X：70、Y：0、Z：65，如图 7-74 所示。

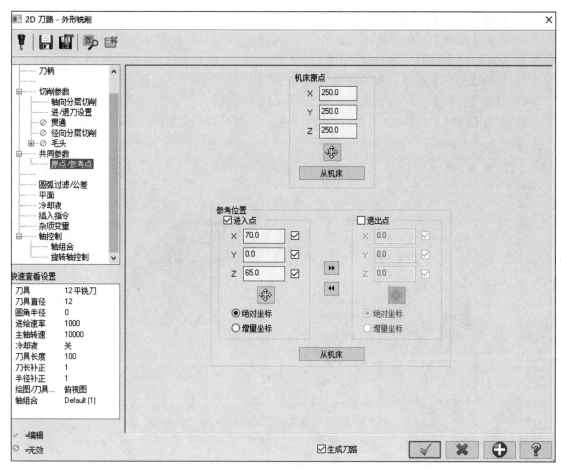

图 7-74　设置进刀点

注：

之所以要在此步设置，是为了防止刀具在快速进给时与叶片发生碰撞，在图 7-74 中可以明显看到，如果不设置进刀点，刀具有可能撞击叶片。

10）单击【平面】，单击【刀具平面】和绘图平面下方的 图标，更改平面为斜平面。

11）单击【冷却液】→ Flood：On。

12）单击右下角的 确定，生成图 7-75 所示的刀具路径。

13）单击【仅显示已选择的刀路】。

7.2.5.2　叶轮轮毂的精修

叶轮轮毂的精修采用的策略为多轴策略中的【叶片专家】策略，加工方式应选择【精修轮毂】，此策略只需设定每刀间距即可按照轮毂表面的外形进行自动插补。具体操作步骤如下：

图 7-75　叶轮圆柱面精修刀具路径

1）单击【刀路】→【多轴加工】→【叶片专家】，创建叶轮轮毂精加工策略。

2）单击【刀具】，在右侧对话框中单击右键创建新刀具，设定刀具为 $\phi4R2mm$ 的球刀，按照表 7-3 设定相应的转速和进给速度。

3）单击【刀柄】选项，按照实际情况填写刀柄尺寸。

4）单击【毛坯】，单击毛坯前☑，毛坯：自动检查。

5）单击【切削方式】，加工模式：精修轮毂，宽度层数：最大距离 0.2，如图 7-76 所示。

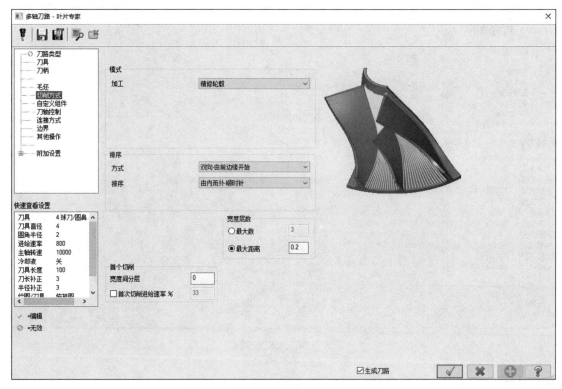

图 7-76　轮毂精修切削方式参数设置

6）单击【自定义组件】，单击【叶片分流圆角】右侧箭头，选取叶片元素，选好后单击【结束选择】，设定毛坯预留量：0，如图 7-77 左所示。单击【轮毂】，选择如图 7-66 右所示的元素后，单击【结束选择】，设定毛坯预留量：0，旋转轴：自动。

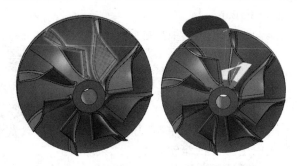

图 7-77　叶片分流圆角元素（左）和轮毂精修刀路（右）

7）单击【刀轴控制】，可根据实际情况进行修改，本例采用默认参数即可。

8）单击【连接方式】，可根据实际情况进行修改，这里采用默认参数。

9）单击【边界】，设定前缘：0.5，后缘：0.5。

10）单击【冷却液】→ Flood：On。

11）单击右下角的  确定，生成图 7-77 右所示的刀具路径。

12）单击【仅显示已选择的刀路】。

13）单击【刀路】→【刀路转换】，类型选择：旋转，方式：刀具平面，原始操作选择上述刀具路径，在右侧勾选【复制原始操作】及【关闭选择原始操作后处理】。

14）单击右侧【旋转】选项，实例数：8，角度设置为 45°，如图 7-78 所示。

图 7-78　叶片轮毂精修刀具路径

7.2.5.3　叶片圆角的精修

叶片圆角的精修采用的策略为多轴策略中的【叶片专家】策略，加工方式应选择【精修圆角】。具体操作步骤如下：

1）单击【刀路】→【多轴加工】→【叶片专家】，创建叶片圆角精加工策略。

2）单击【刀具】，选择刀具为 $\phi4R2$mm 球刀，按照表 7-3 设定相应的转速和进给速度。

3）单击【刀柄】选项，按照实际情况填写刀柄尺寸。

4）单击【毛坯】，单击毛坯前 ☑，毛坯：自动检查。

5）单击【切削方式】，加工模式：精修圆角，叶片侧：依照切削次数 10，轮毂侧：依照切削次数 10，【双边】→轮毂重叠量：0.2，如图 7-79 所示。

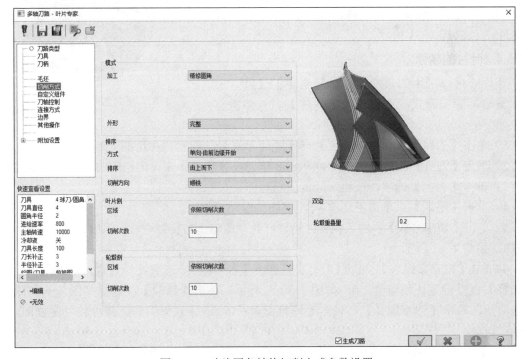

图 7-79　叶片圆角精修切削方式参数设置

6）单击【自定义组件】，单击【叶片分流圆角】右侧箭头，选取叶片元素，选好后单击【结束选择】，设定毛坯预留量：0，如图 7-80 左所示。单击【轮毂】，选择如图 7-66 右所示的元素后，单击【结束选择】，设定毛坯预留量：0，避让几何图形选择叶轮外圆柱面，旋转轴：自动。

图 7-80　叶片分流圆角元素（左）和叶片圆角精修刀路（右）

7）单击【刀轴控制】，可根据实际情况进行修改，本例采用默认参数即可。

8）单击【连接方式】，可根据实际情况进行修改，这里采用默认参数。

9）单击【冷却液】→ Flood：On。

10）单击右下角的☑确定，生成图 7-80 右所示的刀具路径。

11）单击【仅显示已选择的刀路】。

12）单击【刀路】→【刀路转换】，类型选择：旋转，方式：刀具平面；原始操作选择上述刀具路径，在右侧勾选【复制原始操作】及【关闭选择原始操作后处理】。

13）单击右侧【旋转】选项，实例数：8，角度设置为 45°，如图 7-81 所示。

图 7-81　叶片圆角精修刀具路径阵列

7.2.5.4　叶片的精修

叶片的精修采用的策略为多轴策略中的【叶片专家】策略，加工方式应选择【精修叶片】。具体操作步骤如下：

1）单击【刀路】→【多轴加工】→【叶片专家】，创建叶片精加工策略。

2）单击【刀具】，选择刀具为 $\phi 4R2$mm 球刀，按照表 7-3 设定相应的转速和进给速度。

3）单击【刀柄】选项，按照实际情况填写刀柄尺寸。

4）单击【毛坯】，单击毛坯前☑，毛坯：自动检查。

5）单击【切削方式】，加工模式：精修叶片，策略：与轮毂平行，深度步进量：最大距离 0.3，如图 7-82 所示。

6）单击【自定义组件】，单击【叶片分流圆角】右侧箭头，选取叶片元素，选好后单击【结束选择】，设定毛坯预留量：0，如图 7-80 左所示。单击【轮毂】，选择如图 7-66 右所示的元素后，单击【结束选择】，设定毛坯预留量：0。避让几何图形选择叶轮外圆柱面。旋转轴：自动。

7）单击【刀轴控制】，可根据实际情况进行修改，本例采用默认参数即可。

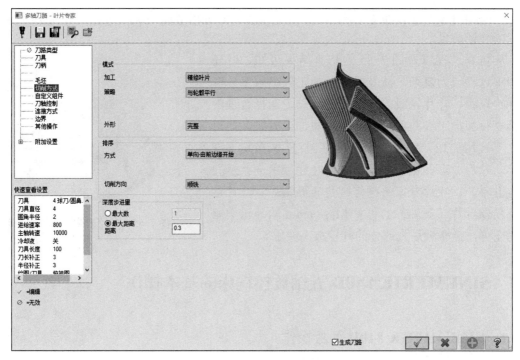

图 7-82　叶片精修切削方式参数设置

8）单击【连接方式】，可根据实际情况进行修改，这里采用默认参数。

9）单击【冷却液】→ Flood：On。

10）单击右下角的 ✓ 确定，生成图 7-83 所示的刀具路径。

11）单击【仅显示已选择的刀路】。

12）单击【刀路】→【刀路转换】，类型选择：旋转；方式：刀具平面；原始操作选择上述刀具路径，在右侧勾选【复制原始操作】及【关闭选择原始操作后处理】。

13）单击右侧【旋转】选项，实例数：8，角度设置为 45°，如图 7-84 所示。

图 7-83　叶片精修刀具路径

图 7-84　叶片精修刀具路径阵列

7.2.6　结果仿真

1）完成所有刀具路径的编辑之后，选择所有的刀具路径，单击操作管理器上的【验证已选择的操作】，弹出 Mastercam 模拟器对话框。

2）单击【验证】按钮 ，再单击▶开始播放，即可播放整个加工过程，得到如图 7-85 所示的验证结果。

从仿真过程以及图 7-85 的仿真结果可知，叶轮的加工过程较为复杂，涉及的多轴加工策略较多。其中叶片轮廓、叶片轮毂的精修耗时较长，选择合理的刀具直径和加工参数可以进一步缩短加工时长。此过程主要运用的加工策略包括：刀路 3D 区域粗切（四轴）、叶片专家→粗切（五轴）、叶片专家→精修轮毂（五轴）、叶片专家→精修圆角（五轴）、叶片专家→精修叶片（五轴）。可见 Mastercam 的叶轮策略较为完善，能够满足大部分的叶轮加工要求。

图 7-85　叶轮刀路验证仿真结果

7.3　SINUMERIK 840D 五轴数控铣床的基本操作

7.3.1　SINUMERIK 840D 面板操作

SINUMERIK 840D 数控系统面板主要分为 3 个区，主要包括机床控制面板区、屏幕显示区以及 CNC 操作面板区，如图 7-86 所示。

图 7-86　SINUMERIK 840D 数控系统面板

开机操作步骤：

1）检查机床部件是否正常，包括润滑液面高度、气压表等。

2）打开机床的电气总开关。

3）按下图 7-87 所示电源键。

4）旋开紧急停止按钮，按下【Reset】复位键。

5）将右侧的进给倍率调到最低。

6）按下【主轴使能】和【进给使能】键。

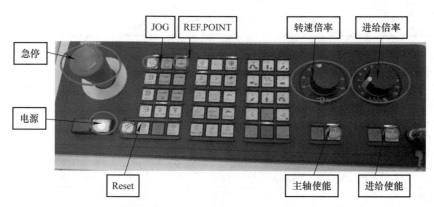

图 7-87　SINUMERIK 840D CNC 面板

7）回参考点：先按下【JOG】键，再按【REF.POINT】键，选择待运行的轴，如果到达参考点，在轴旁边会显示一个 ⊕ 符号。

7.3.2　对刀与换刀

1. 对刀操作

对刀操作是数控加工工程中不可或缺的一环，对刀操作的精确度也将直接影响到零件的加工精度。常见的对刀方法包括试切法、寻边器对刀法以及较为先进的对刀仪对刀法、自动对刀法等。本节主要介绍基于 SINUMERIK 840D 系统机床的试切法对刀操作。试切法操作相对直观易懂，操作步骤较为简单，适合初学者进行实操。它的原理是将工件坐标系相对于机床坐标系的相对偏移记录到 G54 寄存器中，然后按照 G54 坐标进行加工操作。

具体操作流程如下：

1）正常开机。

2）切换到手动"JOG"模式，来到机床的"T，S，M"设置界面，如图 7-88 所示。

图 7-88　SINUMERIK 840D 的"T，S，M"设置界面

3）按照表 7-4 设置参数，其中【SELECT】键可以切换选项。这里应当注意的是零点偏移应按照实际选用的偏移寄存器设置，默认为 G54。对刀状态转速不宜过高。

表 7-4　机床"T, S, M"参数含义

参　数	含　义	单　位
T	输入刀具名称或位置编号 按下软键【选择刀具】，从刀具表中选择刀具	
D	刀沿号（1～9）	
ST	姐妹刀具编号（1～99，用于备用刀具方案）	
主轴 M 功能	⊗：主轴停止 ↻：顺时针，主轴按顺时针方向旋转 ↺：逆时针，主轴按逆时针方向旋转 ⟳5：主轴定位，主轴运行到所需位置	
其他 M 功能	输入机床功能（可从机床制造商处获取功能编号和含义的对照表）	
零点偏移 G	选择零点偏移（基准，G54～57）按下软键【零点偏移】，从可设定零点偏移表中选择零点偏移	
尺寸单位	选择尺寸单位。此处所做的设置会影响到编程	in 或 mm
加工平面	选择加工平面（G17（XY），G18（ZX），G19（YZ））	
齿轮级	确定齿轮级（自动，I～V）	
停止位置	主轴位置输入	度（°）

4）按下【CYCLE START】主轴正转，激活手轮，将主轴移动到工件一端去试切工件。

5）按下【测量工件】，选择图 7-89 圈中所示的分中策略。

图 7-89　测量工件策略

6）X、Y 方向对刀：按照工件形状可以分为圆柱体和长方体，零偏选择 G54，选择相对应的分中策略，然后按照图示去试切 P1～P4，每试切到位后需在右侧面板按下保存对应的位置（如试切完 P1 点按下保存 P1）。所有点保存后按下【计算】键会自动记录到寄存器 G54 中，如图 7-90 所示。

7）Z 方向对刀：按下【返回】键，选择单边测量，如图 7-91 左所示。主轴试切零件表面，到位后按下【Z】键，【设置零偏】：G54，如图 7-91 右所示。

8）对刀验证：按下机床控制面板的【MDA】键，进入 MDA 方式，输入如下程序：

```
G54 G1 X0 Y0 F600
Z15
```

按下【CYCLE START】启动键,将坐标系切换到 WSC 工件坐标系,观察主轴是否移动到零点的正上方 Z=15 处,目测 G54 零点是否正确。

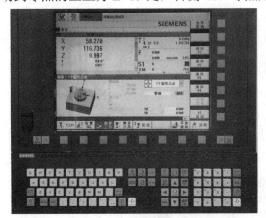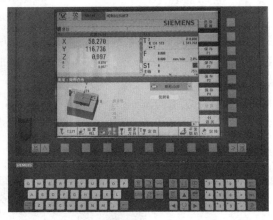

图 7-90 圆柱体(左)和长方体(右)分中策略

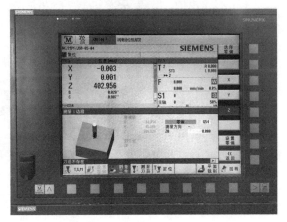

图 7-91 Z 向对刀操作

2. 换刀

数控加工刀具一般都不止一把刀具,当使用多把刀具进行加工时,需要进行换刀操作。

对于同一工序不同的刀具来说,由于零件装夹位置并未改变,所以不需要重新对 X、Y 轴,但是 Z 轴需要重新对刀。其操作步骤如下:

1)切换到手动"JOG"模式,来到机床的"T,S,M"设置界面,手动安装刀具,更换刀具号。

2)将对刀器水平置于工件表面,调整刀具高度,使其压迫对刀器,调整对刀器指针到 0 点。记录当前测量高度为 50。

3)按下【测量刀具】→【手动长度】,在"Z0"处设置输入高度 50,如图 7-92 所示。

图 7-92 测量刀具长度

7.3.3 程序的录入

SINUMERIK 840D 系统的程序导入较为方便快捷，导入方式可以通过网线传输、内存卡传输和 USB 接口传输。系统可识别数控文件，只需将其复制到机床内存当中然后执行程序即可。

现以 USB 传输为例，具有的操作步骤如下：

1）将 USB 存储卡接入 CNC 面板，单击【PROGRAM MANAGER】，弹出如图 7-93 所示的界面。

图 7-93 程序导入界面

2）单击左下角【USB】按钮，从 USB 设备中复制程序到机床驱动器目录下。

3）将机床模式切换到【自动】模式，选择要运行的程序，单击右上角的【执行】按钮。

4）按下【CYCLE START】启动键，启动加工程序进行加工。

7.4 机床定义、控制器定义和后处理文件

由于机床厂家和机床型号种类繁多，导致后处理文件生成的程序代码不能完全适应不同种类的机床。Mastercam 在 X 版以后，将原有的后处理分成了三块，分别用机床定义、控制器定义和相对应的后处理文件来生成加工代码，对于不同的型号的机床，还有专门定制的后处理文件。

本书所有的铣削加工刀路编辑实例，选择的铣床均为"默认"，其机床定义文件为：Mill Default mm.mcam-mmd，对应的控制器文件为 DEFAULT.mcam-control，后处理文件为"默认"MPFAN.PST，默认为 FANUC 数控系统。本书提供的资料中有"CNC_MACHINES"和"Posts"两个文件夹，其中有各种型号机床的机床定义文件、控制器文件和相对应的后处理文件，可供读者参考，如图 7-94 所示。

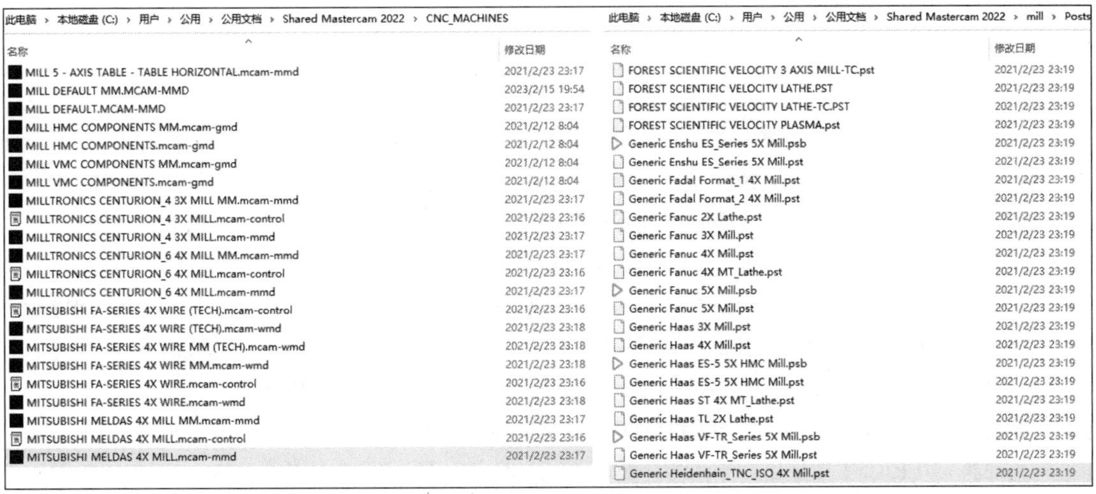

图 7-94　机床定义文件、控制器定义文件和后处理文件

本书的第 2、3 章采用的是 SIEMENS 802D 数控铣床进行加工，此时后处理文件为定制版的 802D.PST 文件，在机床定义和控制器定义均为默认的情况下，可以直接用定制版的 802D.PST 文件进行后处理生成代码，这一点在第 2 章的 2.1.3.4 小节有详细说明。

本书的第 4、5 章采用的是 FANUC 0i-MC 加工中心进行加工，可以直接用 MPFAN.PST 后处理文件来生成代码。本书第 6 章的四轴加工，也可以直接用 MPFAN.PST 后处理文件来生成代码，MPFAN.PST 后处理文件最高可以支持四轴加工，此时后处理得到的代码默认 A 轴是旋转轴。

本书的第 7 章采用的是 SIEMENS 840D 五轴加工中心进行加工，用的是定制版的后处理文件，由于版权原因，暂时不能提供给读者。值得一提的是，如果五轴加工采用的机床定义为"默认"Mill Default mm.mcam-mmd，控制器文件对应 GENERIC FANUC 5X MILL.mcam-control，后处理文件对应 Generic Fanuc 5X Mill.PST，后处理生成的代码默认 B、C 轴为旋转轴。感兴趣的读者可以试一试。

本 章 小 结

本章选取了"大力神"杯和叶轮两个零件进行了讲解，通过分析零件的特征，分析出合适的加工工艺和参数，完成了零件的粗加工→半精加工→精加工的整个工艺流程。介绍了 Mastercam 2022 数控多轴加工的策略用途及其参数设置方法，通过仿真模拟出了实际加工的过程，读者可通过本章的两个案例总结出数控多轴加工的常用流程策略，从而自主编程。本章的最后介绍了 SINUMERIK 840D 系统五轴数控机床的基本操作方法，读者可参照操作流程熟悉机床的操作方法练习五轴数控加工。

参 考 文 献

[1] 高淑娟. Mastercam 2022 数控加工从入门到精通 [M]. 北京：机械工业出版社，2022.

[2] 周敏，洪展钦. Mastercam 2017 数控加工自动编程经典实例 [M]. 北京：机械工业出版社，2020.

[3] 贺琼义，杨轶峰. 五轴数控系统加工编程与操作 [M]. 北京：机械工业出版社，2019.

[4] 陶圣霞. Mastercam 后处理入门与应用实例分析 [M]. 北京：机械工业出版社，2019.

[5] 陈为国，陈昊. 图解 Mastercam 2017 数控加工编程基础教程 [M]. 北京：机械工业出版社，2018.

[6] 马志国. Mastercam 2017 数控加工编程应用实例 [M]. 北京：机械工业出版社，2017.

[7] 钟日铭. Mastercam X9 中文版完全自学一本通 [M]. 北京：机械工业出版社，2016.

[8] 周敏. Mastercam 数控加工自动编程经典实例 [M]. 3 版. 北京：机械工业出版社，2016.

[9] 杨胜群. VERICUT 数控加工仿真技术 [M]. 2 版. 北京：清华大学出版社，2013.

[10] 朱向东. 高速机床伺服进给系统定位精度的控制研究 [D]. 哈尔滨：哈尔滨工程大学，2010.

[11] 武良臣，吕宝占. 互换性与技术测量 [M]. 北京：北京邮电大学出版社，2009.

[12] 孔庆华，等. 极限配合与测量技术基础 [M]. 上海：同济大学出版社，2008.

[13] 何县雄. Mastercam 数控加工自动编程范例教程 [M]. 北京：化学工业出版社，2007.

[14] 单岩，谢斌飞. Imageware 逆向造型应用实例 [M]. 北京：清华大学出版社，2007.

[15] 罗辑. 数控加工工艺及刀具 [M]. 重庆：重庆大学出版社，2006.

[16] 徐伟，张伦玠. 数控铣床职业技能鉴定强化实训教程 [M]. 武汉：华中科技大学出版社，2006.

[17] 苏本杰. 数控加工中心技能实训教程 [M]. 北京：国防工业出版社，2006.

[18] 王荣兴. 加工中心培训教程 [M]. 北京：机械工业出版社，2006.

[19] 方昆凡. 公差与配合实用手册 [M]. 北京：机械工业出版社，2006.

[20] 韩鸿鸾，张秀玲. 数控加工技师手册 [M]. 北京：机械工业出版社，2005.